混凝土生产与施工技术

Concrete Production and Construction Technology

黄振兴　著

中国建材工业出版社

图书在版编目（CIP）数据

混凝土生产与施工技术/黄振兴著．--北京：中国建材工业出版社，2020.4
ISBN 978-7-5160-2423-2

Ⅰ.①混…　Ⅱ.①黄…　Ⅲ.①混凝土—生产工艺　②混凝土施工　Ⅳ.①TU528.06　②TU755

中国版本图书馆CIP数据核字（2018）第213931号

内 容 简 介

本书主要是作者从事混凝土行业三十多年工作经验的总结，内容涵盖建筑及混凝土原材料检测技术；耐久性、高强、高性能、大体积等特殊混凝土配合比设计方法；新材料在混凝土中的应用技术；大体积、高强、高性能混凝土施工技术；混凝土生产管理技术；混凝土出现质量问题的分析方法及补救措施；PC工厂设备改进方法及思路；PC工厂生产管理技术；PC工厂提高生产产能的方法及途径和实验室的管理。

本书适合混凝土生产与施工及PC工厂一线工作的技术人员参考。

混凝土生产与施工技术
Hunningtu Shengchan yu Shigong Jishu
黄振兴　著

出版发行：中国建材工业出版社
地　　址：北京市海淀区三里河路1号
邮　　编：100044
经　　销：全国各地新华书店
印　　刷：北京雁林吉兆印刷有限公司
开　　本：787mm×1092mm　1/16
印　　张：16.25
字　　数：360千字
版　　次：2020年4月第1版
印　　次：2020年4月第1次
定　　价：86.00元

本社网址：www.jccbs.com，微信公众号：zgjcgycbs

作 者 简 介

黄振兴，男，1964 年 8 月出生，硕士，总工程师，从事混凝土行业 30 年，参加过高铁、地铁、几十座大型桥梁高强度、高性能混凝土的生产和供应，有较为丰富的实践经验。

1996 年主持了“硫铝酸盐快硬水泥在冬季施工中的应用”专题研究，获得成功，并成功地应用于实际施工中，发表了论文《硫铝酸盐快硬水泥在冬季施工中的应用》，该论文被收录到“第四届水泥与混凝土国际会议”会议论文集中，同时获得 1997 年度天津市优秀科技成果奖。

1995 年成功研发了粉煤灰的系列配合比，并率先在原天津市塘沽区大规模推广使用，解决了燃煤电厂废料——粉煤灰的综合利用的难题，为企业和国家带来了显著经济效益，为国家的环保事业做出了贡献。

2004—2006 年磨细矿粉的系列配合比在天津市首次研发成功并投入使用，同时在天津市大规模推广使用，解决了炼铁厂水淬矿渣对环境的污染问题，并于 2005 年 1 月在国家核心学术期刊《混凝土》杂志发表了《降低混凝土成本的秘密武器——磨细矿粉》，加速了矿粉在全国范围的使用，为企业和国家带来了显著经济效益，为国家的环保事业做出了贡献。

同时参加了装配式工厂的建设，以及装配式建筑构件的生产和施工，负责工厂的技术工作。从事过干粉砂浆配合比的研发，在混凝土、装配式建筑、干粉砂浆三个领域都有较为丰富的实践经验和较高的理论水平。在国家级混凝土专业期刊发表论文 30 余篇。

目　　录

第一章　装配式建筑构件生产和施工安装技术

本章简介

本章收录了作者在装配式建筑领域发表的6篇论文，作者在这6篇论文中主要介绍了装配式建筑构件对混凝土性能的特殊要求，以及为了满足这些特殊要求，该如何选用混凝土所需的原材料，并提出了满足装配式建筑构件对混凝土性能有特殊要求的混凝土配合比设计思路。通过两个工程实例，介绍了装配式建筑构件工厂的运营流程、生产过程质量控制及施工安装技术。分析了国内装配式建筑生产设备的缺陷，并提出了实用的改进思路。在实际生产中，发现了制约产能的瓶颈，并找到了切实可行的解决途径。为装配式建筑行业的同行提供了有价值的思路及参考资料，促进了装配式建筑行业的发展。

影响 PC 构件生产效率的瓶颈及解决途径

黄振兴

浙江新邦远大绿色建筑产业有限公司　浙江温州　325000

摘　要　本文根据公司遇到的影响 PC 构件生产效率的瓶颈以及对遇到类似问题工厂的调研，指出了养护窑养护温度不高，就是影响 PC 构件生产效率的瓶颈。试验数据说明，养护窑温度提高到 50℃后，在南方的冬季拆模时间大大缩短，产能可以提高 1 倍以上。并提出了养护窑改造的可行方案。

关键词　生产效率；瓶颈；养护窑；温度；拆模时间；产能

Abstract　This paper points out that the curing kiln temperature is not high according to the bottleneck of PC component production efficiency encountered by the company and the investigation of similar problems in the factory. It is the bottleneck that affects the production efficiency of PC components. The experimental data show that when the temperature of the curing kiln is increased to 50 degrees, the time of removing the mould in winter in the south can be greatly shortened. The production capacity can be increased by more than twice, and the feasible scheme for the renovation of the curing kiln is put forward.

Keywords　Production efficiency; Bottleneck; Curing kiln; Temperature; Striking time; Capacity

1　前言

国家为了绿色环保，为了给子孙后代留下青山、绿水和蓝天，先后出台了一系列支持装配式建筑产业发展的利好政策，引导原有的粗放型、污染大、在工地现浇混凝土的建筑产业逐渐向科技型、环保型、标准工厂化制造建筑构件的绿色建筑产业发展；各地政府也积极响应和配合国家政策，陆续出台了当地支持装配式建筑产业发展的利好政策及强制性要求，有些地方政府已经要求新建住宅装配率达到 25%～30%，这就使得社会资金纷纷涌向这个行业，大量装配式建筑构件生产厂陆续在各地建成。已经投产的工厂，在国家和地方产业政策的支持下，订单饱满，产品供不应求。

然而，大多数工厂，尤其是在冬季不供暖的南方地区的工厂，都不约而同地遇到了一个难题，就是构件生产后，由于环境温度较低，同时大多数养护窑设计不合理，在冬季养护窑内的温度只能比环境温度高大约 10℃（例如环境温度 10℃，养护窑内的温度就只能达到 20℃）。较低的环境温度，导致了构件拆模时间过长，有时长达 36～

40h，严重制约了产能，成为影响PC构件生产效率的瓶颈。因此，我们首先必须清楚地知道这个瓶颈产生的原因，更重要的是我们要想办法突破这个瓶颈，这样才能提高产能，为企业创造经济效益。

2 影响PC构件生产效率的瓶颈

混凝土强度发展的两个必要条件首先是温度，其次是湿度，环境温度对混凝土强度的发展影响最大。每年春季、秋季和冬季（每年12月到次年5月）不供暖的南方地区工厂内温度都比较低，平均气温5～15℃，目前（12月）温州地区已经进入冬季，最高温度只有15℃左右、最低温度5℃以下，有时接近0℃，并且昼夜温差比较大，仅靠混凝土本身的自然水化是不够的，因为混凝土的水化及强度发展与温度密切相关。在温度逐渐降低时，混凝土水化速度将变得缓慢，强度增长也变慢，温度接近0℃时混凝土停止水化、强度停止发展。逐渐进入深冬，气温将进一步下降，如果生产时不采取相应的升温、保温措施，新浇筑的混凝土温度过低，水化会非常慢，最终导致混凝土强度发展缓慢，影响生产效率。另外，目前大多数PC构件生产厂的养护窑设计存在很大问题，在冬季养护窑内的温度只能升到比环境温度高大约10℃（例如环境温度10℃，养护窑内的温度就只能达到20℃），养护温度低，混凝土强度发展就慢，PC构件拆模时间长，生产效率就低；因此，养护窑的养护温度过低是影响PC构件生产效率的瓶颈。养护窑必须彻底改造，使其养护温度升高，混凝土强度才可以较快发展。

3 解决养护窑对产能影响的思路

3.1 不同温度下强度发展情况

为了找到温度对强度发展影响的规律，我公司实验室专门做了专题试验，探寻不同温度下强度发展规律。试验思路是，用相同的原材料、相同的配合比拌制相同的强度等级的混凝土后，制作试件，分别置于自然养护的条件下（最低气温5℃，最高气温15℃，平均气温10℃、湿度50%），温度20℃、湿度95%以上的标养条件下，以及50℃热水中的模拟蒸汽养护条件下，观察和比较在不同温度下，相同强度等级、使用相同配合比和原材料、相同龄期时混凝土强度发展情况，找出温度对强度发展影响的规律，以及能够提高生产效率的适宜养护温度。

表1和图1是试验室模拟试验结果，从表1和图1可以看出，混凝土强度与养护温度密切相关，养护温度越高强度发展越快。

养护窑温度提高到50℃，使用普通C30混凝土配合比16h就可以达到15MPa拆模强度，而目前养护窑只能加温到20℃，掺粉煤灰配合比的混凝土要44～48h才能达到15MPa拆模强度，生产效率非常低，因此养护窑必须改造。

根据公司实验室模拟试验结果，养护窑温度如果达到50℃时普通C30混凝土16h就可以达到15MPa的拆模强度，这就能满足生产需要，就能提高生产效率，春秋季可以提高一倍产能，冬季可以提高两倍产能，这样才能降低成本，创造更大的经济效益。

表1　不同温度下，相同强度等级、使用相同配合比和原材料、相同龄期时混凝土强度发展情况

龄期	自然养护强度（MPa）	标养室标准养护强度（MPa）	50度热水模拟蒸汽养护强度（MPa）
8h	—	—	7.6
10h	—	—	10.2
12h	—	—	12.1
14h	—	—	13.8
16h	—	—	14.1
18h	—	—	16.2
20h	1.2	5.5	17.2
22h	—	—	18.1
24h	2.3	8.2	18.6
26h	—	—	18.9
28h	4.4	10.3	19.7
30h	—	—	20.9
32h	6.9	11.8	21.3
34h	—	—	25.7
36h	12.3	11.6	27
40h	13.8	14.3	27.5
44h	15.1	14.9	28.0
48h	15.0	15.2	28.8

注：1. 自然养护温度最高15℃、最低5℃、平均10℃，湿度50%左右；
2. 标准养护，室温（20±2)℃，湿度大于95%；
3. 50℃热水养护，试件成型后立即放入（50±2)℃热水中，到龄期后，拆模试压。

3.2　养护窑的其他缺陷

在南方的秋季和冬季天气一般比较干燥；另外有一些养护窑的设计只重视温度，不重视湿度，只用电热管升温，温度升高后不及时加湿，这些因素都会导致PC构件表面失水。PC构件生产完毕后，若不及时覆盖塑料薄膜保湿养护，或在养护窑内湿度太低，就会在上述因素作用下造成新浇筑混凝土表面0.5cm左右厚度的混凝土失水，造成水灰比变小，强度发展与0.5cm以下混凝土不同步，混凝土表面因为失水而开裂，影响混凝土质量。同时，混凝土水化需要外界大量补充水；否则，水化时没有充足的水，水化就会不完全，最终影响混凝土强度，影响PC构件质量。所以，混凝土的保湿也是非常重要的。目前不少工厂的养护窑加湿还不能满足养护需求，尤其是开了电热管加温，不加湿，会导致湿度下降，造成混凝土表面产生裂缝的质量问题。因此，养护窑加湿的改造也非常重要。

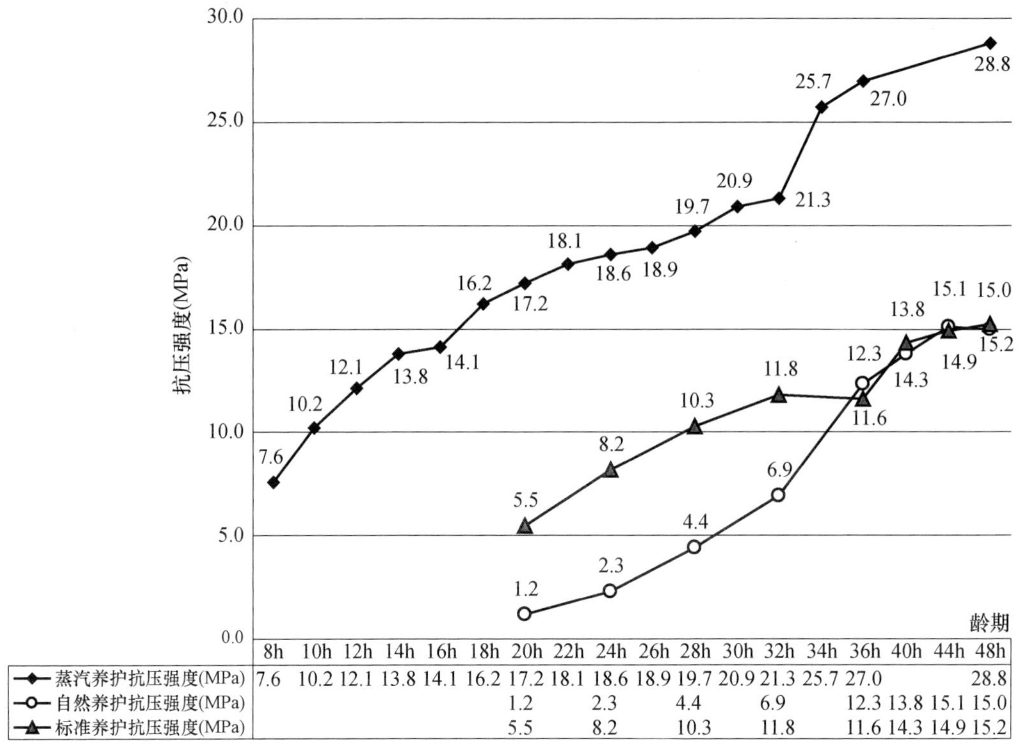

图 1　不同养护条件相同龄期混凝土强度发展对比曲线图

3.3　养护窑改造的思路

从以上的试验结果分析，要想缩短 PC 构件拆模时间，提高生产效率，改造养护窑的思路首先要提高养护窑的养护温度。虽然养护温度越高，强度发展越快，但是鉴于以往经验和我们大量的试验数据，同时考虑到构件结构的安全性，以及实际改造及使用时的可行方案，混凝土养护最高温度我们建议确定为 50℃。

养护窑改造时，也不能忽略湿度，养护窑内的湿度要保证在 90％以上。混凝土强度发展和保证构件质量的两个必要条件——温度和湿度都得到了保证，才能突破影响 PC 构件产能的瓶颈，才能提高生产效率，才能保证 PC 构件的质量。

4　养护窑改造的两种方案及这两种方案的对比

目前经过多方考察，政府已经不再审批燃煤锅炉，用生物质燃料的锅炉污染也很大、很难审批，即使审批了，用不了多久也会淘汰。因此，养护窑改造可行的方案有两个，一个是使用“4t 燃气锅炉”用蒸汽升高养护窑的温度，另一个方案是用“空气源热泵”来升高养护窑的温度，表 2 是这两种方案的对比。

表 2　养护窑改造方案对比

方案	4t 燃气锅炉	空气源热泵
改造投资预算	215 万（具体见附表）	5×50＝250 万（厂家报价）

续表

方案	4t燃气锅炉	空气源热泵
运行费用	10036元/天（目前养护窑温度升到50℃运行费用为21297元/天）	6000元/天（目前养护窑温度升到50℃运行费用为21297元/天）
工期	从设计、锅炉订购、锅炉及管道安装预计3～4个月，基本上今年冬季、明年春季（2008年1月到5月）无法投入使用，将影响这段时间5个项目的产能及交货	合同签订后，预计15d可以完成第一个养护窑设备及管道安装，试运行成功后，其余4个养护窑可以在20多天完成改造，今年冬季和明年春季我公司的5个项目都还可以通过改造提高产能
行政审批	需要行政审批，手续繁琐，每年还需年检	不需要任何行政审批，是国家支持的新能源项目
操作及维护	需要有上岗证专职司炉工，每年还需检修	不需要专职操作人员，全自动运行，只需要设备部人员巡检
技改	不确定能否申报技改	可以申报技改，能获得科技局奖励，减少改造成本
安全风险	有	无

通过以上对比，在两个方案中建议选用“空气源热泵”方案。

5　养护窑改造及改造后使用时注意事项

5.1　养护窑改造时注意事项

（1）养护窑温度达到50℃即可，不能太高。

（2）必须有空气循环系统，保证养护窑各个位置温度均匀达到50℃。

（3）吹进去的热风不能是干热风，必须是含湿气的热风，不能影响养护窑湿度。

（4）要和原有养护窑加湿器连通，将原有加湿器水温升到50℃，使得加湿器喷出的湿气温度也是50℃，不要影响养护窑内的温度。

（5）养护窑改造不能忽略湿度，养护窑内湿度必须保持在90%以上。

5.2　养护窑改造后使用时注意事项

（1）在构件后处理工序中加装预养护设备，减少在后处理阶段这个工序的等待时间，因车间温度过低造成混凝土水化太慢，导致后处理等待时间过长而影响生产效率。

（2）如果没有预养护设备，构件可以先进养护窑30min，在温度较高的养护窑内，缩短混凝土凝固时间，30min后出养护窑，进行后处理，后处理工序完成后，再进养护窑。在后处理工序做一个进、出养护窑的小循环，这样可以减少后处理等待时间，提高生产效率。

（3）构件后处理工序完成后，要覆盖塑料薄膜保湿，并加盖一层毛毯保温。

（4）可以白班生产完毕，构件全部进养护窑后在夜间开启养护窑，这样还可以利用“峰谷电费优惠”来降低成本。

（5）构件在养护窑养护16h普通C30混凝土就可以达到15MPa拆模强度，此时不要立即出窑，关闭养护窑，待温度下降到30℃以下时再出窑；以防急速降温导致混凝土温差裂缝的出现。

（6）出窑后，必须再加盖一层毛毯保温，让构件缓慢冷却，避免温差过大产生裂缝。

（7）构件冷却到与室温温差在15℃以下时，就可以拆模；拆模后的构件，必须用湿毛毯覆盖，保温保湿直至出厂。

6 结语

解决影响制约PC构件产能、影响PC构件生产效率、提高PC构件工厂经济效益的唯一出路，就是改造现有养护窑，将养护窑的温度升到50℃左右，湿度达到90%以上。

注：《影响PC构件生产效率的瓶颈及解决途径》发表于《商品混凝土》2018年第3期。

国内装配式建筑构件生产设备的缺陷及改进思路

黄振兴

浙江新邦远大绿色建筑产业有限公司　浙江温州　325000

摘　要　根据实际工作经验及对国内大量装配式建筑构件生产厂家的考察，发现目前国内装配式建筑构件生产设备有许多缺陷，有些缺陷甚至是制约产能的巨大瓶颈。本文详细分析了目前国内装配式建筑构件生产设备存在的各种缺陷，并提出了改进措施。

关键词　装配式建筑构件；生产设备；缺陷；改进措施

Abstract　According to the actual working experience and investigation of prefabricated building component manufacturers a lot of domestic, found that the domestic prefabricated building component production equipment has many defects, some defects are even huge capacity bottleneck. This paper analyzes the various defects of the current domestic prefabricated building component production equipment, and puts forward the improvement measures.

Keywords　Assembly building components; Production facility; Defect; Corrective actions

1　前言

为了节能环保，为了建筑产业逐渐向现代化、集成化、标准化发展，国家密集推出了支持装配式建筑产业发展的利好政策，各地政府也积极跟进，推出了一系列支持当地装配式建筑发展的政策，装配式建筑行业迎来了政府支持政策大爆发、利好政策不断推出的大好局面。根据国务院要求，“10 年左右新建建筑装配式建筑要占到 30％的份额”，这是一个高达数万亿的市场规模。一些举步维艰的传统预拌混凝土生产企业纷纷改行到装配式建筑行业，同时建筑市场中对政策非常敏感的资金也纷纷投向装配式建筑行业。装配式建筑构件生产工厂如雨后春笋般在全国各地建成，整个装配式建筑行业呈现蓬勃发展的趋势。

然而，从目前已经投产的装配式建筑工厂来看，喜忧参半。喜的是装配式建筑市场非常好，订单接不过来；忧的是产能受到设备的制约，产品不能及时生产出来，产品质量也由于设备的缺陷而受到影响。

本文总结了目前国内装配式建筑构件生产设备的缺陷，以及对产能制约的瓶颈，同时提出了对这些生产设备缺陷的改进思路。

2 国内装配式建筑构件生产设备的缺陷及改进思路

2.1 混凝土搅拌系统

目前国内许多装配式建筑构件工厂的搅拌机是工艺老旧的单向搅拌混凝土的搅拌机，混凝土只能往一个方向搅拌，没有翻拌，不容易搅拌均匀，影响 PC 构件混凝土质量。

建议国内 95%的搅拌机都采用双卧轴搅拌工艺，混凝土就能翻拌得很均匀，搅拌均匀的混凝土才能生产出优质的产品。

搅拌机自动冲洗装置不合理，不能有效地将混凝土冲洗干净，没冲洗掉的混凝土结块后，越粘越多，影响使用。

建议配置搅拌机高压水自动冲洗装置，尤其是搅拌机死角处用高压水流才能有效冲洗到，并且要规定每隔 3h（装配式建筑构件所用早强混凝土的初凝时间）冲洗一次，人工检查是否冲洗干净，如果局部有不干净的地方，再用人工高压水枪冲洗干净。这样就不会影响生产，还大大减少了混凝土结块后人工用风镐打掉的劳动强度，提高了工作效率。

搅拌机出料口距离运料小车的落差太大，下料时有很大冲击力，容易造成混凝土离析，影响 PC 构件混凝土质量。

建议出料口加设可调节高度溜槽，减少混凝土下料时的冲击力，预防混凝土因下料冲击力过大而离析。

2.2 运料小车

运料小车中没有搅拌装置，在运输过程中（有些厂家的运料小车从搅拌机到布料工位时间长达 5～8min）容易因为颠簸而造成混凝土分层离析，尤其是生产厚度很小（一般 6cm）的叠合梁板，以及钢筋密集的梁时，为了便于浇筑，混凝土坍落度一般都很大（200mm 左右），在运料小车运行过程中，更容易因为颠簸而造成混凝土分层离析，不均匀、离析的混凝土就会影响 PC 构件质量。

建议在运料小车中加设搅拌装置，使得运料小车在运行过程中混凝土能够得到二次搅拌，防止混凝土在运输过程中因为颠簸而造成混凝土分层离析，保证混凝土在运行到布料工位时是均匀的，均匀的混凝土才能生产出优质的 PC 构件。

运料小车到布料工位时，是直接反转将混凝土往布料机中倾倒，冲击力大，造成布料机两边石子过多，混凝土不均匀，影响 PC 构件质量。

建议运料小车到布料工位时，减少倾倒角度，在运料小车中加设搅拌装置，缓慢、均匀地将混凝土放入布料机，这样混凝土就比较均匀，便于浇筑，生产出来的 PC 构件质量较好。

运料小车自动冲洗装置不合理，造成运料小车不易冲洗干净，没冲洗掉的混凝土结块后，越粘越多，影响使用；造成运料小车始终带着无效荷载运行，加大了设备能耗和磨损。同时小车中残余混凝土会吸收新生产混凝土中的水分，造成混凝土坍落度变小、工作性变差，难以浇筑而影响 PC 构件混凝土质量。运料小车冲洗处，也没有人工再次冲洗平台，造成发现运料小车没冲洗干净，也没法人工再次冲洗。

建议改进运料小车自动冲洗装置，主要是自动冲洗装置水压要高、冲洗角度和方向设计要能保证运料小车中残余混凝土能冲洗干净。同时在运料小车自动冲洗处，应该加装人工冲洗平台，发现运料小车自动冲洗没冲洗干净时，人工再次冲洗，确保运料小车中残余混凝土完全冲洗掉，这样才不会影响生产。

2.3　布料机

布料机中只有拨料装置，没有搅拌装置，造成混凝土浇筑前没有二次搅拌，使得混凝土不均匀，影响 PC 构件质量。

建议将布料机中拨料装置改成搅拌装置，这样使得混凝土在浇筑前可以得到二次搅拌，搅拌均匀的混凝土，才能生产出优质的 PC 构件。

布料机中由于只有拨料装置，混凝土出料就只能一团、一团的拨出，不能连续均匀的出料，导致混凝土不均匀，影响 PC 构件质量。

建议加装螺旋出料装置，这样混凝土就能均匀连续出料，就能便于浇筑，才能提高 PC 构件质量。

2.4　振动台

目前国内的 PC 构件成型振动台都是电机点对点振动，且只能上下振动，不能有效地振实混凝土，也不能有效地排出混凝土中的气泡，对 PC 构件质量，尤其是外观质量影响很大。

建议参照国外先进的变频模块式振动系统与高频振实系统有机组合的方式，不仅上下振动，且能左右摆动，这样的振动方式可以有效地振实混凝土，同时排出混凝土中的气泡，大大提高 PC 构件混凝土质量，尤其是外观质量。

2.5　模具的拼装

目前国内的装配式建筑模具的拼装完全是人工拼装，劳动强度大，生产效率低，还容易产生人为偏差，最主要的还是在这个环节影响了产能。

建议参照国外先进的电脑自动控制的机械臂布模，并用磁体的开合来拆、装模具，这样可以将精度提高到几乎 100%，消除了人为布模时的误差，同时大大提高了生产效率。

2.6　养护窑

目前国内大部分装配式建筑构件生产设备中的养护窑远远达不到厂家宣传的“PC 构件在养护窑中养护 7～8h 就可以出窑、拆模”。在南方的夏季（6～9 月气温平均 35℃左右时）我们实际生产时，在水泥用量远比商品混凝土高、水胶比远比商品混凝土低的情况下，PC 构件一般要 20～24h 才能达到 15MPa 的拆模强度。

国内大部分装配式建筑构件生产设备中的养护窑最高温度只能升到比气温高 10℃左右，到了不供暖的南方的冬季有长达 4 个多月平均气温在 10～15℃之间，如果养护窑的温度只能达到 20～25℃，那么即使是 C50 的混凝土在这个温度下达到 15MPa 拆模强度的时间也将会长达 30 多个小时，预应力混凝土达到 20MPa 拆模强度的时间将会长达 40 多个小时，这将成为生产的瓶颈，大大影响生产效率。拆模时间过长，影响模具周转，进而影响了生产效率，同时还会加大模具成本的投入，大大提高了成本，严重制约了产能。

另外，国内大部分装配式建筑构件生产设备系统中没有预养护窑，构件混凝土浇筑后，只能等混凝土自身达到初凝才能收面、抹光、拉毛，受环境温度的影响很大，随着气温的下降，混凝土水化越来越慢，初凝时间越来越长，抹光、拉毛工序等待的时间就越来越长，这就形成了生产瓶颈，影响了生产效率，最终严重制约了产能。

国内大部分装配式建筑构件生产设备中的养护窑升温装置，仅仅是靠窑底的电热管，开通电热管升温时，就会造成窑内干燥、湿度下降，影响混凝土养护，从而影响混凝土质量。混凝土强度的发展温度、湿度两者缺一不可，养护窑的设计人员不懂混凝土，没有对南方冬季的气候特点做深入了解，才会在设计养护窑时出现这样严重的错误。并且，养护窑中没有通风循环系统，就会造成窑底温度高，其他部位温度低，使得 PC 构件养护温度不均匀，造成 PC 构件质量波动大。

目前国内外许多厂家已经解决了 PC 构件的养护问题，使用温度为 50℃左右的蒸汽养护，真正做到了 PC 构件在养护窑中养护 7～8h 就可以出窑，不用提高混凝土强度，就可以在 7～8h 使用普通混凝土达到 15MPa 的拆模强度。例如，有一种比较实用的养护设备——预养护窑，温度可以达到 55℃，PC 构件混凝土浇筑后进入预养护窑 30min，混凝土就达到初凝，出预养护窑就可以直接抹平、拉毛；然后进入温度可以达 45～50℃的养护窑，7～8h 后普通混凝土就可以达到 15MPa 的拆模强度，这样就大大提高混凝土强度发展速度，同时还不必提高水泥用量和混凝土强度，这都有利于 PC 构件的强度发展，满足了拆模时间和强度的要求，加快了模具周转。使用这样的养护窑在夏季的产能几乎是使用前述养护窑的一倍，在南方的冬季的产能几乎可以达到使用前述养护窑的三倍，这样可以带来非常可观的经济效益。

3 结语

装配式建筑构件的生产设备对构件的质量、成本、生产效率、产能有着至关重要的影响，投资额又很大；因此，在投资和新建装配式建筑构件生产厂时，要严格、仔细地考察和筛选生产设备，尤其是生产系统中的养护窑，不要让其成为制约产能的巨大瓶颈。

注：《国内装配式建筑生产设备的缺陷及改进思路》发表于《商品混凝土》2018 年第 1 期。

装配式建筑构件在绍兴永和高级中学新建工程中的应用

黄振兴[1]　王　寅[2]　邢国然[2]　吉红波[2]

1. 浙江新邦远大绿色建筑产业有限公司　浙江温州　325000；

2. 浙江中成建工集团有限公司　浙江绍兴　312000

摘　要　本文根据装配式建筑构件在绍兴永和高级中学新建工程中的应用这个实际案例，从装配式建筑的生产到现场装配全流程角度，详细讲解了资材部门与施工单位施工进度的对接、原材料的准备和检验；生产部门的生产计划和生产过程质量控制；试验室、品管部门的质量监控；物流部门 PC 构件的安全运输；PC 构件现场的装配。

关键词　构件；计划；生产过程质量控制；质量监控；装配

Abstract　According to the prefabricated building component in Shaoxing Yonghe senior middle school new application of the actual case, from prefabricated construction production to the assembly process, explain in detail the docking materials sector and the construction unit construction schedule, prepare the raw materials and inspection; production plan and production process quality control of production department laboratory; quality control QA Department; safe transport logistics department PC component; PC component assembly site.

Keywords　Component; Plan production process; Quality control; Quality monitoring; Fabricate

1　工程概况

绍兴永和高级中学新建工程总共有 3 个单体，层数分别是 3 层、5 层、5 层，总建筑面积 14262m²；结构设计的结构类型为工业化装配式结构，装配式结构部件是叠合楼板和楼梯，装配率 25%。该工程首次装配式构件（以下简称 PC 构件），供货时间为 2017 年 7 月 15 日，每层装配式构件有 167 块叠合楼板、12 个楼梯，每 10 天装配好一层，计划 8 月 24 日装配式构件全部在施工现场吊装完毕。

2　PC 构件的生产过程控制与质量控制

构件生产厂家及施工单位均非常重视，研讨如何保质、保量、按期完成该工程的

PC 构件生产、供应任务、装配安装。构件生产厂家——浙江新邦远大住宅工业发展有限公司制订了详细的原材料采购计划和生产计划，采取了可靠的质量保证措施、严格的生产质量过程控制措施和精细的品质管理和监控措施。其具体过程控制和质量控制如下：

2.1 资材部

（1）资材部首先与施工单位进行了充分沟通和对接，双方确定首次供货时间为 2017 年 7 月 15 日，每层装配式构件有 167 块叠合楼板、12 个楼梯，每 10 天装配好一层，计划 8 月 24 日装配式构件全部在施工现场吊装完毕。

（2）资材部根据供货计划以及设计图纸，制订工厂的原材料采购计划。

（3）资材部下属的采购部门根据采购计划，确定原材料合格供应商，并会同试验室及第三方检测机构，检测所需采购的原材料，合格后方可进入工厂、方可用于生产，并在生产前完成原材料及辅料的备料工作。

（4）资材部根据供货计划制订出详细的生产计划，从 2017 年 7 月 1 日起每天生产 20 块叠合楼板、每两天生产 3 部楼梯。要求混凝土 24h 强度达到 15MPa 的拆模、起吊强度。

（5）资材部根据生产计划制订出模具方案，楼板模具制作 20 套，楼梯模具制作 3 套。

（6）资材部按照每日生产计划，及时将生产用原材料、辅料及生产工具发放到生产一线，保证生产能顺畅进行，并及时统计每日原材料、辅料的消耗及库存，及时补充采购，保证库存充足，不影响生产。

（7）资材部建立 PC 产品成品台账，每日统计 PC 产品的生产数量，评估是否按计划生产；如果实际生产量与计划量出现偏差，尤其是生产部门不能按计划完成生产任务时，及时向上级领导反映，采取切实可行的纠正措施来保证生产部门按计划完成生产任务。

（8）资材部与施工单位密切沟通，根据施工单位施工现场 PC 构件的吊装和装配计划，反推出 PC 构件到施工现场的堆码计划，再反推出 PC 构件装车计划，再反推出工厂产品的堆码计划，这样才保证了 PC 构件有条不紊、准确高效的供应施工单位，便于施工单位准确无误、高效地将 PC 构件装配到位。

2.2 实验室

（1）实验室根据设计要求和资材部原材料采购计划，配合资材部门做好合格供应商筛选和评审，并将主要原材料送有资质的第三方检测机构检测，合格后才能进厂，才能用于 PC 构件的生产。

（2）实验室根据设计要求设计好混凝土配合比，通过试拌调整好混凝土工作性，优选出 24h 抗压强度能够达到 15MPa 以上的混凝土配合比，并送有资质的第三方检测机构复试，各项性能、强度都满足生产和设计要求后，方可投入使用。

（3）每天接到资材部门下达的生产任务单后，在生产前测准砂、碎石含水，并根据原材料情况微调好当天混凝土生产配合比。

（4）由搅拌机操作员输入混凝土配合比和含水率，试验室质控员复核无误后，方可生产。

（5）每天第一盘混凝土要做开盘检定，测试混凝土坍落度、和易性、流动性等技术指标，并及时做微调满足生产要求，确保混凝土质量。

（6）在生产线上从布料机里随机抽取混凝土，做抗压强度试块，各留置 1 组 24h、36h 试块做拆模强度检验，留置 1 组 5d 同条件试块做出厂强度检验，留置 1 组标养强度试块，做 28d 强度检验，作为交工资料。

（7）留置好原材料供应商资料、每天生产时混凝土配合比、原材料检验报告、混凝土工作性能检查台账、混凝土试块制作台账、每天生产的混凝土强度台账、计量仪器检定报告等质量记录。

2.3　生产部门

（1）生产部按照资材部下达的生产计划，制订详细的生产方案，在生产前提前做好物料和人员的准备。

（2）混凝土生产和浇捣是生产的一个关键工序，这个工序的好坏直接影响到 PC 构件质量，为此，我公司制订了以下严格操作步骤：

① 混凝土生产前，将清洗运料小车、布料机的水放干净；先空转平皮带、斜皮带，将砂仓中漏到皮带上的水倒到搅拌机中，放掉。

② 生产前实验室测准砂含水率，调整好生产配合比。

③ 生产混凝土时要先比混凝土生产配合比少用 10kg 左右水（减水时，必须加同等重量的砂），防止砂仓底部砂含水率高于实测值。

④ 实际生产时通过搅拌机观察孔，观察混凝土状态，并及时调整。

⑤ 混凝土坍落度不要过大，楼板应该控制在 160～180mm，楼梯应该控制在 130～150mm；和易性要好，不得泌水跑浆，避免浮浆过多和收缩过大产生裂缝。

⑥ 浇筑时应该连续浇筑，不得产生冷缝，避免交界处混凝土凝结时间不一致而产生裂缝。

⑦ 按照需要浇筑的混凝土数量控制好混凝土浇筑速度，要保证在混凝土初凝前完成浇筑，避免已凝固，但还没有强度的混凝土受到扰动而产生裂缝。

⑧ 要均匀布料，不在同一处连续布料，也不要振动逼浆布料，更不能过振，以免混凝土表面及与模板接触处浮浆过多而产生裂缝。

⑨ 振动器插点要均匀排列，可采用“行列式”的次序移动，不应混用，以免造成混乱而发生漏振。每次移动位置的距离应不大于振动棒作用半径 R 的 1.5 倍（50cm）。一般振捣棒的作用半径为 30～40cm。

⑩ 振动器使用时，振捣器距离模板不应小于振捣器作用半径的 0.5 倍（20cm），且不宜紧靠模板振动，应尽量避免碰撞钢筋、芯管、吊环、预埋件等。

⑪ 每一插点振捣时间以 20～30s 为宜，一般以混凝土表面呈水平并出现均匀的水泥浆和不再冒气泡为止，不显著下沉，表示已振实，即可停止振捣。

⑫ 混凝土浇筑到标高、刮平时，要刮除浮浆，避免浮浆过多导致混凝土表层收缩过大而产生裂缝。

⑬ 抹面时要掌握好抹面时机，一定要在混凝土初凝时（人站在混凝土上没有明显

脚印时抹面，目前环境温度白天36℃、夜间26℃时混凝土初凝时间大约4h)，过早抹面，混凝土在初凝时还会产生收缩裂缝，所以过早抹面是无效的，无法消除混凝土凝固时产生的收缩裂缝；过晚抹面，混凝土过了初凝时间就抹不动了，裂缝已经形成，无法消除。抹面必须两次，先抹平，初凝时再用人工二次抹面，彻底消除混凝土凝固时产生的收缩裂缝。需要二次抹面的构件一般有楼梯、内墙、外墙外侧面等；叠合楼板等需要拉毛的混凝土面不需要抹面，拉毛后立即覆盖塑料薄膜养护。

(3) 混凝土浇注后，如气候炎热、空气干燥，不及时进行养护，混凝土中养护水分会蒸发过快，形成脱水现象，会使已形成凝胶体的水泥颗粒不能充分水化，不能转化为稳定的结晶，缺乏足够的粘结力，从而会在混凝土表面出现片状或粉状脱落。此外，在混凝土尚未具备足够的强度时，水分过早的蒸发还会产生较大的收缩变形，出现干缩裂纹。所以混凝土浇筑后初期阶段的养护非常重要，是PC构件生产的又一个关键工序，这个工序做的好坏也直接影响到PC构件质量；为此，我公司在这个关键工序也制订了如下严格操作步骤：

① 拉毛后或抹面后立即覆盖塑料薄膜，保湿养护。

② 早强型混凝土洒水养护时间目前气温条件下为浇筑后3h左右。

③ 混凝土得到很好养护的检验标准是混凝土表面处于湿润状态（深灰色，不能是灰白色，灰白色表明混凝土已经缺水）。这样规定，便于一线员工和品管准确判断混凝土的养护情况。

④ 覆盖好塑料薄膜后，即在混凝土初凝后（目前气温浇筑后3h），立即在混凝土喷水养护，使混凝土表面保持湿润。混凝土的养护时间要严格按国家规范要求保湿、保温养护7d。

⑤ 混凝土进养护窑后，养护窑里的湿度控制在85%以上。

⑥ 混凝土拆模后、出厂前在工厂成品区堆放的时候，采取了有效的抗寒、抗剧烈干燥等措施，继续保湿养护到7d龄期；使用喷雾养护，使混凝土表面处于湿润状态后，用塑料薄膜覆盖，再加盖浇湿的工业毛毯保湿养护，避免温差裂缝和干缩裂缝的产生。

(4) 混凝土拆模后发现有蜂窝、孔洞、裂缝、表面气泡过多、外表起皮、表面因浮浆过多出现疏松等外观质量问题及时修复。

(5) 首件产品应该会同甲方、设计单位、施工单位、监理单位、第三方检测机构和我公司一起做首件产品质量验证，主要验证强度、钢筋保护层厚度、尺寸偏差、外观质量，全部符合规范要求，各方签字确认后，才进行大批量生产。

(6) 每类产品每年都必须做一次型式检验，合格后产品才能交付市场。

2.4 品管部

(1) 对进厂的模具严格检验，主要检查尺寸是否符合要求？是否拆装方便、是否能满足PC构件质量要求、生产工艺和周转次数要求，模具与钢台车之间的定位销、螺栓固定方式是否可靠等。经检查完全符合要求后才允许用于生产。

(2) 品管部严格检查主要原材料供应商资质、质量证明文件是否齐全，是否经第三方检测机构检验合格，确认原材料全部合格后，方可允许投入生产。

（3）品管部在PC构件生产、混凝土浇筑前，做好隐蔽工程检查和验收。其主要有以下内容：钢筋的牌号、规格、数量、位置、间距、箍筋弯钩的弯折角度及平直度；钢筋的连接方式、接头位置、接头数量等；预埋件、预埋管线的规格、数量位置等，完全符合设计要求才同意生产；同时做好隐蔽工程检查和验收的质量记录和影像记录，并交一份给实验室，以便实验室做交货资料。

（4）品管部全程监督生产过程中浇捣和养护，确保按照公司在这两个关键工序制订的操作规程生产、浇筑和养护。

（5）品管部要根据同条件试件强度，PC构件外观质量、尺寸偏差、钢筋保护层厚度等质量指标，来决定PC构件是否合格，完全合格后才可以进入成品区。

（6）PC构件出厂前品管部要做出厂检验，合格后方可出厂。

3　物流部门PC构件的安全运输

物流部门与工厂确定的PC构件运输单位充分沟通，制订好PC构件详细的运输计划。

物流部门首先和PC构件运输单位一同考察PC工厂到施工现场的运输路线，选择适合PC构件运输的路线，以无红绿灯、路面平坦高速公路为优选；并与施工单位沟通好PC构件运输车辆在工地的停放位置，以便于施工单位卸车和吊装。

物流部门要提前与运输途中涉及的交通管理部门沟通，以保障PC构件的运输通畅。

物流部门按照资材部门制订的装车计划，准确无误地按装车计划装车，并按施工单位的吊装速度确定发车间隔时间，既不耽误施工单位吊装，也不在施工现场压车，避免造成不必要的浪费。

装车时设置柔性垫片，防止PC构件边、角与链索接触处混凝土受损；装车后要用链索牢固的固定好PC构件；或采取其他相应措施固定好PC构件。

现场存放PC构件时，严格按照资材部与施工单位制订的PC构件现场堆码计划准确堆放，产品标示清楚、明确，以便于施工单位准确、高效的吊装。

4　PC构件现场的装配

（1）叠合板的安装

① 施工工艺流程

叠合板安装准备→测量放线→安装支模架→打设发泡剂→叠合板吊装→叠合板校正→水电管线敷设→叠合层钢筋绑扎→叠合层混凝土浇筑

② 因叠合板在支座上搁置长度较小（或板未进支座），同时防止施工人员高处坠楼，现场搭设整体支模架。安装叠合板前应认真检查支撑系统、梁的标高轴线以及支模架模板的顶面标高，并及时校正。

③ 叠合板吊装就位：若叠合板有预留孔洞时，吊装前先查清其位置，明确板的就位方向。同时检查、排除钢筋等就位的障碍。吊装时应按预留吊环位置，采取八个吊环同步起吊的方式。同时，应使叠合板对准所划定的叠合板位置线，按设计支座搁置长度慢降到位，稳定落实。

④ 调整叠合板支座处的搁置长度：

用撬棍按图纸要求的支座处的搁置长度 15mm，轻轻调整。必要时要借助塔吊吊车绷紧钩绳（但板不离支座），辅以人工用撬棍共同调整搁置长度。

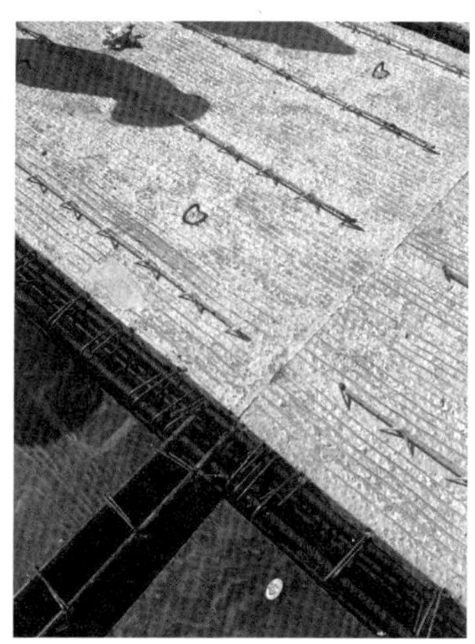

⑤ 质量标准

构件吊运时混凝土强度必须符合设计要求和施工规范的规定。检查方法：检查构件出厂证明和同条件养护试块的试验报告。

叠合板的型号、位置、支点锚固必须符合设计要求。检查方法：观察或尺量检查和检查吊装记录。

叠合板的标高、座浆、板缝宽度，应符合设计要求和施工规范的规定。检查方法：观察、足量检查。

（2）预制楼梯的安装

① 吊装前准备要点

楼梯构件吊装前必须整理吊具，并根据构件不同形式和大小安装好吊具，这样既节省吊装时间又可保证吊装质量和安全。

楼梯构件进场后根据构件标号和吊装计划的吊装序号在构件上标出序号，并在图纸上标出序号位置，这样可直观表示出构件位置，便于吊装工和指挥操作，减少误吊概率。

吊装前必须在相关楼梯构件上将各个截面的控制线提前放好，可节省吊装、调整时间并利于质量控制。

楼梯构件吊装前下部支撑体系必须完成，吊装前必须测量并修正柱顶标高，确保与梁底标高一致，便于楼梯就位。

② 楼梯构建吊装要点

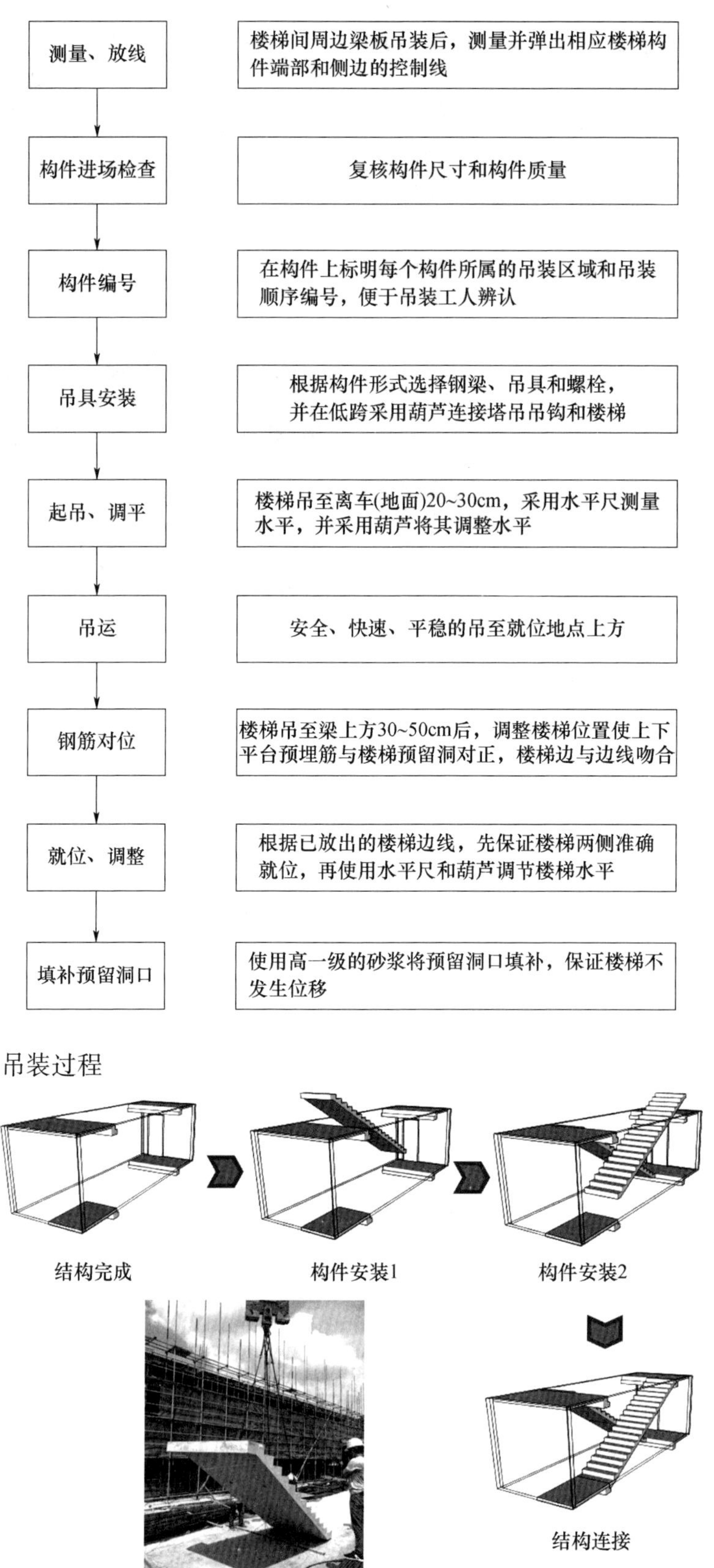
测量、放线
楼梯间周边梁板吊装后，测量并弹出相应楼梯构件端部和侧边的控制线
构件进场检查
复核构件尺寸和构件质量
构件编号
在构件上标明每个构件所属的吊装区域和吊装顺序编号，便于吊装工人辨认
吊具安装
根据构件形式选择钢梁、吊具和螺栓，并在低跨采用葫芦连接塔吊吊钩和楼梯
起吊、调平
楼梯吊至离车(地面)20~30cm，采用水平尺测量水平，并采用葫芦将其调整水平
吊运
安全、快速、平稳的吊至就位地点上方
钢筋对位
楼梯吊至梁上方30~50cm后，调整楼梯位置使上下平台预埋筋与楼梯预留洞对正，楼梯边与边线吻合
就位、调整
根据已放出的楼梯边线，先保证楼梯两侧准确就位，再使用水平尺和葫芦调节楼梯水平
填补预留洞口
使用高一级的砂浆将预留洞口填补，保证楼梯不发生位移
③ 吊装过程
结构完成
构件安装1
构件安装2
结构连接

④ 施工安装及后期处理

安装流程：楼梯构件检查→起吊→就位→精度调整→吊具拆除。

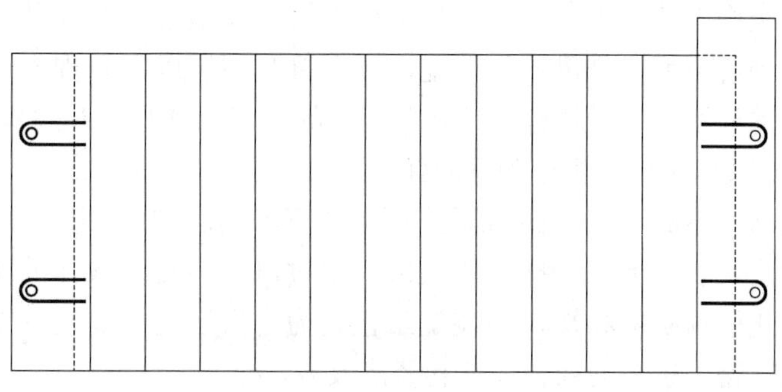

预制楼板平面图

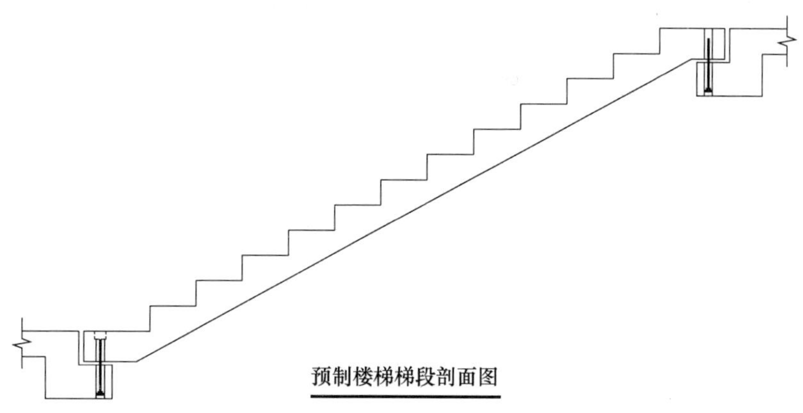

预制楼梯梯段剖面图

使用吊梁、吊葫芦，尽量保证吊点垂直受力，L形梯梁与梯板的销键预留洞对齐，用钢筋作为插销固定、灌浆处理。结合部位达到受力要求前楼梯禁止使用。

⑤ 吊装质量管理

吊装质量的控制是装配整体式结构工程的重点环节，也是核心内容，主要控制重点在施工测量的精度上。为达到构件整体拼装的严密性，避免因累计误差超过允许偏差值而使后续构件无法正常吊装就位等问题的出现，吊装前需对所有吊装控制线进行认真的复检。

吊装前根据吊装顺序检查构件顺序是否对应，吊装标识是否正确。楼梯构件的吊装标高控制不得大于5mm，定位控制不大于8mm。

⑥ 应注意的质量问题

楼梯段支承不良：主要原因是支座处接触不实或搭接长度不够。安装时要校对标高，安装楼梯段时除校对标高外，还应校对楼梯段斜向长度。

楼梯段摆动：主要原因是操作不当，安装找正后未及时灌缝。

休息板面与踏步板面接槎高低不符合要求：主要原因是抄平放线不准，安装标高不符合设计要求。安装休息板应注意标高及水平位置线的准确性。

楼梯段左右反向：安装时应注意扶手栏杆预埋件的位置。

5 结语

绍兴永和高级中学新建工程是新邦远大住宅工业发展有限公司的首个项目，而且工期非常紧，接到订单后，公司十分重视，数次召开中层以上管理人员会议，制订了详细的原材料购置计划、原材料检验计划、周密的生产计划和生产过程质量控制方案，保质保量地完成了PC构件的生产和供应任务。

该项目也是浙江中成建工集团有限公司首个EPC兼预制装配式项目，PC构件供应任务重、工期紧，装配施工实操经验欠缺，通过以该项目为载体的实践施工中总结了诸多经验并优化了预制板和楼梯的装配工艺，为今后装配式建筑的施工留下了宝贵的实践经验，也获得了较大的社会效益和经济效益。

注：《装配式建筑构件在绍兴永和高级中学新建工程中的应用》发表于《商品混凝土》2017年第10期。

早期养护温度对混凝土强度发展的影响

黄振兴

浙江新邦远大住宅工业发展有限公司　浙江温州　325000

摘　要　本文根据实际试验数据，论述了混凝土强度发展与养护温度密切相关，成正比关系。养护温度越高，混凝土强度发展越好；反之，养护温度越低，混凝土强度发展就越缓慢。并且，养护温度低影响了早期强度，后期强度也会受到很大影响。

关键词　养护；温度；混凝土强度

Abstract　According to the actual experimental data, the paper discusses the concrete strength is closely related to the development and maintenance of temperature is proportional to the maintenance. The higher the temperature is, the better the strength development of concrete; on the contrary, the lower the curing temperature, concrete strength development is slow; and low curing temperature influence the early strength, then later strength will also receive a great influence.

Keywords　Maintain; Temperature; Concrete strength

1　前言

南方地区的冬季，一般白天温度在10℃左右，甚至10℃以上，夜间温度在2～5℃，低于零度的天气很少，也就几天，并且最低气温也就－2～3℃，很难达到连续5天平均气温低于5℃的冬期施工条件。因此，南方地区的施工单位几乎全部不采取冬期施工措施，浇筑好的混凝土结构主体根本不养护，就暴露在自然环境中，导致混凝土早期强度发展不好，最终影响了混凝土的后期强度。施工单位在工地留置的试件也是如此，一般在工地自然环境中放置2～3d，可以拆模后才送到实验室标准养护。由于混凝土试件体积很小，温度散失很快，早期混凝土在低温环境强度发展很慢，混凝土的早期强度受到很大影响，最终影响了28d强度，引起了施工单位和混凝土供应商的争议。

本文就是要通过试验数据向同行揭示混凝土养护温度对混凝土强度发展的影响程度，企盼南方地区的施工单位能重视冬期施工时混凝土的养护，尤其是混凝土浇筑完毕后前三天的养护非常重要，早期强度发展好了，后期强度才能正常发展，这样施工单位与混凝土供应商才能共同打造优质的混凝土实体。

2　试验方法

使用相同的水泥、矿粉、粉煤灰、砂、石、外加剂等原材料，从C20、C25、C30、

C35、C40、C45 到 C50，每个强度等级都使用相同的配合比，每个强度等级都留置相同的两组试件，一组同条件室外养护 3 天（夜间最低气温 3℃，白天最高气温 12℃），拆模后进入标养室养护（以下简称养护条件 1）；另外一组成型后，进入静养室［(20±5)℃］，第二天拆模后直接进入标养室养护（以下简称养护条件 2）。对比在使用相同的原材料、相同的配合时，从 C20、C25、C30、C35、C40、C45 到 C50 各强度等级混凝土在不同的养护条件下，在 3d、7d、14d、28d 等不同龄期时混凝土强度的差异，来说明早期养护温度对混凝土强度的影响。

3 试验结果

使用相同的原材料、相同的配合时，C20、C25、C30、C35、C40、C45 到 C50 各强度等级混凝土在不同的养护条件下，3d 混凝土的抗压强度见表 1 和图 1。

表 1 不同强度等级混凝土的 3d 抗压强度（MPa）

养护条件	C20	C25	C30	C35	C40	C45	C50
养护条件 1	6.4	9.3	11.1	13.9	19.6	21.8	29.5
养护条件 2	12.2	14.2	17.1	21.9	25.4	32.1	36.9

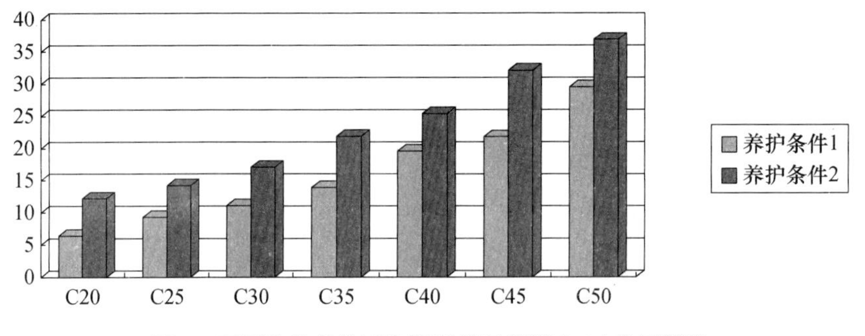

图 1 不同养护条件下各强度等级混凝土 3d 抗压强度

从表 1 和图 1 可以清楚地看出，养护条件 1 下各强度等级混凝土 3d 抗压强度都低于养护条件 2 下各强度等级混凝土抗压强度。

使用相同的原材料、相同的配合比时，C20、C25、C30、C35、C40、C45 到 C50 各强度等级混凝土在不同的养护条件下，7d 混凝土的抗压强度见表 2 和图 2。

表 2 不同强度等级混凝土的 7d 强度（MPa）

养护条件	C20	C25	C30	C35	C40	C45	C50
养护条件 1	8.9	14..9	14.0	20.1	25.5	30.3	40.8
养护条件 2	17.8	23.1	30.4	33.4	40.8	44.8	52.0

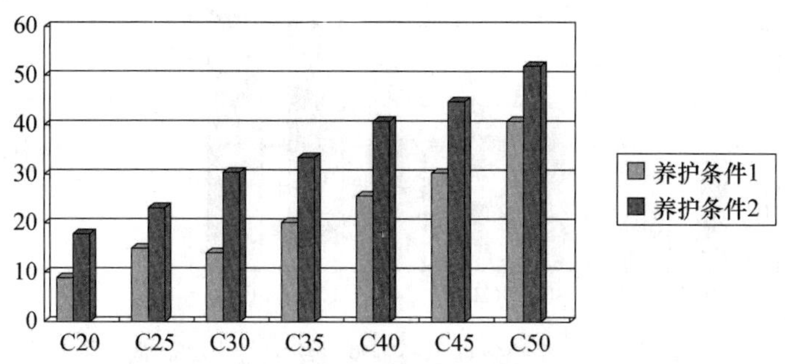

图 2　不同养护条件下各强度等级混凝土 7d 强度

从表 2 和图 2 可以清楚地看出，养护条件 1 下各强度等级混凝土 7d 强度都低于养护条件 2 下各强度等级混凝土强度。

使用相同的原材料、相同的配合时，C20、C25、C30、C35、C40、C45 到 C50 各强度等级混凝土在不同的养护条件下，14d 混凝土的抗压强度见表 3 和图 3。

表 3　不同强度等级混凝土的 14d 强度（MPa）

养护条件	C20	C25	C30	C35	C40	C45	C50
养护条件 1	12.2	16.9	18.9	25.6	32.4	35.8	45.6
养护条件 2	23.3	26.8	33.3	39.5	42.4	55.4	55.7

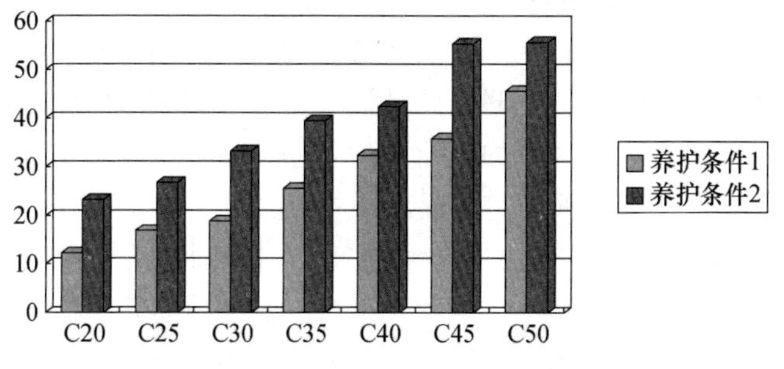

图 3　不同养护条件下各强度等级混凝土 14d 强度

从表 3 和图 3 可以清楚地看出，养护条件 1 下各强度等级混凝土 14d 强度都低于养护条件 2 下各强度等级混凝土强度。

使用相同的原材料、相同的配合时，C20、C25、C30、C35、C40、C45 到 C50 各强度等级混凝土在不同的养护条件下，28d 混凝土的抗压强度见表 4 和图 4。

表 4　不同强度等级混凝土的 28d 强度（MPa）

养护条件	C20	C25	C30	C35	C40	C45	C50
养护条件 1	15.8	22.7	25.6	32.6	41.5	48.0	53.9
养护条件 2	28.4	32.0	40.9	41.7	51.6	61.4	64.0

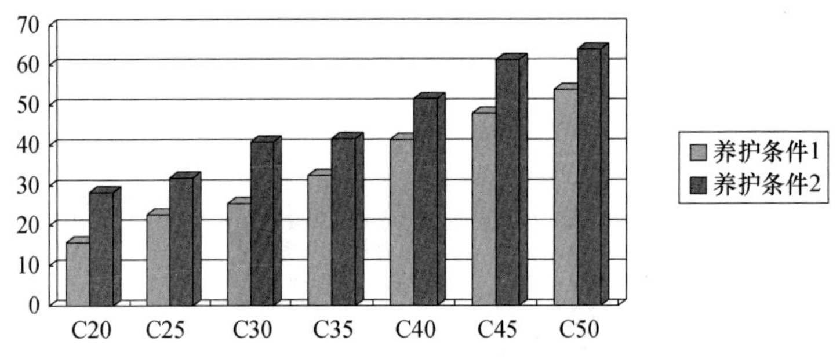

图 4　不同养护条件下各强度等级混凝土 28d 强度

从表 4 和图 4 可以清楚地看出，养护条件 1 下各强度等级混凝土 28d 强度都低于养护条件 2 下各强度等级混凝土强度。

4　试验结果分析

从试验结果看，使用相同的原材料、相同的配合时，C20、C25、C30、C35、C40、C45 到 C50 各强度等级混凝土各个龄期同条件室外养护 3d（夜间最低气温 3℃，白天最高气温 12℃），拆模后进入标养室养护的混凝土强度，都低于成型后，进入（20±5)℃静养室，第二天拆模后直接进入标养室养护的相同龄期混凝土强度；尤其是 C30 以下强度等级的混凝土更为明显。由此可见，混凝土的早期养护温度，对混凝土强度的发展影响巨大，不仅会影响早期强度，还会直接影响后期强度。

之所以出现这样的情况，笔者认为，目前各混凝土公司生产混凝土时都使用矿粉、粉煤灰等矿物掺合料，有单掺上述一种矿物掺合料的，也有上述两种矿物掺合料复合一起使用的，并且以后者居多，大部分商品混凝土公司都是矿粉、粉煤灰两种矿物掺合料一起复合使用。这些胶凝材料的水化顺序和机理如下：由于矿粉、粉煤灰自身难以直接水化或水化极为缓慢，所以，在混凝土中使用了水泥、矿粉、粉煤灰三种胶凝材料时，水泥首先水化，这是胶材的第一次水化；水泥水化后的产物氢氧化钙与矿粉中的二氧化硅、三氧化二铝发生二次水化，形成硅酸盐凝胶和铝酸盐凝胶；粉煤灰由于颗粒形态为致密的玻璃球状体，表面非常致密，只有等水泥水化后的氢氧化钙腐蚀掉表层致密层，粉煤灰中的二氧化硅、三氧化二铝才能与氢氧化钙发生水化，形成硅酸盐凝胶和铝酸盐凝胶，粉煤灰的水化慢于矿粉的水化，是第三次水化。从水化顺序和水化机理看，混凝土在早期水泥能否及时水化、水化充分与否，直接影响矿物掺合料的二次水化和三次水化的程度，水化是否充分就直接影响到混凝土强度。

而水泥的水化与温度密切相关，成正比关系，环境温度越高，水泥水化越快，环境温度越低，水泥水化越慢，接近零度时水泥停止水化。因此，本试验养护条件 1（同条件室外养护 3 天，夜间最低气温 3℃，白天最高气温 12℃，拆模后进入标养室养护）的环境温度是较低的，水泥自身水化缓慢且水化不充分，水化缓慢时就会形成被水化物包裹的未水化颗粒（俗称夹生饭），被包裹在中心的未水化水泥，由于以后接触不到水分，就很难再水化了，造成了水泥水化不充分。水泥水化不充分又导致了水化产生的氢氧化钙少于正常水化的混凝土中的氢氧化钙，这样就形成了连锁反应，导致需要氢氧化钙来水化的矿粉、粉煤灰由于得不到充分水化所需要的氢氧化钙，也不能充分水化，这样就进一步影响了混凝土强度的发展。

C30 以下（包括 C30）强度等级的混凝土，由于本身水泥用量就较少，矿物掺合料用量大，因此，早期养护温度低导致的水泥水化不充分，不能激发矿物掺合料的活性，使得二次、三次水化都不充分，影响混凝土强度的发展。因此对这些低强度等级的混凝土影响更大，这也与前面的试验结果是吻合的。

另外，低温环境影响了第一次水化，影响了早期强度后，就会连锁反应影响二次、三次水化，最终也影响了后期强度。

5　结语

根据本文的试验，以及胶材水化机理的探讨，我们可以清楚地认识到，混凝土早期的养护温度对混凝土强度的发展起着决定性的作用。因此，在类似温州这样的南方地区，每年 12 月进入冬季，直至第二年 5 月份，最高温度低于 20℃，最低温度低于 10℃的环境条件下，要想使得混凝土强度能正常发展，必须重视混凝土的早期养护温度。早期混凝土得到很好的养护，胶材充分水化，混凝土强度才能正常发展，才能保证混凝土质量。

对于方兴未艾的装配式建筑构件生产工厂，也要重视这个问题，在环境气温较低时，必须使用养护窑，保证混凝土的养护温度，这样才能保证混凝土强度正常发展、及时脱模，提高生产效率。而不是仅仅靠增加水泥用量来提高早期强度、满足脱模要求。

注：《早期养护温度对混凝土强度发展的影响》发表于《 商品混凝土》2017 年第 9 期。

装配式建筑构件混凝土配合比设计思路及实例

黄振兴
浙江新邦远大住宅工业发展有限公司　浙江温州　325000

摘　要　本文根据生产装配式建筑构件时对混凝土的特殊要求，探讨了混凝土配合比设计思路，并用一个配合比设计实例，讲解了这种混凝土的设计思路和设计方法。

关键词　装配式建筑；构件；混凝土配合比；设计思路

Abstract　According to the special requirements of concrete in the production of assembled building members, the design method of concrete mixture ratio is discussed. An example of mix proportion design is introduced to explain the design idea and design method of this concrete.

Keywords　Fabricated building; Component; Concrete mixture ratio; Design idea

1　前言

在 PC 工厂生产装配式建筑构件（以下简称 PC 构件）时，为了提高生产效率、减少窝工、减少模具投入、加快模具周转，一般要求混凝土早期强度要比较高，36h 就要求普通混凝土构件达到 15MPa 的拆模起吊强度、预应力混凝土构件和楼梯等特殊构件要求达到 20MPa 的拆模起吊强度。在夏季时（环境温度≥30℃时），为了降低成本，大部分 PC 工厂养护窑只开加湿设备，不开加温设备。这样，普通混凝土配合比就难以满足 PC 工厂对构件的早期强度要求，尤其是 C30、C35 的 24h 强度一般都低于 10MPa，36h 强度都低于 15MPa，根本无法满足要求。国内大部分 PC 工厂，为了满足早期拆模强度高的要求，盲目地增加水泥用量，特别是早期强度很难满足要求的低强度等级的 C30 楼梯等构件，水泥用量都高达每立方 300kg 以上，有的 PC 工厂甚至用到 350～360kg，这不仅增加了成本，还由于水泥用量过大，对构件的耐久性埋下隐患。另外，国内绝大部分 PC 工厂混凝土配合比的胶凝材料都选水泥和粉煤灰组合，我也认为不妥，因为粉煤灰不参与混凝土的早期水化，对要求早期强度比较高的 PC 构件混凝土的早期强度没有任何作用；而且国内粉煤灰质量波动大，会导致 PC 构件混凝土质量产生波动；同时粉煤灰颜色波动较大，有些地方甚至每一车粉煤灰颜色都有差异，这就会影响 PC 构件的外观质量。

由此看来，普通混凝土配合比设计思路，无法满足 PC 工厂对构件的早期强度要求；PC 工厂构件的混凝土配合比设计，必须另辟蹊径，打破普通混凝土配合比设计思路，根据 PC 构件生产的特殊要求，重新考虑能满足要求的、实用的混凝土配合比设计思路。

2 PC构件混凝土的配合比设计思路

PC构件混凝土强度等级比较常用的有C30、C35、C40、C45、C50等，C40以上混凝土由于胶材用量大、水胶比低，36h强度接近或大于20MPa，可以满足PC构件的早期拆模强度要求；相对来说还是比较好设计，基本上和普通混凝土差不多。设计难度比较大的是胶材用量低、水胶比大的C30、C35混凝土，他们24h强度一般低于10MPa、36h强度一般都低于15MPa，如果按常规思路设计肯定满足不了PC构件早期拆模强度的要求。

为了达到PC构件早期拆模强度的要求，且尽量少增加混凝土成本，计划从以下几个方面入手：

第一，要选用早强P·O 42.5级水泥、或早期强度高的水泥，水泥的3d强度要达到28～30MPa。

第二，在不增加胶凝材料、水泥用量的前提下，选用适宜的高效减水剂，大幅降低混凝土水胶比，提高混凝土的早期强度。同时，低强度等级如C30、C35在不增加胶凝材料、水泥用量的前提下要适当提高混凝土配制强度，也就是要适当降低水胶比。

第三，在减水剂生产时，选用有早强作用的母液，来提高混凝土早期强度。

第四，胶材品种的选择和组合。笔者发现，全国绝大部分PC厂的配合比胶材基本上都是采用水泥和粉煤灰组合，没有选用矿粉。由于粉煤灰的活性低（一般28d活性指数只能达到62%左右），而且粉煤灰的颗粒形态是玻璃球状态，表面有一层高温烧结形成的致密的玻璃体，这层玻璃体阻碍了粉煤灰的早期水化，只有等水泥早期水化完成，水化后产生的氢氧化钙腐蚀掉这层致密的玻璃体后，粉煤灰中的活性物质才能与氢氧化钙反应，开始水化；所以粉煤灰对混凝土的早期强度没有任何贡献，只能依靠水泥的水化来发展混凝土的早期强度，这样就造成了有早期拆模强度要求的PC构件的混凝土中水泥用量都比较高，个别工厂C30的混凝土水泥用量都达到350kg左右，这样不仅成本高，而且混凝土耐久性还会受到影响。

矿粉就不一样了，活性比粉煤灰高得多，S95级矿粉7d活性指数就可以达到80%左右，28d活性指数可以达到100%以上。最重要的是，首先矿粉是用粒化高炉矿渣通过物理加工磨细的，它的活性物质（二氧化硅、三氧化二铝）可以直接参与水泥的水化，与水泥水化几乎是同步的，只要水泥开始水化，水化产生的氢氧化钙就会马上与矿粉中的二氧化硅和三氧化二铝反应，形成硅酸盐凝胶和铝酸盐凝胶，矿粉的水化只略慢于水泥的水化，因此不会对混凝土的早期强度产生太大的影响；其次由于矿粉比表面积高达420m^2/kg，它在水泥水化时可以充当晶核，起到晶核效应，充分地分散水泥颗粒，促进水泥的水化，使水泥水化充分、完全。而水泥用量过多的混凝土，只能用一部分水泥颗粒去充当晶核，这些被包裹在中间的水泥颗粒，得不到充分水化，就被做成了“夹生饭”，影响了混凝土强度和耐久性，这也是为什么相同胶材用量，掺加矿粉的混凝土后期强度远高于不掺或少掺矿粉的混凝土的原因。

另外，由于矿粉颗粒小于水泥颗粒，能很好地填充到水泥颗粒的缝隙中，起到很好的集料填充效应；同时水化略慢于水泥，水泥水化的氢氧化钙与矿粉中活性物质二氧化硅、三氧化二铝反应生成体积略大的硅酸盐凝胶、铝酸盐凝胶，起到了很好的微膨胀效应，使混凝土更加密实，不仅提高了混凝土强度，而且大大提高混凝土耐久性。所以，笔者认为是 PC 构件混凝土胶材的组合应该选用水泥与矿粉。

3 配合比设计实例

本文选择了 PC 构件混凝土中最难设计的低强度 C30 混凝土，来举例说明怎样设计早期拆模强度要求高的低等级混凝土配合比。

3.1 工程概况

浙江省温州市某商品房项目工程，该项目地下 2 层，地上 33 层，为剪力墙结构。PC 构件为全预制混凝土楼梯，要求 36h 达到 20MPa 的拆模强度，坍落度要求 150～160mm。养护环境气温 30℃左右、湿度 60%左右。

3.2 原材料的选用及原材料数据

3.2.1 水泥的选用

由于此楼梯 C30 混凝土要满足 36h 拆模强度达到 20MPa 的要求，为了在保证混凝土 36h 拆模强度的前提下，使混凝土有一个较好的施工性能，不仅要考虑降低水胶比，还要考虑选用早期强度比较高的水泥。因此，我公司选用了海螺水泥有限公司生产的 P·O 42.5 级普通硅酸盐水泥，该水泥优点是色泽好、流动性好、坍落度损失小，最主要的是早期强度和后期强度都高，可以满足混凝土早期拆模强度比较高的要求；同时由于早期强度高、水化快，早期可以产生大量氢氧化钙来激发掺合料的活性，提高混凝土强度和耐久性；由于有效激发了掺合料活性，可以加大掺合料用量，减少水泥用量。厂家的出厂报告显示，该 P·O 42.5 级硅酸盐水泥 3d 强度 29MPa（国家规范要求≥17.0MPa），28d 强度 51.2 MPa（国家规范要求≥42.5MPa），其他项目均符合标准要求。

3.2.2 矿物掺合料的选用

为了减少水泥用量，并充分利用矿物掺合料二次水化的微膨胀填充效应和晶核效应，使混凝土更加密实来提高混凝土强度和耐久性，同时还要考虑所用的掺合料水化要几乎与水泥的水化同步，不能过于滞后，不能影响混凝土的早期强度。于是，我公司选用矿粉来取代一部分水泥（可以取代 100～150kg 水泥，C40 以上还可以加大掺量），这样既不影响强度，又减少了水泥用量，降低了混凝土成本，降低了混凝土黏度，减少了坍落度损失，提高混凝土流动性，由于掺加矿粉的混凝土更加密实，也大大提高了混凝土耐久性。我公司矿粉选用的是 S95 级矿粉，质量稳定、来料均匀，符合国家相关技术规程要求。厂家出厂报告显示，7d 活性指数 79%（国家规范要求≥75%），28d 活性指数 101%（国家规范要求≥95%），其他项目均符合标准要求。

目前温州市场粉煤灰质量很不稳定，Ⅱ级粉煤灰常常会不合格（其中夹杂着一些Ⅲ级灰，在温州当地称作筒灰，质量很不稳定），而且色差很大，影响 PC 结构外观质量；最重要的还是影响混凝土早期（36h）拆模强度，因此我公司决定不用粉煤灰。

3.2.3 骨料的选用

细骨料，也就是砂的选择非常重要，由于为了满足较高的早期拆模强度，水胶比就会较小，因此不宜使用细度 2.5 以下的砂，否则会增加混凝土黏度，难以施工。我们的细骨料—中砂，选择了采自浙江青田，瓯江中下游的中砂，细 2.7，Ⅱ区中砂，颗粒级配好，形态圆润，比较适合 PC 构件的工作性要求。含泥量 0.5%（国家规范 C55 以下砂要求≤3.0%），泥块含量 0%（国家规范 C55 以下砂要求 1%），为非活性骨料，其他项目均符合标准要求。

粗骨料的选择也很重要，由于为了满足早期较高的拆模强度要求，水胶比较小，混凝土一般会比较黏，为了减少混凝土的黏度，满足施工性能，就要增加碎石的表面积；所以骨料粒径要选择 25mm 以下的碎石，不能使用粒径大于 25mm 的碎石，因为相同质量的碎石粒径越小比表面积就越大，就可以有效地将胶材分散开来，降低混凝土黏度；同时可以增加胶结面积来增加混凝土强度。我公司选用的粗骨料石材强度高、颗粒形态好，颗粒级配为 5～25mm 连续粒级，含泥量 0.05%（国家规范 C55 以下石要求≤1%），泥块含量 0%（国家规范 C55 以下石要求≤0.5%），压碎指标 5%（国家规范 C55 以下要求≤ 20%），针片状 8%（国家规范 C55 以下要求≤ 15%），为非活性骨料，其他项目均符合标准要求。如果颗粒级配不好，可以复合 5～16mm。

3.2.4 减水剂的选用

PC 构件由于早期强度要求高，水胶比比较低，一般萘系、脂肪族减水剂由于减水率低，会造成用水量大，在相同水胶比时，比减水率高的聚羧酸减水剂要多用许多胶材，成本高，而且保塑性差、坍落度损失大，早期强度低，尤其是 36h 强度很低，满足不了 PC 构件的拆模要求。而且用萘系、脂肪族减水剂生产的混凝土，表面会出现不规则、较大的气泡，影响混凝土外观质量。因此，我公司高效减水剂选用的是西卡建筑材料有限公司生产的聚羧酸外加剂，该聚羧酸外加剂的减水率高、减水率达到 27% 左右，可以大幅减少用水量，减少胶材用量，提高了混凝土的耐久性。保塑效果好，混凝土的坍落度损失很小，保证了混凝土的施工性能，方便施工。最重要的是该聚羧酸母液中复配了早强母液，能比普通聚羧酸减水剂提高早期强度 15%左右。厂家建议掺量为 1.8%～2.3%。

3.3 混凝土配合比设计

3.3.1 配制强度的计算

由于此次设计强度为 C30，按混凝土配合比设计规范 JGJ 55—2011 混凝土配制强度按下式计算：

$$f_{cu,0} \geq f_{cu,k} + 1.645\sigma$$

式中 $f_{cu,0}$——混凝土配制强度（MPa）；

$f_{cu,k}$——混凝土设计强度（MPa）；

σ——混凝土强度标准差（MPa）。

由于我公司是新建厂，没有 1～3 个月强度资料，因此混凝土强度标准差按混凝土配合比设计规范 JGJ 55—2011 表 4.0.2 选用如表 1 所示。

表 1　混凝土强度标准差

混凝土强度标准值	≤C20	C25～C45	C50～C55
σ	4.0	5.0	6.0

具体计算如下：

$$f_{cu,0} \geqslant 30+1.645\times5=38.2\ (\text{MPa})$$

这是按普通混凝土计算的配制强度，28d 标养后强度可达到 38.2MPa，但 36h 强度很低，也就 10MPa 左右，满足不了 36h 达到 20MPa 拆模强度的要求。按经验只有将配制强度提高到 55MPa 时（实际上就是降低水胶比），36h 强度才能达到 20MPa，因此配制强度选 55MPa。

3.3.2 计算水泥 28d 胶砂抗压强度值（$f_{cu,e}$）和胶凝材料 28d 胶砂抗压强度值（f_b）

由于我公司刚成立，没有 28d 水泥和胶材胶砂强度实测值，只能按混凝土配合比设计规范 JGJ 55—2011 规定的下式计算：

$$f_{ce}=f_c\times f_{ce,g}$$

式中 f_{ce}——水泥 28 天胶砂抗压强度值；

f_c——水泥强度等级值的富余系数；

$f_{ce,g}$——水泥强度等级值。

水泥强度等级值的富余系数（f_c）按混凝土配合比设计规范（JGJ 55—2011）表 5.1.4选用如表 2 所示。

表 2　混凝土富余系数

水泥强度等级值	32.5	42.5	52.5
富余系数	1.12	1.16	1.1

具体计算如下：

$$f_{ce}=1.16\times42.5=49.3\ (\text{MPa})$$

按混凝土配合比设计规范 JGJ 55—2011 表 5.1.3 取粒化高炉矿渣粉影响系数 δ_s 为 1.0，则 28d 胶凝材料胶砂强度值计算如下：

$$f_b=\delta_s\times f_{ce}=1\times49.3=49.3\ (\text{MPa})$$

3.3.3 计算水胶比

由于此次设计强度为 C30，因此水胶比按混凝土配合比设计规范 JGJ 55—2011 规定的下式计算：

$$W/B=\alpha_a\times f_b/(f_{cu,0}+\alpha_a\times\alpha_b\times f_b)$$

式中 α_a，α_b按混凝土配合比设计规范 JGJ 55—2011 表 5.1.2 选用如表 3 所示。

表 3　碎石、卵石 α_a，α_b取值

系数	碎石	卵石
α_a	0.53	0.49
α_b	0.20	0.13

我公司使用的是碎石，因此 α_a取 0.53，α_b取 0.2，水胶比具体计算过程如下：

$$W/B=0.53\times49.3/(55+0.53\times0.2\times49.3)=0.43$$

3.3.4 用水量的确定

由于没有经验值，只能按《混凝土配合比设计规范》JGJ 55—2011 表 5.2.1-2 建议的塑性混凝土用量选用，再结合混凝土的坍落度要求来推算。从表中查得碎石最大粒径 20mm、坍落度 90mm 时建议用水量 215kg，碎石最大粒径 31.5mm、坍落度 90mm 时建议用水量 205kg。由于我公司碎石的最大粒径是 25mm，所以取这两个建议值的中间值 210kg。根据经验，一般坍落度每增加 20mm，用水量增加 5kg，因此坍落度 150mm 混凝土的用水量按下式计算：

$$m'_{wo}=210+(150-90)/20\times5=225\ (\mathrm{kg/m^3})$$

3.3.5 掺外加剂后混凝土的用水量 m_{wo} 的确定

我公司使用的聚羧酸减水率为 $\beta_a=27\%$，掺聚羧酸减水剂后混凝土的用水量按下式计算：

$$m_{wo}=m'_{wo}\times(1-\beta_a)=225\times(1-27\%)=164\ (\mathrm{kg/m^3})$$

3.3.6 计算混凝土胶材用量

每立方混凝土中胶材用量按下式计算：

$$m_{b0}=m_{w0}/(W/B)=164/0.43=381\ (\mathrm{kg/m^3})$$

3.3.7 计算每立方混凝土中水泥用量及矿粉用量

按混凝土配合比设计规范 JGJ 55—2011 第 3.0.5 条和以往经验矿粉掺量 β_f 取 35%，则每立方混凝土中矿粉用量按下式计算：

$$m_{f0}=m_{b0}\times\beta_f=381\times35\%=133\ (\mathrm{kg/m^3})$$

每立方混凝土中水泥用量按下式计算：

$$m_{c0}=m_{b0}-m_{f0}=381-133=248\ (\mathrm{kg/m^3})$$

3.3.8 计算每立方混凝土中外加剂用量

我公司所用聚羧酸厂家建议掺量 1.8%～2.3%，C30 强度等级比较低，因此选较低的掺量 1.8%

$$m_{a0}=m_{b0}\times\beta_a=381\times1.8\%=6.9\ (\mathrm{kg/m^3})$$

3.3.9 砂率的确定

按《混凝土配合比设计规范》JGJ 55—2011 第 5.4 条建议，坍落度大于 60mm、碎石粒径在 20mm、水胶比在 0.4～0.5 时砂率 β_s 选 33%左右，坍落度每增加 20mm，砂率增大 1%；同时砂的细度比Ⅱ区中砂（细度 2.5 左右）略细时，减少砂率，比Ⅱ区中砂（细度 2.5 左右）略粗时，增加砂率（我公司砂细度 2.7 略粗，应该增加 1%），依此，本混凝土配合比砂率确定如下：

$$\beta_s=33\%+\{(150-60)/20\}\%+1\%\approx39\%$$

3.3.10 粗细骨料用量的确定

按《混凝土配合比设计规范》JGJ 55—2011 第 5.5 条建议

当采用质量法时按下式计算：

$$m_{f0}+m_{c0}+m_{g0}+m_{s0}+m_{w0}+m_{a0}=m_{c,p}$$

$m_{c,p}$ 按经验取 2380（kg/m³）

$$m_{g0}+m_{s0}=2380-(m_{f0}+m_{c0}+m_{w0}+m_{a0})$$
$$=2380-(133+248+164+6.9)=1828\ (kg/m^3)$$

则，每立方混凝土中砂的用量计算如下：

$$m_{s0}=(m_{g0}+m_{s0})\times\beta_s=1828\times39\%=713\ (kg/m^3)$$

则，每立方混凝土中碎石的用量计算如下：

$$m_{g0}=(m_{g0}+m_{s0})\times(1-\beta_s)=1828\times(1-39\%)=1115\ (kg/m^3)$$

3.3.11 每立方混凝土配合比确定如表 4 所示。

表 4 混凝土配合比

原材料品种	m_{wo}	m_{c0}	m_{f0}	m_{s0}	m_{g0}	m_{a0}
每立方用量（kg/m^3）	164	248	133	713	1115	6.9

3.4 实测强度

混凝土试件成型后，模拟工厂自然养护状态，环境温度 30℃、湿度 60%左右。混凝土实测早期强度如表 5 所示。

表 5 C30 混凝土 24h 和 36h 强度值

设计强度	24h 混凝土强度（MPa）	36h 混凝土强度（MPa）
C30	15.6	22.5

由表 5 可以看出，混凝土自然养护 36h 强度，已经达到并超过了 20MPa 的拆模强度要求，完全符合生产要求。

4 成本对比

设计的混凝土满足了各项技术要求后，还有重要的一点，就是要看成本是否低于同类混凝土成本。我们选取了我国北方地区某 PC 工厂 C30 楼梯混凝土（也是要求 36h 达到 20MPa 的拆模强度要求）做了成本对比，该工厂胶凝材料组合选用的是水泥、粉煤灰组合，为了达到 36h 20MPa 的拆模强度要求，水泥用量比较高，达到了 $350kg/m^3$。在对比单方混凝土成本时，为了具有可比性，原材料价格统一使用温州地区原材料价格，具体如表 6 所示。

表 6 原材料价格

原材料品种	W	C	K	S	G	A	36h 混凝土强度（MPa）	成本（元/m^3）
我公司每立方用量（kg/m^3）	164	248	133	713	1115	6.9	22.5	227
原材料品种	W	C	F	S	G	A		
北方公司每立方用量（kg/m^3）	151	350	60	707	1105	7.4	22.0	241
原材料价格（t/m^3）								
原材料品种	W	C	K	S	G	A	F	
原材料价格	0	380	270	43	46	2200	170	

由表 6 可见，我公司采用的水泥、矿粉胶凝材料组合混凝土配合比与北方某 PC 工厂水泥、粉煤灰胶凝材料组合混凝土配合比相比，同样都满足了 36h 达到 20MPa 的拆模强度要求，但我公司配合比中水泥用量大大降低，整体混凝土成本每立方比北方某 PC 工厂低 14 元。

北方地区矿粉价格低于温州地区，如果采用水泥、矿粉胶凝材料组合来配制混凝土，成本将更低。

5 结语

根据本文论述的装配式建筑构件混凝土配合比设计思路及列举的实例，我们可以清楚地认识到对早期拆模强度要求比较高的装配式建筑构件混凝土配合比设计思路是：

第一，设计混凝土配合比，尤其设计强度比较低的 C30、C35 混凝土配合比时，要想达到比较高的早期拆模强度（36h 普通混凝土构件就要达到 15MPa 的拆模起吊强度、预应力混凝土构件和楼梯等特殊构件要求达到 20MPa 的拆模起吊强度），就必须提高混凝土配制强度，也就是降低水胶比。

第二，选用早强 P·O 42.5 级水泥或早期强度高的水泥，水泥的 3d 强度要达到 28～30MPa。

第三，选用含早强母液的、减水率高的聚羧酸减水剂。

以上三点思路国内大部分 PC 工厂的技术人员都想到并采用了，重要的是第四点，采用的水泥、矿粉胶凝材料组合来替换国内大部分 PC 工厂采用的的水泥、粉煤灰胶凝材料组合的思路很重要。水泥、矿粉胶凝材料组合不仅不影响早期拆模强度，成本还能大大降低，由于减少了水泥用量、增加了矿物掺合料用量混凝土耐久性还得到了大幅提升。

注：《装配式建筑构件混凝土配合比设计思路及实例》发表于《商品混凝土》2017 年第 6 期 P45～61。

装配式建筑构件生产过程质量控制措施及现场安装施工技术

张　友　王恒丰　黄振兴

浙江新邦远大绿色建筑产业有限公司　浙江温州　325000

摘　要　本文根据新邦远大宿舍楼装配式建筑构件的生产过程控制、质量控制以及现场安装的实际案例，介绍了接到生产任务后，生产计划的制订、原材料及模具采购计划的制订，生产流程和生产程序的制订；生产时人员的配置、生产过程控制措施、生产质量控制措施。同时也详细介绍了各构件在现场的施工安装技术，以及目前装配式建筑构件设计与实际生产、安装脱节的不足之处及改进思路。

关键词　装配式建筑构件；生产计划；生产流程；生产过程；质量控制；控制措施

Abstract　According to the production process control, the quality control and the actual case of the assembly-type building component in Xinbang dormitory building, the paper introduces the formulation of production plan, the formulation of raw materials and mould procurement plan, the production process and the production procedure. Configuration of production personnel, production process control measures, production quality control measures. and also introduces the construction and installation technology of each component in the site.

Keywords　Assembly building components; Program of production; Production flow; Productive process; Quality control; Control measures

1　项目概况

本项目为我公司——浙江新邦远大绿色建筑产业有限公司宿舍楼，共4层。建筑面积4155.79m^2；结构设计的结构类型为工业化装配式结构，装配率50.6%；装配式构件（以下简称PC构件），供货时间为2017年11月24日，每层装配式构件共有404个，每12天装配好一层，计划12月30日装配式构件全部在施工现场吊装完毕。该项目工期紧，构件种类多，构件数量多，生产难度大，装配率高，现场安装难度大。

2　PC构件的种类及数量

新邦远大宿舍共4层，基础采用预应力管桩，承台地梁基础，本工程1层柱及2层梁板均为普通钢筋混凝土结构，2层梁板以上部分采用预制装配式构件施工，经设计院结构设计拆板，装配式构件共有1212个，每层装配式构件分为59块叠合楼板、233块内墙、30块外挂墙、64根叠合梁、14个阳台板和4个楼梯。

3　各项相关计划的制订

装配式建筑构件能否按时保质保量地准确按照图纸生产出来，并及时准确地安装到位，取决于是否事先制订了详细的相关计划。为此，我公司与施工单位经过多次研讨，制订了详细的原材料采购计划、生产计划和现场PC构件的安装计划，以便在保质保量的前提下，及时完成该工程的PC构件生产、交付、装配和安装任务。其具体过程如下：

3.1　采购计划

1）我公司与施工单位经过多次的沟通，双方确定首次供货时间为2017年11月24日，每12天吊装一层，计划于2017年12月30日装配式构件全部在施工现场吊装完毕；

2）资材部根据PC构件设计图纸进行BOM（原材料清单）核算，确定该工程项目所需原材料类型及数量；

3）资材部根据供货计划给采购部下达原材料采购计划；

4）采购部根据原材料采购计划，确定原材料合格供应商，同时必须经过甲方、施工单位、监理、我公司实验室共同见证取样，第三方检测机构检测合格后，方可进入工厂生产；

5）资材部根据供货计划、生产产能、脱模时间制订模具配比方案，下达模具采购计划；并要求模具供应商回复交付周期，以便后续制订生产计划。经过反复核算，成本最低，又能满足生产计划需求的模具配比为：叠合楼板模具制作11套，内墙模具制作51套，外挂墙模具制作9套，叠合梁模具制作31套，阳台板模具制作2套，楼梯模具制作1套。

3.2　生产计划

1）生产计划分为两部分：制模计划与构件生产计划；

2）制模计划是资材部根据工艺部门给出的排模方案、堆码方案及模具到货时间制订的，资材部要求生产部在2017年11月12日制模全部完成；模具供应商通过与我公司相关部门沟通，模具分三次到货，最后一批到货时间为2017年11月10日；

3）资材部再根据供货计划、生产产能、脱模时间及制模完成时间制订详细的构件生产计划，具体计划如下：从2017年11月8日开始正式生产，每天要求生产7块叠合楼板、27块内墙加外挂墙、9根叠合梁、2个阳台板以及每两天生产1个楼梯（考虑到员工需熟悉新邦远大宿舍项目的图纸，以及所执行的标准，11月8日至11月10日资材部所排生产计划仅有正常计划的一半。员工熟悉后，提高了生产效率，补齐了这几天没有来得及生产的构件）；

4）根据生产计划和模具数量，要求混凝土24h需达到脱模吊装强度，小构件强度不应小于15MPa，大构件强度不应小于20MPa，特大构件强度不应小于25MPa；

5）资材部在下达构件生产计划的同时，下达限额领料单给仓库备料，仓库根据限额领料单备料并提前一天送至相对应的产线，以免影响生产。

4 制订产线的生产计划及人员配置

生产部根据资材部给出的生产计划制订产线生产计划，生产部安排3条线进行构件生产：PC生产一线13人生产叠合楼板、PC二线19人生产叠合梁、楼梯和阳台板、PC三线35人生产墙板；另外再安排10人制模。

5 生产程序、流程及生产过程控制

5.1 构件生产质量要求

1）混凝土构件应根据构件制作图制作，并应根据预制混凝土构件型号、形状、质量等特点制订相应的工艺流程，对预制构件生产全过程进行质量管理和计划管理；

2）构件生产前应进行技术交底和专业技术操作技能培训；

3）构件生产建立构件标识系统，标识系统满足唯一性要求；

4）上道工序质量检验不符合设计要求、相关标准规定或低于规范的要求时，不应进行下道工序。

5.2 生产程序、流程图（图1）

5.3 生产过程控制

1）模具拼装前，需用铁铲铲掉台车及模具表面、端头面、夹具、套筒定位销、定位螺钉上残留的混凝土渣，再用刷子清扫干净；

2）模具尺寸必须多方位精确测量，并与图纸核对，保证模具的尺寸偏差控制在以下范围：长、宽公差为±3mm，对角线公差±3mm；

3）涂脱模剂前需确认模内干净，无杂物，并涂抹均匀。要特别注意的是：脱模剂与水配比要求，分为冬季与夏季，冬季配比为2∶3，夏季配比为1∶3；

4）实验室每天第一盘混凝土需做开盘鉴定，生产过程中对混凝土进行抽检，测试混凝土坍落度、和易性、流动性等技术指标，如有异常需及时微调混凝土配比以满足生产要求，确保混凝土质量；

5）混凝土浇筑前，应逐项对模具、钢筋、钢筋网、钢筋骨架、连接件、预埋件、吊具、预留孔洞、混凝土保护层厚度等进行检验，并与图纸核对，准确无误后方可浇筑混凝土；

6）混凝土浇筑时应均匀连续浇筑，同时应保证模具、预埋件、连接件不发生变形或者移动，如有偏差应采取措施及时纠正；

7）混凝土应边浇筑、边振捣。振捣宜采用振动台振动、振动棒辅助振捣；振动棒振动时采用“行列式”的次序移动，以免造成混乱而发生漏振。每次移动位置的距离不大于振动棒作用半径R的1.5倍；振动台振动时间一般以8～10s为宜，振动棒振动时间以20～30s为宜，混凝土表面呈水平，并出现均匀的水泥浆，不再冒气泡为止，混凝土不显著下沉，表示已振实，即可停止振捣；

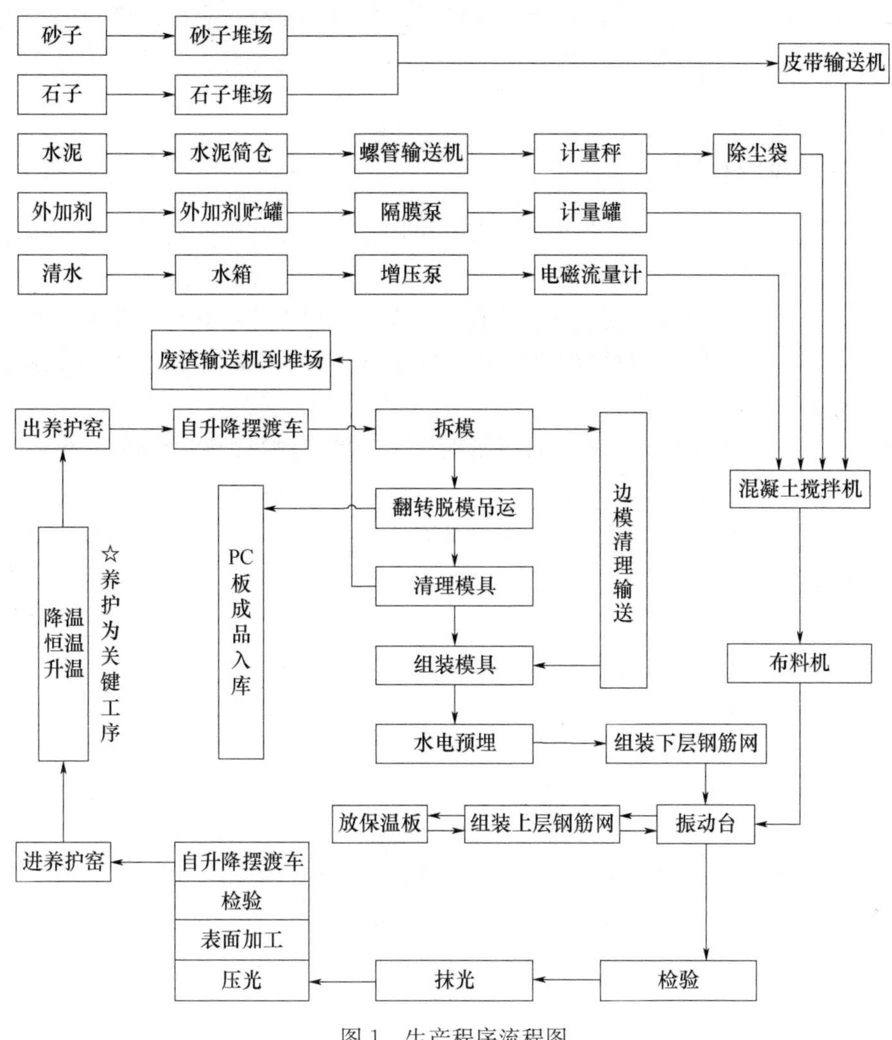

图1　生产程序流程图

8）混凝土浇捣平面必须与边模平高，检查构件表面不可有钢筋露出，在进行后处理刮平时，应将浮浆刮出，避免浮浆过多而导致混凝土表层收缩过大而产生裂缝；除叠合楼板外，其余构件需经过二次抹面。因为混凝土会在初凝时产生收缩裂缝，二次抹面主要是消除混凝土初凝时所产生的收缩裂缝；

9）混凝土浇筑完成之后进入养护窑养护，由于养护窑内的温度较高，在混凝土尚未具备足够的强度时，混凝土中的养护水分会过早的蒸发，最终会导致混凝土产生较大的收缩变形，出现干缩裂纹，直接影响到PC构件的质量。所以混凝土浇筑后初期阶段的养护非常重要，是PC构件生产的一个关键工序，为此，生产部制订以下措施：

（1）PC构件混凝土浇筑完毕，后处理完成之后立即覆盖塑料薄膜，在塑料薄膜上再覆盖一层工业毛毯，混凝土中的养护水分不容易蒸发，起到保湿养护作用；

（2）养护窑中必须加湿，养护窑的湿气需达到95%以上，混凝土的强度直接受温度与湿度的影响，两者缺一不可。

10）混凝土出窑拆模之后，若发现有蜂窝、孔洞、裂缝、表面气泡过多、表面因浮浆过多出现疏松等外观质量问题需及时采用专用材料进行修复，外观质量应满足设计要求。

6 生产质量控制措施

1）混凝土生产前，检查运料小车、布料机，运骨料平皮带、斜皮带是否有水，若有需放干净；

2）每天生产前实验室需测准砂、碎石含水率，并根据原材料情况及天气情况适当对当天混凝土生产配合比进行微调。由搅拌站操作员输入混凝土配合比和含水率，实验员复核无误后，方可生产；

3）品管部与工艺部一起按照设计图纸对进厂的模具进行严格的检验，主要针对模具尺寸，材质及外观检查，验收合格之后方可进行制模生产；

4）生产部完成制模时，必须协同品管部多方位精确测量，并与图纸核对，保证模具尺寸偏差在以下范围：长、宽公差为±3mm，对角线公差±3mm，模具垂直度公差±3mm（注意：若PC构件存在门窗洞时，公差必须控制在±3mm）；同时还需检查模具与钢台车的定位方式是否符合要求，是否存在跑模隐患，如有问题，及时纠正。经生产部、品管部两个部门相关岗位人员检查完全符合要求之后，才能正式投入生产使用；

5）品管部需严格检查主要原材料供应商资质、质量证明文件是否齐全？是否经过第三方检测机构检验；是否合格，以上确认合格之后方可投入生产使用；

6）品管部在混凝土浇筑前，需严格按照PC构件详图检验，并做好隐蔽工程检查和验收，主要内容包括：钢筋的牌号、规格、数量、位置、间距、箍筋的弯折角度等，钢筋的连接方式、接头位置、接头数量，以及预埋件、预埋管线的规格、数量、位置等，完全符合PC构件设计详图才能浇筑混凝土；品管部做好的隐蔽工程检查和验收记录需交一份给实验室，以便实验室做交货资料；

7）品管部对混凝土浇筑和养护两个关键工序进行全程跟踪监督，现场员工是否严格按照标准作业指导书操作，若有违规操作行为，品管人员应立即叫停，并要求员工及时纠正错误，严格按照标准作业指导书操作；

8）PC构件出养护窑之后，品管部用回弹仪确认混凝土强度，同时确认PC构件外观质量、尺寸偏差等，PC构件确认合格之后，方可入成品库；反之，入不良库；

9）PC构件出厂发运之前，品管部门必须再次检验，检验合格之后方可发运；

10）PC构件首检产品必须协同甲方、设计单位、施工单位、监理单位、第三方检测机构一起确认产品质量是否合格，主要对预制构件混凝土强度检测及按规范进行构件整体尺寸检验，完全符合要求之后，构件生产厂家方可大批量投入生产。

7 生产任务的完成情况

生产部门按照资材部给出的计划细化产线生产计划，并组织生产。

1）生产部按照计划要求成立制模组，安排10人进行制模，并将10人分为5组，每组人员 2 名，一组人员按照工艺部给出的布模方案及 PC 构件详图进行制模准备工作，包括钢台车清理、尺寸定位弹线和模具配件配送等；其余四组人员按照 PC 构件详图进行模具拼装、焊接等；制模人员经过 11 天的制模，在 2017 年 11 月 12 日上午完成制模任务；

2）生产部按照资材部给出的 PC 构件生产计划，从 11 月 8 日开始正式生产，前三天每天按要求生产 3 块叠合楼板、13 块内墙加外挂墙、4 根叠合梁、1 个阳台板以及每两天生产 1 个楼梯，从 11 月 11 日开始，随着产线工人熟悉了构件的图纸、操作熟练程度的提高及技能的提升，PC 构件生产数量提升到每天生产 7 块叠合楼板、27 块内墙和外挂墙、9 根叠合梁、2 个阳台板、每两天生产 1 个楼梯。生产人员花费 3 天的时间就熟悉新邦远大宿舍项目各构件图纸及所执行的标准，第 2 层构件完成时间为 11 月 25 日，历时 18 天，比生产计划只延误了 1 天。虽然对现场施工吊装计划没有太大影响；但是，生产部门仍协同相关部门对此进行了分析检讨，并制订了一系列的解决措施。第三层 PC 构件从 11 月 26 日开始生产，12 月 6 日完成，仅仅用了 11 天生产就完成了所有 PC 构件的生产任务，比第二层少用 7 天产能得到有效提升，生产效率大大提高，PC 构件生产周期完全能满足现场吊装周期的需求了。生产部与相关部门给出的解决措施有效地解决了第二层生产效率较低、PC 构件生产周期不能满足现场吊装周期的问题，提高了生产效率。第四层 PC 构件生产也很好地按计划完成。

8　PC 构件的现场安装

8.1　施工程序

地基与基础施工完成→1 层结构完成→2 层 PC 构件装配→2 层柱、叠合板现浇→3 层 PC 构件装配→3 层柱、叠合楼板现浇→4 层 PC 构件装配→4 层柱、屋面现浇→装饰工程

8.2　预制外墙、内墙的吊装

1）外墙、内墙板施工工艺流程：轴线标高复核→确认构件起吊编号→安装吊钩→安装缆风绳、起吊→距地 1m 静停→落位→安装斜支撑→取钩→垂直度检查→标高复核→安装墙板加固件→预制剪力墙灌浆连接

2）预制外墙、内墙运至起重范围内，墙板顶面专门设计预埋了墙板吊装的吊钉，根据预制墙板的大小及质量，选择合适的钢丝绳、吊具、吊钩并按照要求将吊爪安装在吊钉上利用起重设备进行垂直及水平向运输。当墙板与钢丝绳的夹角小于 45°或者墙板上有超过 4 个吊钉时应采用吊具，安装缆风绳有利于避免墙板在落位时与其他外墙及外挂架发生碰撞（图 2）。

3）预制外墙板吊装顺序：外墙板在吊装时应严格按照设计吊装顺序吊装，第一块外墙板安装完成后，外墙板从此处按顺时针方向逐一进行吊装，严禁中间漏放而采取后面插入。另外，外墙板阴角处必须采用经纬仪检查阴角的垂直度。

4）吊运到安装位置时，先找好竖向位置，再缓缓下降就位。就位前先在外墙板缝处放置一块 20mm 厚的垫块，控制墙板的拼缝宽度。墙板就位时，以外墙内边线为准，做到外墙面顺直，墙身垂直，缝隙一致。为保证外墙板按边线就位也可在边线上用电锤引个孔插入钢筋，墙板落位时沿钢筋边缓慢下落，准确就位。

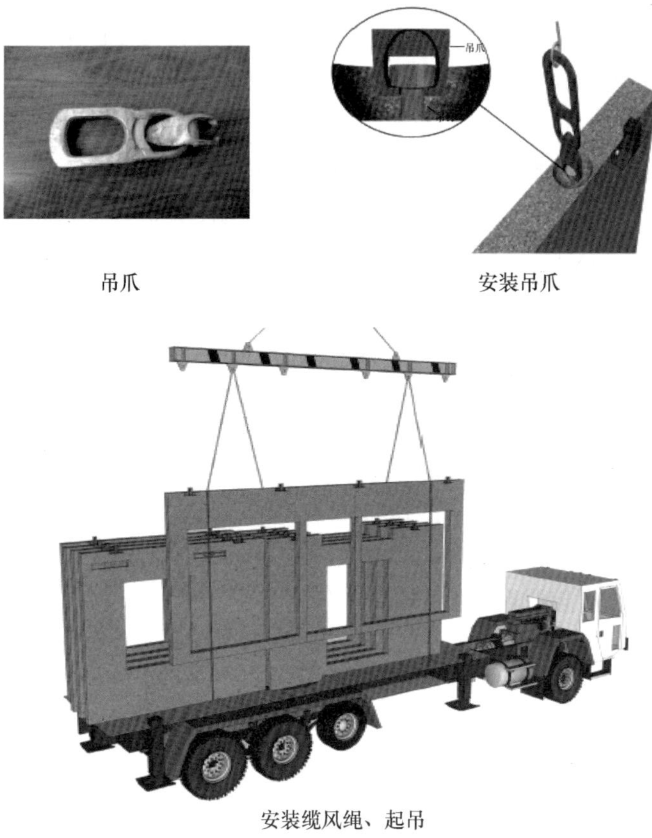

图 2　吊爪、吊爪安装，外墙、内墙吊装节点示意图

5）安装斜支撑：斜支撑目的是对预制墙板起临时固定作用，斜支撑有调节螺杆可以对外墙板垂直度进行微调。斜支撑布置时下端和叠合上预埋的 U 形筋连接，上部墙板处留有 M16 螺栓孔便于斜支撑螺栓连接。斜支撑布置原则：预制构件小于 4m 布两根，4～6m 布 3 根，6m 以上布 4 根（图 3）。

图 3　斜支撑安装示意图

6）外墙节点是影响建筑外观主要部分，如果连接位置不精确，会直接造成外墙折断视觉。同时外墙节点二次处理也非常重要，一般将节点上采用 30mm 遇水膨胀止水条封堵，可起防水作用。

7）注意事项：

（1）外墙板就位后必须严格检查横向、竖向拼缝宽度是否一致。

（2）外墙板吊装完后，应拉通线对外墙板的标高、外墙面平整度进行校核。

8.3　叠合梁的吊装

1）工艺流程（图 4）：弹线→叠合梁支撑架的搭设→叠合梁就位→调整支座处叠合梁搁置长度→夹具临时固定。

2）弹线：将叠合梁底标高控制线、梁端面控制线弹在墙板上。叠合梁锚入柱 15mm。

3）叠合梁支撑架的搭设：每根叠合梁底不少于两根直支撑，支撑顶面标高差不大于 3mm。

4）叠合梁就位：叠合梁就位时，需注意梁伸出钢筋弯起方向要符合设计要求。

5）夹具临时固定：叠合梁就位后用夹具进行临时固定，且不少于 2 个。夹具距梁端不小于 300mm。

图 4　叠合梁吊装示意图

8.4　叠合板吊装

1）工艺流程：检查支座及板缝硬架支模上平标高→画叠合板位置线→吊装叠合板→调整支座处叠合板搁置长度→叠合板节点钢筋绑扎→叠合层混凝土浇筑。

2）叠合板吊装前对支撑体系进行检查，确保其受力稳定且标高准确。

3）叠合板吊装就位：若叠合板有预留孔洞时，吊装前先查清其位置，明确板的搁置方向。同时检查、排除钢筋等就位的障碍。起吊时，应使叠合板对准所划定的叠合板位置线，按设计支座搁置慢降到位，稳定落实。

4）调整叠合板支座处的搁置长度：用撬棍按图纸要求的支座处的搁置长度，轻轻调整。必要时要借助塔吊绷紧钩绳（但板不离支座），辅以人工用撬棍共同调整搁置长度。图纸对支座搁置长度无要求时，板搁置在混凝土构件上时，一般为＋15mm（即伸入支座 15mm）。

5）注意事项：

（1）叠合楼板挂钩起吊就位：叠合板长≤4m 时采用 4 点挂钩，＞4m 时采用 8 点挂钩，挂钩时应确保各吊点均匀受力。

（2）要注意对连接件的固定与检查，脱钩前叠合板和支撑体系必须连接稳固、可靠。

（3）叠合板吊装完后必须有专人对叠合板底拼缝高低差进行校核，拼缝高低差不大于3mm。

（4）板与梁连节点（图5）：叠合板短向出钢筋与两端墙体的连梁主筋有交叉，施工时需先绑扎连梁主筋，叠合板安装前抽出主筋，叠合板安装后再绑扎连梁主筋。

图5　叠合楼板吊装示意图

8.5　预制阳台板的吊装

1）工艺流程：查支座及板缝硬架支模上平标高→画阳台板位置线→吊装阳台板→校正阳台板垂直度→调整支座处阳台板搁置长度→阳台板节点钢筋绑扎→叠合层混凝土浇筑；

2）阳台板吊装前对支撑体系进行检查，确保其受力稳定且标高准确。由于阳台板设计外侧是处于悬空状态，为了更好地校正阳台板垂直度，阳台板的支撑体系上需铺放同一规格的木方（50mm×100mm）；

3）阳台板吊装就位：吊装前先明确编号，同时检查、排除钢筋等就位的障碍。起吊时，应使阳台板对准所画定的阳台板位置线，按设计支座搁置慢降到位，稳定落实；

4）校正阳台板垂直度：检查阳台板的垂直度（与水平垂直角度90°），若垂直度出现偏差，可微调支撑体系，以此保证阳台板的垂直度完全符合要求；

5）调整阳台板板支座处的搁置长度：用撬棍按图纸要求的支座处的搁置长度，轻轻调整。必要时要借助塔吊绷紧钩绳（但板不离支座），辅以人工用撬棍共同调整搁置长度。图纸对支座搁置长度无要求时，板搁置在混凝土构件上时，一般为+15mm（即伸入支座15mm）。

图6　阳台板支撑节点图

8.6 预制楼梯的吊装

1）楼梯吊装工艺流程及要点

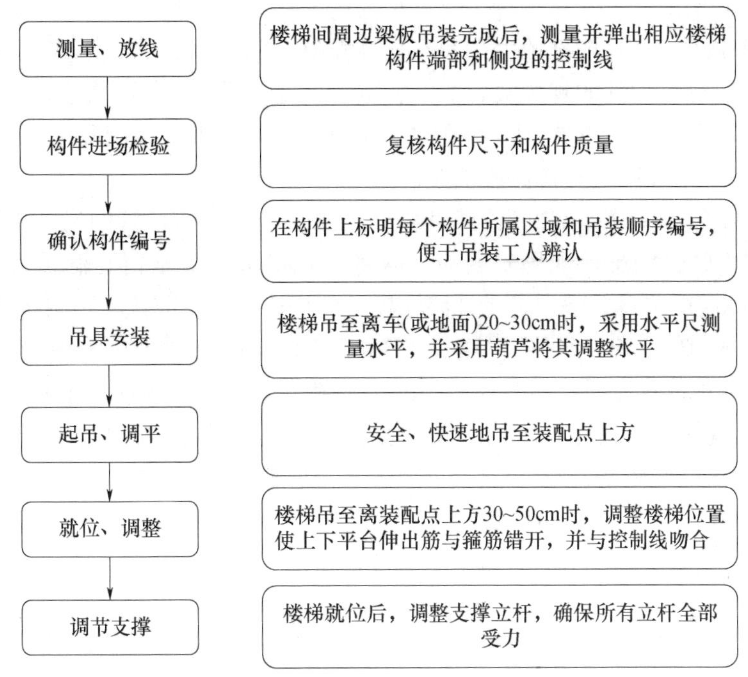
测量、放线
楼梯间周边梁板吊装完成后，测量并弹出相应楼梯构件端部和侧边的控制线
构件进场检验
复核构件尺寸和构件质量
确认构件编号
在构件上标明每个构件所属区域和吊装顺序编号，便于吊装工人辨认
吊具安装
楼梯吊至离车(或地面)20~30cm时，采用水平尺测量水平，并采用葫芦将其调整水平
起吊、调平
安全、快速地吊至装配点上方
就位、调整
楼梯吊至离装配点上方30~50cm时，调整楼梯位置使上下平台伸出筋与箍筋错开，并与控制线吻合
调节支撑
楼梯就位后，调整支撑立杆，确保所有立杆全部受力

1380
20
LT01
详见施工图
LT01
20
1580

图 7 楼梯吊装节点示意图

2）施工安装及后期处理

（1）构件安装控制尺寸误差（标高≤±3mm，平面尺寸≤±3mm）；

（2）现浇结合部位及预留钢筋位置偏差（标高≤5mm，平面尺寸≤±10mm）；

（3）应使用吊梁、吊葫芦，尽量保证吊点垂直受力；

（4）安装流程：构件检查——起吊——就位——精度调整——吊具拆除；

（5）现浇梁挑板应达到结构受力需求强度的前提下方可拆除支撑；

（6）结合部位可使用与结构等强度等级或更高强度等级的微膨胀混凝土或砂浆；

（7）施工过程应注意成品保护，防止对周边的污染；

（8）结合部位达到受力要求前楼梯禁止使用。

9 设计不足

由于装配式建筑行业是一个新兴行业，各从业人员都处于学习、摸索阶段，此次新邦远大宿舍楼项目PC构件的生产和安装过程中，发现了设计与实际施工有些地方验证脱节，影响了PC构件的现场安装及安装质量，这需要今后装配式建筑行业各个专业的不断学习、不断提高，才能促进装配式行业的发展，并保证装配质量。

此次发现设计与实际脱节的地方如下：

1）预制叠合楼板中所有的孔洞尺寸与现场施工安装PVC管的尺寸一样，导致现场施工安装PVC管困难，现场安装前，需将叠合楼板上的预留孔洞扩大，才能安装PVC管。吸取这次项目的教训，设计院在以后的设计当中，应该将预制构件PVC管孔洞设计得比实际PVC管直径偏大一些，以便现场安装PVC管。

2）墙板上预留拉模通孔间距为800mm，导致现场施工浇捣时木模胀模、漏浆，为解决此问题，现场施工只能在木模上增加支撑点，从外部撑住模具，这就增加了施工难度。为了测出最佳间距，施工单位在现场取一块墙板，在墙板上重新开了拉模通孔，将间距缩小为600mm，再进行浇捣，未出现胀模、漏浆的情况。经过本项目的经验及验证，今后设计拉模通孔间距可以确定为600mm。

10 结语

浙江新邦远大宿舍楼项目是浙江新邦远大绿色建筑产业有限公司从投产以来，PC预制构件种类做得最多的一个项目。由于PC预制构件种类多，为保质保量地完成任务，多次召开项目预备生产会议，制订了详细的采购计划与生产计划、检验计划、生产计划及生产过程质量控制方案。

浙江新邦远大宿舍楼项目离PC预制构件构件工厂距离很近，可以让工厂员工能够更方便、更直观、更进一步地学习装配式建筑，为工厂在以后的生产中能够更好的控制过程质量，为以后生产PC预制构件打下良好基础。

注：《装配式建筑构件生产过程质量控制措施及现场安装施工技术》发表于《商品混凝土》2018年第2期。

第二章　混凝土生产施工实践技术

本章简介

本章收录了作者在混凝土行业发表的19篇论文，汇集了作者从事混凝土行业30年，参加过的高铁、地铁、几十座大型桥梁高强、高性能混凝土的生产和供应及大量民用建筑混凝土的生产和供应的实践经验总结。主要有高强、高性能混凝土配合比设计、有特殊要求的混凝土配合比设计、轻骨料混凝土配合比设计；介绍了一些高强、高性能混凝土的生产、供应和施工的技术；总结了混凝土生产、施工过程中容易出现的质量问题及预防措施；介绍了针对混凝土性能的不同要求，如何根据当地地材情况选用原材料；介绍了在重要工程供应混凝土前，如何做好预案，以保障混凝土生产、供应和施工的顺畅；在工作中也发现了有些国家规范的错误及不合理之处，并提出了正确的方法及纠正意见。这些实践经验的总结，对从事混凝土行业的技术人员有很大的参考价值。

温州巴菲特金融大厦一次性浇筑4300立方C60高强高性能大体积混凝土的生产和施工技术

黄振兴[1] 曹养华[1] 卢慧平[2] 陈 凯[2] 陈 雄[2]
1. 温州华邦混凝土有限公司 浙江温州 325000；
2. 新邦建设股份有限公司巴菲特项目部 浙江温州 325000

摘 要 本文根据温州巴菲特金融大厦一次性浇筑4300立方C60高强、高性能、大体积混凝土的实际施工案例，介绍了南方冬季气候特点对此次浇筑C60高强、高性能、大体积混凝土的不利影响，以及如何采取相应措施来减少这种不利影响；同时也介绍了相关的生产和施工技术，以及相应的质量控制措施。
关键词 高强；高性能；大体积；生产和施工技术；质量控制

Abstract According to the actual construction plan of 4300 cubic C60 high strength, high performance and large volume concrete of Wenzhou Buffett Financial Building. This paper introduces the adverse effects of the winter climate characteristics of southern China on the high strength, high performance and mass concrete cast C60, and how to take corresponding measures to reduce the adverse effects. At the same time, it also introduces the related production and construction technology, as well as the corresponding quality control measures.
Keywords High strength; High performance; Massive concrete; Production and construction technology; Quality control

1 项目概况

本工程结构设计地上主体23层，裙房6层，地下2层，此次浇筑的主楼及裙房地下室基础底板是高强、高性能、大体积C60P6混凝土，需一次性浇筑4300m^3。巴菲特金融大夏项目部计划2018年1月3日开始，在48h内一次性浇筑完成4300m^{3}C60P6高强、高性能、大体积混凝土，其中主楼地下室基础底板就多达1600m^3、深达6m，裙房地下室基础底板深达3m，多达2700m^3。大体积混凝土，尤其是高强、大体积混凝土，水化热非常大，而此时又正值冬季，环境气温很低（平均气温6～8℃），要特别防止高强混凝土水化放热过多、混凝土中心温度过高引起与混凝土表层温度差过大而产生温差裂缝；同时C60高强混凝土泵送、浇筑施工难度非常大，在全国这样的一次性浇筑4300m^{3}高强、高性能、大体积混凝土的施工也很少见，在温州地区更是首次，对混凝土生产和施工技术要求都非常高。因此，需要混凝土供应商和施工单位都必须非常重视，密切配合，提前做好充分准备工作，采取相应正确的技术措施，才能保质保量，顺利地完成此次混凝土生产、供应和施工任务。

2 环境气候情况及高强、高性能、大体积混凝土特性

C60大体积混凝土水化后中心温度据推算将达到70～80℃，而此时环境温度白天15℃左右，夜间一般5℃左右，有些时候还会接近0℃，平均气温只有6～8℃，混凝土内部温度与环境温度温差非常大，如果不采取相应的有效措施，表层混凝土与环境较低温度接触，降温过快，控制不好混凝土内外温差，必然会产生温差裂缝的质量问题。

另外，目前已经进入冬季，最高温度只有15℃左右，最低温度5℃以下，有时接近0℃，并且昼夜温差比较大，仅靠混凝土供应商本身所采取的措施是不够的，因为混凝土的水化和强度发展与温度密切相关。混凝土中心温度很高（70～80℃），强度就会发展很快，而表层混凝土，如果不采取有效的保温措施，直接与温度较低的环境（平均气温只有6～8℃）接触，表层混凝土的温度就会逐渐降低时，导致混凝土水化速度将变得缓慢，强度增长也变慢，混凝土内外强度发展不一致，就会在内外形成不同的应力，当这种应力大于早期混凝土的抗拉强度时，就会形成温差裂缝的严重质量问题。混凝土浇筑完毕后，随着逐渐进入深冬，气温将进一步下降，如果施工时不持续采取相应的保温措施，也有产生温差裂缝的风险。

另外，冬季大风天气比较多，很容易把混凝土表面吹干，白天也经常有阳光充足，直接暴晒混凝土表面的情况，若不及时覆盖塑料薄膜或蓄水保湿养护，就会在阳光暴晒及大风的作用下造成新浇注混凝土表面0.5cm左、右厚度的混凝土失水，造成水灰比变小，强度发展与0.5cm以下混凝土不同步，混凝土表面因为失水而开裂，影响混凝土质量。

因此，施工单位要充分了解此次浇筑高强、高性能、大体积C60混凝土的环境气候条件、混凝土的特性及施工难度，采取相应的措施，严格按照国家规范浇筑和养护；同时，混凝土供应商也要根据混凝土技术要求、混凝土特性、气候条件采取相应措施，双方密切配合，才能保证混凝土实体质量。

3 混凝土的生产与供应

3.1 原材料

3.1.1 原材料的选用

1）水泥

考虑到此次浇筑的是C60混凝土，为了保证强度一般水泥用量大、胶材用量多，水化放热很高，并且此次浇筑的基础底板很厚，最深处6m，其他部位3m，混凝土又是热的不良导体，水化热不容易散发。因此，为了尽量减少水化放热，配合比设计时的总体思路是，在保证混凝土强度的前提下尽量使用水化热较低的水泥、尽量少用水泥、尽量少用胶材、尽量多用矿物掺合料。在这种思路下，我们选用了海螺

P·O 42.5 水泥（没有使用水化放热较大的 P·O 52.5 水泥），该水泥质量稳定，强度高，在达到相同强度时，水泥用量少，同时水化热又低，比较适宜此次混凝土的技术要求。

2）矿物掺合料

掺合料我们只用了一种——矿粉，没有使用常用的矿粉、粉煤灰双掺技术，没有使用粉煤灰，因为 C60 混凝土本身就很黏，再加入粉煤灰后，混凝土会更粘，影响施工性能，另外，温州地区粉煤灰质量较差，上一车和下一车都会不一样，质量波动很大，会造成混凝土质量的波动，不利于混凝土质量的控制。而矿粉首先黏性较低，可以有效降低混凝土黏度，大幅改善 C60 混凝土的泵送性能和施工性能；其次，矿粉活性较高，可以加大掺量，多取代水泥（此次 C60 配合比矿粉掺量高达 22%），减少水化放热；最后，矿粉水化较慢，水化放热缓慢，这对于大体积、高强、高性能混凝土要求水化放热尽量少、水化放热尽量慢的技术要求是十分吻合的。矿粉使用的是山东日照产的 S95 级矿粉，质量很稳定。

3）细骨料

细骨料我们选用的是市政桥梁专用精品河砂，细度选用的是 2.8～3.0 较粗的中砂，因为 C60 混凝土比较黏，如果砂较细，会增加混凝土黏度，影响混凝土施工性能；选用较粗的砂就可以有效降低混凝土黏度，大大改善 C60 混凝土的泵送性能和施工性能。这种砂质量很好，其他技术指标都满足 C60 以上混凝土用砂的规范要求。

4）粗骨料

粗骨料我们选用的是市政桥梁专用精品人工碎石，并使用粒径为 5～25mm 和粒径为 5～16mm 两种石子配合使用。使用双级配石子首先能有效减少混凝土孔隙率，提高混凝土密实性，混凝土密实了，耐久性就得到了保障；其次，由于使用双级配石子，减少了混凝土孔隙率，就可以减少总胶材用量，减少水化热；最后，使用双级配石子骨料级配连续性提高，就提高了混凝土的泵送性能和施工性能。这种石子质量很好，其他技术指标都满足 C60 以上混凝土用人工碎石的规范要求。

5）外加剂

外加剂选用了三种，第一种是聚羧酸高效减水剂，减水率高达 28%，在保证水胶比不变、不影响强度的前提下，能大幅减少用水量；水胶比不变，用水量大幅减少，就可以大量减少胶材用量，这对于大体积混凝土是十分有利的。另外，混凝土中残余水化的自由水（约占用水量的四分之三）减少后，混凝土中自由水蒸发后形成的孔隙就大大减少，混凝土更加密实，提高了混凝土耐久性，同时，聚羧酸外加剂可以给混凝土中带入许多微小的气泡，这些气室的形成也有利于减少收缩应力，减少裂缝的产生；也有利于阻碍有害物质的侵入，对混凝土耐久性非常有利。

第二种、第三种外加剂是聚丙腈纤维和膨胀剂，主要是增强混凝土的抗裂性能。

以上这些外加剂都是温州新邦建材科技有限公司生产，质量很稳定。

3.1.2　原材料的储备

俗话说："兵马未动粮草先行"，要想顺利地完成此次 C60 高强、高性能、大体积混凝土浇筑，首先要备足混凝土生产所需的各种原材料，尽量保持原材料的稳定，以便减少混凝土质量和工作性的波动。所需原材料的数量如表 1 所示。

表 1　各种原材料用量　　(t)

水泥	矿粉	粒径 5～25mm 石子	粒径 5～16mm 石子	中砂	聚羧酸	聚丙腈纤维	膨胀剂
1850	520	3100	1000	3500	60	4.5	190

3.2　设备

混凝土公司和项目部都认识到此次高强、高性能、大体积混凝土浇筑难度非常大，都非常重视，都认识到必须做好充分准备工作才能保证顺利的生产、供应和浇筑。为此，双方生产、技术、车队、施工以及甲方和监理两次举行相关人员现场技术交底，详细交流了各自的生产、供应和施工方案，取长补短，各自向对方做了详细的技术交底，为完成此次混凝土浇筑任务打下了坚实的基础。

根据充分沟通，混凝土公司在生产和供应设备上做了以下工作：

项目部计划用两台象泵、一台地泵浇筑，因此要求混凝土公司车队要提前备好性能好的象泵和地泵，同时备用一台外协象泵，检修好所用象泵和地泵，泵管全部换上新的高压泵管，保证无故障运行。

根据项目部每小时浇筑 $100m^3$ 的浇筑速度，要求混凝土公司生产部要指定两台 180 机台专门生产 C60 混凝土，180 机台按我公司以往经验，高强、高性能混凝土每小时实际产能不低于 $70m^3$，两个机台产能不低于 $140m^3$，大于每小时浇筑 $100m^3$ 的浇筑速度，能满足生产需求。同时，备用一条生产线，预防指定机台出现意想不到的故障。并要求提前检修好机台，确保无故障运行。

根据项目部每小时浇筑 $100m^3$ 的浇筑速度，以及单程运输时间 30min，装料、卸料时间 20min，理论计算需要 22 辆车运输混凝土，混凝土公司车队要根据当日生产情况，提前安排好 22 部车辆，专门运输 C60 高强、高性能、大体积混凝土，同时备用 5 辆车，如果浇筑速度快，随时增加车辆。由于 C60 混凝土水胶比很小，单方混凝土用水量很少，扣去砂、石中含水后，实际生产时单方混凝土用水量仅 80kg 左右，对水非常敏感，车内余水或冲车水稍多，就会造成混凝土坍落度过大，影响泵送和浇筑，甚至影响混凝土质量。因此要求混凝土公司车队要叮嘱司机装车前反转罐车，放净罐车内余水；装好混凝土后，禁止冲洗后料斗；到工地卸完混凝土后再冲洗后料斗，冲洗完毕反转罐体，放干净洗车水。

3.3　生产过程质量控制

生产部要提前将其他生产任务前提或推后，不要与此次浇筑 $4300m^3$ C60 高强、高性能、大体积混凝土的生产任务发生冲突。调度接到该高强、高性能混凝土生产任务后，开始生产前，必须及时通知质检员、试验室主任、罐车司机和泵车司机，提醒这些岗位重点跟踪和关注。

此次高强、高性能混凝土所用原材料为 P·O 42.5 水泥、S95 级矿粉、河中砂（细度 2.8～3.0）5～16mm 和 5～25mm 精品人工碎石和聚羧酸。材料部要根据生产任务计划提前备好料，生产前安排铲车倒好仓。试验室做好原材料进厂检验，确保原材料达到此次混凝土的技术要求，并在生产前一天，监督生产和材料部门倒好仓。

操作员生产该高强、高性能混凝土前，先空转皮带，放净皮带上和搅拌机内水和杂物。

试验室要将此次C60高强、高性能、大体积混凝土出机坍落度控制在(200±20) mm，和易性、流动性要好，要便于施工。试验室提前备好小桶外加剂(10kg装)，以便在工地出现意外情况，坍落度变小时调整。试验室要留置好混凝土试件，尤其要注意第一天带模静养时的养护温度，必须20℃以上，避免试件养护温度太低，导致混凝土试件强度低于实际强度，而产生争议。

在浇筑高性能混凝土时，生产部要派专人在现场协调和指挥，保证高性能混凝土得到及时浇筑。

此次高强、高性能混凝土从出厂到浇筑完毕不得超过3h，如果工地出现意外情况，或泵车出现故障，导致高性能混凝土到工地后超过3h仍然不能浇筑时，立即通知工地降级使用，或及时转到其他工地降级使用。

4 混凝土的浇筑、施工和养护

4.1 混凝土的浇筑和施工

施工单位在施工前制订了详细施工方案，配备充足的施工人员及设备，防止了因人手不足或设备原因导致混凝土在工地等待时间过长，避免导致水化比普通混凝土快得多的高强、高性能混凝土因等待时间过长，坍落度损失过大而影响泵送和浇筑。现场道路和出入口完全满足重车行驶和保证通行能力的要求，出入口配备了交通指挥和签收人员，夜间安装了足够照明，保障了混凝土车辆顺畅的进出施工现场。混凝土供应前施工单位还根据泵车布置图准备好施工场地，协助混凝土公司布置好泵车，在浇筑过程中与混凝土公司泵工密切配合，保障了顺利的泵送、浇筑。

浇捣时，项目部严禁随意加水，若发现混凝土到现场坍落度偏小，只允许用外加剂和少量水混合后调整，不允许单独用水调整。因泵送混凝土浆体较多，坍落度较大，浇筑过程施工单位严格控制振捣时间，避免过振，防止了混凝土表面浆体过多产生塑性裂缝。由于高强、高性能混凝土具有流动性大的特性，项目部及监理将到场混凝土坍落度控制在（200±20）mm，因为坍落度过小会影响泵送和浇筑，要求混凝土公司到达现场的混凝土和易性要好，不得泌水跑浆，避免浮浆过多和收缩过大产生裂缝。浇筑时严格分层连续浇筑，使混凝土均匀上升，避免产生冷缝，避免交界处混凝土凝结时间不一致而产生裂缝。按需要浇筑的混凝土数量和混凝土公司密切协商和配合，组织好泵车和罐车数量，控制好混凝土浇筑速度，保证在上一层混凝土初凝前完成下一层浇筑，避免了已凝固，但还没有强度的混凝土受到扰动而产生裂缝。混凝土的摊铺厚度控制在不大于50cm。混凝土浇筑到标高、刮平时，项目部要求施工人员要刮除浮浆，避免浮浆过多导致混凝土表层收缩过大而产生裂缝。抹面时做到了掌握好抹面时机，先机器抹面，再用人工二次抹面，彻底消除混凝土凝固时产生的收缩裂缝，抹完面后立即覆盖塑料薄膜，保湿养护。

4.2 混凝土的养护

C60大体积混凝土水化后中心温度据推算将达到70～80℃，而此时环境温度白天15℃左右，夜间一般5℃左右，有些时候还会接近0℃，平均气温只有6～8℃，混凝土内部温度与环境温度温差非常大，如果不采取相应的有效措施，表层混凝土与环境较低温度接触，降温过快，控制不好混凝土内外温差，必然会产生温差裂缝的质量问题。项目部充分认识到了这一点，制定了详细的混凝土内部降温，混凝土外部蓄水养护的有效养护措施，具体措施如下：

4.2.1 混凝土内部布设冷却水管

1）冷却水管的制作方法

项目部采用了内径50mm、管壁厚2.5mm铸铁管作冷却水管，管端头攻丝，并以弯管接头和直管接头连接。连接时接头部位都缠好止水胶带以防漏水，将冷却水管与钢筋用铁丝固定在一起，防止混凝土浇筑、振捣时受到影响断开，造成失效。在冷凝管的进、出水口各设置一道阀门，以控制进水的方向和流量。

2）冷却水管的排列方式

冷却水管的排列方式，采用了矩形排列方式，6m深的混凝土基础底板布设两层冷却水管，层与层间距为2m，与基础底板及顶板的间距也是2m，冷却水管布设在混凝土温度最高的中心地带；3m深的裙楼混凝土基础底板布设了一层冷却水管，布设在混凝土温度最高的中心地带，与基础底板及顶板的间距都是1.5m；冷却水管水平间距为1.5m。6m深基础底板冷却水管布设示意图，如图1所示；3m深基础底板冷却水管布设示意图，如图2所示。

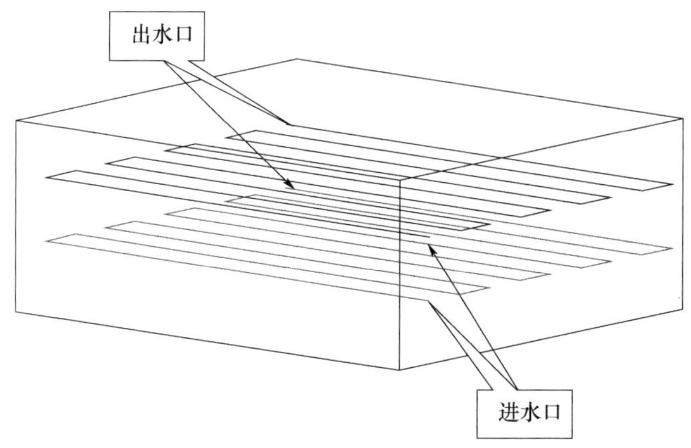

图1　6m厚混凝土基础冷却水管排布三维示意

3）冷却水通水降温时机及注意事项

项目部派专人负责冷却水管的通水管理，混凝土浇筑完毕、表面初凝、抹好面、覆盖好塑料薄膜后，立即开始通冷却水（保证从进水口进入的水是冷水——常温自来水），进、出水口，每8h交换一次，出水口出来的热水直接放入混凝土表面，蓄水养护。使大体积混凝土内部温度比较均匀、一致的降低。

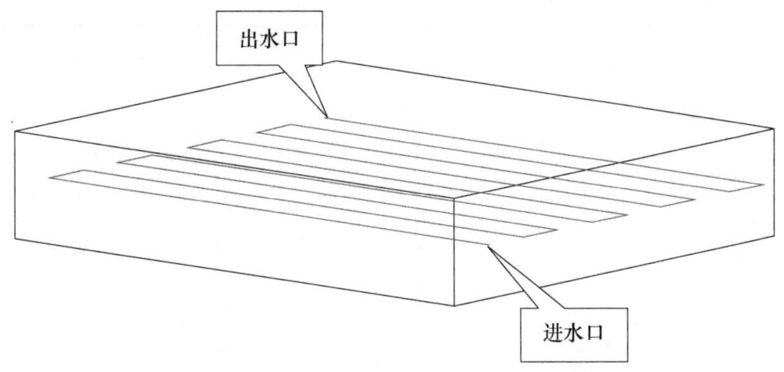

图 2 3m 厚混凝土基础冷却水管排布三维示意

4.2.2 混凝土蓄水养护

施工完毕后，覆盖好塑料薄膜，沿混凝土结构边缘用砖砌筑了 10cm 高挡水小坝，在混凝土终凝后，立即在混凝土表面灌满从冷却水管出来的热水，使混凝土表面保持 8～10cm 水，这样既压住塑料薄膜，又能给正在不断水化的混凝土补充水分，起到保湿养护的作用；同时由于水是热的不良导体，可以起到隔热保温的效果。由于用于蓄水养护的水，是冷却水管出来的热水，温度与混凝土表层温度相近，这样就把混凝土表层与温度较低（平均气温 6～8℃）的环境有效的隔离开，把温差降到了最小。表 2 为混凝土上、中、下各部位测温记录，每隔 2h 测各点温度一次，数据见表 2。

表 2 混凝土上、中、下各部位测温记录

序号	测点温度（℃）			序号	测点温度（℃）		
	上	中	下		上	中	下
1	61.5	77	60	15	68.1	71.8	60
2	66.2	78	61	16	49.3	60.3	59.6
3	63.6	79.1	59	17	66.5	81	68.7
4	66	74.5	63	18	62.3	76.2	62.5
5	65.4	81.5	61.2	19	48.3	63.6	62
6	65.6	76.6	63.3	20	69.2	80.9	62.9
7	71	74.5	65	21	74	81.8	77.1
8	61.3	79.5	60.4	22	61.4	71	59.8
9	63.5	79.5	69.3	23	62.3	76.2	62.5
10	64.3	81.2	60.1	24	48.3	63.6	62
11	67.2	78.5	64.3	25	69.2	80.9	62.9
12	61.4	71	59.8	26	74	81.8	77.1
13	63.4	75.2	61.7	27	57.6	67.6	60.5
14	69.8	74.7	71	28	59.2	82.8	68.5

续表

序号	测点温度（℃）			序号	测点温度（℃）		
	上	中	下		上	中	下
29	60.1	84.4	59.1	42	55	81.5	67.9
30	59.6	82.2	60.6	43	55.4	84.8	59.3
31	59.6	82.7	58.8	44	60	79.3	60
32	59.8	75.4	61.2	45	54.6	81.4	58.2
33	66.2	79.2	73.6	46	54.5	74.1	54.4
34	70.4	74.4	58.9	47	61.3	79.3	69.3
35	43.2	65.7	57.6	48	66.5	75.5	61.3
36	63.5	81.8	66.6	49	48.8	68.9	58.9
37	61	76	60.6	50	58.7	82	69.3
38	46.7	62.9	61.2	51	57.5	75	60.6
39	68.5	80.9	60.6	52	42.6	59.9	59.5
40	73.9	82.2	77.7	53	59.9	80.9	60
41	53.5	77.8	60.1	54	70.7	83	78.8

由表 2 可以清楚地看出，C60 大体积混凝土水化温升还是非常高的，中心最高时温度达到 80℃，而施工时的环境平均温度只有 6～8℃，如果不采取有效措施，就极有可能出现温差裂缝的质量问题。

本项目前 4 天施工单位由于采取了有效的蓄水养护来保温保湿的措施，很好地将混凝土表层温度与混凝土中心温度之差控制在国家规范规定的 25℃以内，整个混凝土基础底板没有出现任何有害裂缝。4 天后，由于工期紧，要马上开展下一道工序，施工单位撤除了蓄水养护，改用湿毛毡覆盖养护，也比较好地使基础底板得到了保温保湿养护。

5 混凝土质量

由于混凝土公司与项目部密切配合，混凝土供应和浇筑连续、顺畅，施工单位养护措施得当，混凝土整体无任何有害裂缝。

混凝土 28d 标养强度及质量水平如表 3 所示。

混凝土强度及评定如表 4 所示。

表 3 混凝土强度

每组试件强度平均强度（MPa）								
63.0	67.5	67.4	62.4	66.5	63.1	65.4	66.7	67.1
73.5	64.4	68.2	67.5	62.8	66.8	65.3	62.4	70.2
68.8	65.7	66.3	64.6	70.8	69.5			
最小值 $f_{cu,min}$		最大值 $f_{cu,max}$		平均值 $m_{f_{cu}}$		混凝土强度标准差 S		试件组数
62.4		73.5		66.5		2.83		24

表 4 混凝土评定

统计数据	平均值 $m_{f_{cu}}$	最小值 $f_{cu,min}$	混凝土强度标准差 S	$f_{cu,k}+\lambda_1 \cdot S_{f_{cu}}$	$\lambda_2 \cdot f_{cu,k}$
	66.5	62.4	2.83	62.97	51.0
GB/T 50107—2010 判定式	$m_{f_{cu}} \geq f_{cu,k}+\lambda_1 \cdot S_{f_{cu}}$			$f_{cu,min} \geq \lambda_2 \cdot f_{cu,k}$	
评定结果	符合要求			符合要求	

注：其中按规范 λ_1 取 1.05；λ_2 取 0.85；$f_{cu,k}$为设计强度 60MPa。

混凝土质量水平如表 5 所示。

表 5 混凝土质量水平

	混凝土强度标准差（MPa）	强度保证率（%）	评定结果
GB/T 50107—2010 规定	4.0	95	优良
我公司质量水平	2.83	100	优良

此次 C60 高强、高性能、大体积基础底板要求抗渗等级为 P6，我公司抗渗试件打压到 1.2MPa（P10），所有试件无渗透，全部合格。

6 结语

在混凝土公司和项目部密切配合下，在预定时间顺利地、保质保量完成了混凝土的生产、供应和施工，混凝土施工方案、混凝土中心降温措施及养护方式有效、得当，混凝土无任何裂缝及其他质量问题，得到了甲方和监理单位一致好评。

注：《温州巴菲特金融大厦一次性浇筑 4300 立方 C60 高强高性能大体积混凝土的生产和施工技术》发表于《商品混凝土》2018 年第 4 期。

柱和剪力墙烂根的原因及预防补救措施

黄振兴

温州华邦混凝土有限公司　浙江温州　325000

摘　要　本文通过几个工程实例论述了柱和剪力墙出现“烂根”的原因，提出了预防柱和剪力墙出现“烂根”的措施，以及柱和剪力墙出现“烂根”后的补救措施。

关键词　柱；剪力墙；烂根；预防措施；补救措施

Abstract　This paper discusses several engineering examples of column and wall “rot” reasons, puts forward the prevention of column and wall “rot” measures, as well as the column and shear wall “rot” after the remedy.

Keywords　Column; Shear wall; Rot; Preventive measure; Remedial measures

1　前言

在混凝土结构施工过程中，常常会因为施工不当，造成柱、剪力墙等重要承重结构出现“烂根、空洞、漏筋”的质量问题，给混凝土整体结构埋下重大隐患。因此，搞清楚“烂根”产生的原因、如何预防“烂根”的产生及“烂根”产生后如何采取有效的补救措施是十分必要的，从而保证混凝土主体结构的施工质量。

2　柱和剪力墙出现“烂根”的实际工程案例和原因分析

2.1　实际工程案例

1）某厂房浇筑三层柱、剪力墙、四层梁板，浇筑时天气状况良好，温、湿度适宜，整个浇筑过程操作基本规范，浇筑完毕后按规范养护了两天，第三天上午拆除侧模时，发现该层36根柱子中有34根完好，但是有2根柱子底部出现大量空洞、蜂窝，露出大量石子，看不见混凝土浆体，混凝土酥松，强度较低，用钢筋棍轻轻敲击，就能将其敲下来。经过仔细观察发现，这两根柱子的底部楼板上有环绕柱子根部厚度3～5cm，直径约2m的水泥浆体，原来是这两根柱子底部模板与楼板之间有空隙，在振捣过程中，混凝土浆体从柱根部溢出，与石子分离，造成了两根柱子出现“烂根”的质量问题。

2）某高层建筑浇筑六层柱、剪力墙、七层梁板时，施工单位为了防止出现上述案例中因为柱、剪力墙根部模板与楼板之间有空隙，而出现跑浆造成“烂根”的质量问题，在模板支护时精心施工，所有柱、剪力墙的根部模板与楼板结合处，都用泡沫胶封闭。在浇筑混凝土时，开始时天气情况正常，但是在即将浇筑完毕，还剩3根柱、一堵剪力墙时，突降大雨，并持续了 20 多分钟。雨停后，施工人员继续将剩余的 3 根柱、一堵剪力墙浇筑完毕。养护两天，第三天拆除侧模时发现，最后 3 根柱、一堵剪力墙的根部虽然没有任何空洞和蜂窝麻面，但是根部 1m 左右混凝土强度极低，用手都可以将混凝土掰下来，用钢筋棍敲击，就能将其敲下来，而 1m 以上混凝土强度正常。经过分析，原来是由于突降大雨时，楼板上的雨水全部流入最后 3 根柱、一堵剪力墙的根部，施工人员等雨停后立即向其中浇筑混凝土，没有发现里面有大量积水，经过振捣，造成底部混凝土被大量水稀释，水胶比变得很大，导致混凝土强度大大降低。

3）某建筑浇筑十一层柱、剪力墙、十二层梁板时，连续有几车混凝土坍落度过大，达到 230～240mm，接近离析，施工人员没有把这些不合格混凝土退回混凝土厂家，而是直接用来浇筑柱、剪力墙，两天后拆除侧模发现用这几车混凝土浇筑的柱和剪力墙的四边和根部都出现了大量空洞，石子露出，柱和剪力墙底部楼板上都是跑出的浆体。经过分析，这次的质量问题主要有两个原因：第一个原因是混凝土离析、跑浆，第二个原因是模板密封不好。

4）某建筑浇筑到七层时，前几车混凝土由于混凝土公司没有调整好，坍落度过小，仅 120～140mm，浇筑柱，尤其是剪力墙时，混凝土很难振捣下去，施工单位没有将这几车混凝土退回混凝土公司调整好，而是极为勉强地将这几车混凝土浇筑到柱和剪力墙中。两天后拆除侧模时发现，用这几车混凝土浇筑的柱和剪力墙根部都出现了空洞。经过分析，认为主要原因是这几车混凝土坍落度太小了，流动性很差，难以振捣密实，尤其是柱和剪力墙的根部由于混凝土流动性很差，振捣棒很难插到位，无法振实混凝土，导致了出现空洞的质量问题。

5）某建筑浇筑二层柱、剪力墙、三层梁板时，整个浇筑过程中，天气情况正常，全部浇筑完毕、收完面后，覆盖塑料薄膜时，突降暴雨，施工人员立即撤回工棚，导致塑料薄膜没有完全覆盖好。两天后拆除侧模发现两根柱子中有一个边上有水流下的痕迹，根部大量露出石子，并且石子表面干净，就像水洗过一样；再到三层梁板上观察，发现这两根柱子顶部的梁板下雨时没有被塑料薄膜覆盖，柱顶都出现了混凝土塌陷，且塌陷的底部由空洞与柱子的一个边相连，而这个边恰好就是有水流下痕迹的那个边。经过分析，认为这个质量问题产生的原因是，混凝土浇筑完毕后突降大雨，这两根柱子的顶部混凝土没有覆盖塑料薄膜，在雨水冲刷下逐渐沿柱子的一个边形成了水流通道，水流聚集到柱底部，再通过柱底部模板与楼板之间的缝隙流出，将混凝土中的浆体带出，造成了此次质量问题。

6）某建筑浇筑三层柱时，混凝土泵送速度太快，一次直接灌满柱体，都没来得及振捣，施工人员只得在柱顶部振捣，无法将振捣棒插到柱底部。两天后拆除侧模时发现，柱底部出现大量空洞，柱体四边也有空洞。经过分析，这个质量问题是由于浇筑柱体时没有按规范要求分层浇筑和振捣，造成底部和四边混凝土都没有振捣密实。

2.2 柱和剪力墙出现“烂根”的原因

综上所述，柱和剪力墙出现“烂根”的原因可以归纳成如下几条。

1）柱和剪力墙底部模板与楼板结合处没有密封，造成混凝土浆体流失，使柱、剪力墙产生“烂根”质量问题。

2）雨期施工时，在雨后浇筑混凝土，柱、剪力墙里有水，没有排掉，直接浇筑混凝土，使柱、剪力墙产生“烂根”质量问题。

3）混凝土坍落度过大、离析，混凝土浆体会从模板与楼板之间的缝隙中跑掉，导致柱、剪力墙产生“烂根”质量问题。

4）混凝土坍落度过小、流动性差，会造成混凝土振捣困难，无法振捣密实，导致柱、剪力墙产生“烂根”质量问题。

5）雨期施工时，混凝土浇筑完毕，没有覆盖好塑料薄膜，在雨水冲刷下，有可能会产生水流通道，带走混凝土浆体，导致柱、剪力墙产生“烂根”质量问题。

6）浇筑柱和剪力墙时，没有按规范规定分层浇筑，泵送速度太快，甚至一次就将柱体灌满，造成混凝土振捣困难，导致柱、剪力墙产生“烂根”质量问题。

3　如何预防柱和剪力墙出现“烂根”

柱、剪力墙产生“烂根”的原因分析透彻后，就可以制订以下预防措施。

1）模板与楼板结合处及模板之间拼接处，一定要用泡沫密封胶或其他密封材料密封，以防混凝土浆体从间隙处流失，导致柱、剪力墙产生“烂根”质量问题。

2）雨后浇筑柱和剪力墙时，要观察柱和剪力墙中是否有水，如果有水，必须在柱和剪力墙底部的模板上打几个孔，将其中水排净，再将打孔处密封好，才可以浇筑混凝土。

3）混凝土坍落度不可过大、不可离析，否则容易跑浆，导致柱、剪力墙产生“烂根”质量问题。混凝土坍落度也不可过小，否则容易振捣不密实，导致柱、剪力墙产生“烂根”质量问题。浇筑柱和剪力墙时适宜的混凝土坍落度为180mm左右，和易性、流动性要好。

4）雨期施工量，在混凝土浇筑完毕后，要及时覆盖好塑料薄膜，以预防在雨水冲刷下，形成水流通道，带走混凝土浆体，导致柱、剪力墙产生“烂根”质量问题。

5）柱和剪力墙浇筑时必须严格按照规范要求分层浇筑，严禁一次将混凝土灌满。否则，会造成混凝土振捣困难，难以将混凝土振捣密实，导致柱、剪力墙产生“烂根”质量问题。

4　柱和剪力墙出现“烂根”后的补救措施

柱、剪力墙产生“烂根”后，必须采取适当的补救措施，否则会给主体结构留下严重质量隐患。

一般可以采取如下补救措施。

1）将柱和剪力墙上方的楼板用钢管顶住。

2）将松动的、不密实的混凝土用尖头筋配合铁锤凿除，一直凿到密实混凝土为止。

3）把凿掉的不密实混凝土清理干净，然后把凿毛的柱子表面的混凝土面清理干净，并用钢丝刷将密实处混凝土面彻底清理干净。

4）用气管吹干净凿毛的混凝土表面。

5）用清水冲洗密实处的混凝土凿毛面，冲洗 2～3min，充分润湿，确保混凝土凿毛面冲洗干净，没有混凝土颗粒残渣。

6）开始支设模板，将凿除不密实混凝土后的混凝土柱根部用模板围住，周围用镀锌铁丝捆绑牢固，自下而上每 20cm 一道，再用钢管加固。接缝处模板加工成上口大、下口与柱体大小一致的斗状，高出接缝处 10cm，以便混凝土灌入。

7）浇筑比柱子强度高一等级掺加膨胀剂的细石混凝土，建议膨胀剂掺量为 10%左右。

8）第三天拆模，剔除接缝处多余混凝土，用砂浆抹平接缝处；立即喷水保湿养护 7d。

柱、剪力墙产生“烂根”是建筑过程中常见的质量问题，了解了这个常见质量问题产生的原因后，在施工过程中，提前采取相应的预防措施，就可以杜绝这种质量问题。

注：《柱和剪力墙烂根的原因及预防补救措施》发表于《商品混凝土》2017 年第 3 期。

温州市瓯海工商联大厦C60混凝土施工技术

黄振兴　范彬彬　曹养华

温州华邦混凝土有限公司　浙江温州　325000

摘　要　本文以温州市瓯海工商联大厦C60混凝土实际施工实例，介绍了在温州地区重点工程中生产、供应及浇筑C60高强、高性能混凝土时，怎样根据温州地区原材特性及C60混凝土的特点优选原材；怎样合理地设计配合比；生产时需要注意的事项；如何选用泵送设备；怎样合理地做好泵送管路设计及铺设；运输、浇筑过程中的质量控制，以及施工单位在浇筑C60高强、高性能混凝土时需要注意的事项。各个生产、运输、浇筑环节密切配合，严格控制好质量，才能保证工程质量，并使施工顺畅。

关键词　高强、高性能混凝土；泵送设备；泵送管路设计；质量控制；生产、运输和浇筑过程控制

Abstract　This paper takes Wenzhou city of Ouhai Federation of industry and Commerce building, C60 concrete examples of construction, production, supply in the key project in Wenzhou province is introduced, and the placement of C60 high strength, high performance concrete, how to according to the raw material characteristics in Wenzhou area, and the characteristics of the selection of raw materials of concrete C60; how to reasonably mix design need to pay attention to production; when; how to choose the pump; how do reasonable pumping and laying pipeline design; transportation, quality control in the process of casting, and the construction units in the pouring of C60 high strength and high performance concrete, the need to pay attention. The various production, transport, pouring links closely with the strict quality control, to ensure project the quality, and make the construction smoothly.

Keywords　High-strength and high performance concrete; Pump installation; Pumping line design; Quality control; Production, transportation and pouring process control

1　工程概况

1.1　工程简介

工程名称：瓯海新城商务区瓯海工商联大厦；建设单位：温州市瓯海新城建设开发有限公司；监理单位：中兴豫建设管理有限公司；施工单位：广厦建设集团有限责任公司。

本工程总占地面积10763.4m^2（16.15亩），总建筑面积75591.6m^2，其中：地上

建筑面积为 57470m²，地下室面积为 18121.6m²（其中人防建筑面积为 2694.43m²）。

地下二层平时为车库，战时为人防，地下一层为车库和设备用房。地上共 35 层，一、二层为商业，三层为自行车库、配电房、物业管理用房及办公用房，十三层、二十五层为避难层，其余层均为办公用房。

本工程建筑总高度为 141m。建筑物结构安全等级二级，防火设计分类为一类，耐火等级一级，地下室防水等级二级，设计使用年限为 50 年。本工程所在建筑抗震设防类别为丙类，设计地震分组为第一组，设计基本地震加速度为 0.05g，所在场地的建筑场地类别为Ⅲ类。

1.2 C60 高强、高性能混凝土使用部位及用量（表 1）

表 1 工商联大厦 C60 高强、高性能混凝土使用部位及用量

序号	部位	区域	混凝土强度等级	单位	工程量	备注
1	地下室二层墙、柱	d1～d5 轴	C60P8	m^3	711.24	以后浇带分块
		d5～d10 轴	C60P8	m^3	823.38	以后浇带分块
		d10～d15 轴	C60P8	m^3	529.58	以后浇带分块
2	地下室一层墙、柱	d1～d5 轴	C60P8	m^3	456.71	以后浇带分块
		d5～d10 轴	C60P8	m^3	528.65	以后浇带分块
		d10～d15 轴	C60P8	m^3	340.44	以后浇带分块
小计					3389.9	
3	地上一层墙、柱	d1～d5 轴	C60	m^3	125.62	以后浇带分块
		d5～d10 轴	C60	m^3	145.4	以后浇带分块
		d10～d15 轴	C60	m^3	95.53	以后浇带分块
4	地上二层墙、柱	d1～d5 轴	C60	m^3	127.68	以后浇带分块
		d5～d10 轴	C60	m^3	137.94	以后浇带分块
		d10～d15 轴	C60	m^3	88.73	以后浇带分块
5	地上三层墙、柱	d1～d5 轴	C60	m^3	105.32	以后浇带分块
		d5～d10 轴	C60	m^3	121.61	以后浇带分块
		d10～d15 轴	C60	m^3	78.22	以后浇带分块
6	地上四层墙、柱	d1～d15 轴	C60	m^3	280.18	
7	地上五层墙、柱	d1～d15 轴	C60	m^3	280.18	
8	地上六层墙、柱	d1～d15 轴	C60	m^3	276.99	
9	地上七层墙、柱	d1～d15 轴	C60	m^3	276.99	
10	地上八层墙、柱	d1～d15 轴	C60	m^3	276.99	
11	地上九层墙、柱	d1～d15 轴	C60	m^3	276.99	
12	地上十层墙、柱	d1～d15 轴	C60	m^3	276.99	
13	地上十一层墙、柱	d1～d15 轴	C60	m^3	276.99	
小计					3248.35	
总计					6638.25	

从工程概况和C60高强、高性能混凝土使用部位及用量可以看出，首先，此次C60高强、高性能混凝土浇筑的部位是本工程外墙、剪力墙、内墙、柱等关系到结构安全的重要部位；其次，地下二层在战时还要作为重要的人防工程；第三，最高要泵送到地上11层，大约60m的高度，而且还有许多向下往地下室长距离泵送的混凝土。由于该工程C60高强、高性能混凝土的质量直接关系到主体结构的安全性，另外，泵送高度高，施工难度很大；所以混凝土公司和施工单位必须提前做好充分的准备工作，并且在施工中密切配合，才能打造优质的工程。

2 原材料选用

2.1 水泥

由于C60混凝土要满足强度要求，混凝土水胶比就要低、胶材用量就要大，这样往往会造成混凝土比较黏、流动性差、难以浇筑和施工。为了避免这种情况出现，就必须在保证混凝土强度的前提下，尽可能地少用水泥和其他胶材，使混凝土有一个较好的施工性能。因此，我公司选用了P·Ⅱ52.5级硅酸盐水泥，该水泥的优点是色泽好、流动性好、坍落度损失小，最主要的是早期强度和后期强度都高，可以在保证混凝土强度的前提下少用水泥；同时由于早期强度高、水化快，可以产生大量氢氧化钙来激发掺合料的活性，提高混凝土的强度和耐久性；另外由于有效激发了掺合料的活性，可以加大掺合料用量，从而减少水泥用量。经过考察，我公司选用了安徽铜陵海螺水泥有限公司生产的P·Ⅱ52.5硅酸盐水泥，P·Ⅱ52.5硅酸盐水泥3d强度为33.8MPa（国家规范要求≥23.0MPa），28天强度为59.2MPa（国家规范要求≥52.5MPa），三氧化硫2.7%（国家规范要求≤3.5%），氯离子0.013%（国家规范要求≤0.06%），其他项目均符合标准要求。

2.2 掺合料

2.2.1 矿粉

为了减少水泥用量，并充分利用矿物掺合料二次、三次水化的微膨胀填充效应，使混凝土更加密实以提高混凝土的强度和耐久性，我公司选用矿粉来取代一部分水泥（可以取代约110kg水泥），这样既不影响混凝土的强度，还减少了水泥用量，降低了混凝土黏度，减少了坍落度损失，提高了混凝土的流动性。我公司矿粉选用的是S95级矿粉，质量稳定、来料均匀，符合国家相关技术规程要求。生产厂家是日照京华新型建材有限公司。该公司生产的水泥7d活性指数79%（国家规范要求≥75%），28d活性指数101%（国家规范要求≥95%）。其他项目均符合标准要求。

2.2.2 粉煤灰

在使用矿粉的基础上，我公司使用矿物掺合料双掺技术，又掺入了粉煤灰来取代一部分水泥（取代70kg左右），进一步降低了水泥用量，同时进一步减低了混凝土的黏度，减少了坍落度损失，提高了混凝土的流动性。由于粉煤灰的颗粒形态是玻璃球状，掺入混凝土后可以大大提高混凝土的流动性和可泵性，使施工性能大为改善。我公司粉煤灰选用的是福建大唐同舟益材环保科技有限公司宁德分公司生产的F类Ⅱ

级粉煤灰，生产厂家是从事粉煤灰生产销售、综合利用、研究开发的专业公司。细度10.5%（国家规范要求≤25%），烧失量2.6%（国家规范要求≤8%），三氧化硫1.1%（国家规范要求≤3.0%），游离氧化钙0.5%（国家规范要求≤1.0%），氯离子0.002%（国家规范要求≤0.02%），粉煤灰质量比较稳定。其他项目均符合标准要求。

2.3 细骨料

细骨料，即砂，它的选择非常重要，由于胶材用量较大，因此不宜使用细度为2.6以下的砂，否则会增加混凝土的黏度，难以施工。我们的细骨料——中砂，选择了采自浙江青田，瓯江中下游，细度2.7，Ⅱ区中砂，颗粒级配好，形态圆润，比较适合高性能、大流动性混凝土使用。含泥量0.5%（国家规范Ⅰ类砂要求≤1.0%），泥块含量0%（国家规范Ⅰ类砂要求0%），为非活性骨料。其他项目均符合标准要求。

2.4 粗骨料

粗骨料的选择也很重要，由于胶材用量较大，所以骨料粒径要选择20mm以下的碎石，不能使用粒径大于25mm的碎石，因为相同质量的碎石粒径越小比表面积就越大，就可以有效地将胶材分散开来，降低混凝土的黏度；同时可以增加胶结面积来增加混凝土强度；另外，C60混凝土要浇筑的部位是剪力墙、内墙、外墙和柱，这些结构的钢筋都非常密集，若石子粒径大于25mm，就会被钢筋层挡住，很难施工，使混凝土无法浇筑到位。因此，我公司不仅选择了5～20mm的碎石作粗骨料，还掺入一部分5～16mm的粗骨料。我公司选用的粗骨料——碎石的产地是具有“中国石都世界青田”之称的青田县，火山岩刚性地层分布，石子强度高、颗粒形态好。颗粒级配为5～20mm连续粒级，含泥量0.05%（国家规范Ⅰ类石要求<0.5%），泥块含量0%（国家规范Ⅰ类石要求0%），压碎指标5%（国家规范Ⅰ类石要求<10%），针片状1%（国家规范Ⅰ类石要求<5%），为非活性骨料。其他项目均符合标准要求。

2.5 外加剂

一般萘系、脂肪族减水剂由于减水率低，造成用水量大，在相同水胶比时，比减水率高的聚羧酸减水剂要多用许多胶材，而且保塑性差、坍落度损失大，不适于高强、高性能混凝土。高强、高性能混凝土由于水胶比低，因此，我公司高效减水剂选用的是温州弘邦建材科技公司生产的聚羧酸外加剂，温州弘邦建材科技公司，隶属于温州新邦控股集团，是其下属公司，公司已有3年的发展历史，是以新邦混凝土公司为依托，共投资500万元建立的一家专业从事混凝土外加剂技术研发、生产、经营的高科技企业，公司坐落于温州鹿城轻工业园区。公司依靠科技进步、开拓研发，已形成年产外加剂10万吨的生产能力。而且与我公司相邻，生产运输比较便利。该聚羧酸外加剂的减水率高，达到27%以上，可以大幅减少用水量，减少胶材用量，提高了混凝土的耐久性。保塑效果好，混凝土的坍落度损失很小，保证了混凝土的施工性能，而且可泵性好，方便施工。

3 混凝土配合比设计

3.1 配合比设计理念

选用强度高的P·Ⅱ52.5级水泥，在保证混凝土强度的前提下减少了水泥用量，同时利用P·Ⅱ52.5级水泥早期强度高、水化快的特点，充分激发掺合料的活性，加大掺合料取代水泥的用量，以达到降低混凝土黏度、减少坍落度损失、提高流动性和可泵性的目的。

利用集料填充效应使混凝土密实效果达到最佳，混凝土密实性好了，强度和耐久性也就大大提高了。首先，选用连续粒级的粗骨料——碎石，采用颗粒圆润的5～20mm、5～16mm碎石按一定比例双掺，通过实验做出双掺后石子的孔隙率及最佳表观密度，使骨料的空隙尽可能小，最终确定最佳双掺比例。其次，根据粗骨料的孔隙率，选择适宜的砂率，使细骨料能够充分包裹粗骨料，有效填充粗骨料的空隙。这一点是关键点，砂率不宜过大，否则混凝土会过黏，难以施工；也不能过小，否则混凝土会离析、泌水、跑浆、抓底，也难以施工。最后，选择最佳的胶凝材料用量，使胶材能够充分包裹细骨料，并且连同细骨料再一次填充粗骨料的空隙，充分利用集料的填充效应，从而达到混凝土最佳密实效果。

充分利用胶凝材料的三次水化。胶凝材料选用了水泥、矿粉、粉煤灰三种，由于三种胶材的物理、化学性能不一样，水化顺序不一样。先进行利用P·Ⅱ52.5水泥强度高、水化快的第一次水化，来激发矿粉和粉煤灰的活性；然后利用矿粉的二次水化后产物有微膨胀的特点，使混凝土更加密实；再利用粉煤灰水化慢的特点，使其进行混凝土的第三次水化，充分填充混凝土中的空隙。利用胶凝材料的这三次水化，就能够使混凝土达到非常好的密实性，从而使其能够达到高抗渗、高弹性模量、高强、高性能的耐久性要求。

使用聚羧酸高效减水剂，利用它的高减水性能来降低用水量，这样在水胶比不变，强度有保证的前提下，可以大幅降低胶材用量，减低混凝土黏度，提高混凝土的工作性；同时，大幅减少混凝土中的游离水，减少了混凝土中的有害通道，提高了混凝土的密实性，从而提高混凝土的耐久性能，对混凝土的强度发展也非常有利。

3.2 配合比设计、试配、调整与确定

3.2.1 配合比设计

由于C60属高强、高性能混凝土，本身泵送难度就大，而且既有向下往地下室泵送的，也有向上往高达60m楼层泵送的，还有长距离地泵输送的，这就更加增加了泵送难度。设计时既要满足设计强度，还要有良好的施工性能，要保证混凝土能顺利地浇筑到位。同时每个验收部位的混凝土放量又不大，所取的试件组数不够、不能按照统计方法评定混凝土，所以在计算混凝土配制强度时只能按照设计强度乘以1.15，即1.15×60=69MPa。

3.2.2 水胶比的计算与确定

水泥28d抗压强度实测值$f_{ce}=59.2$MPa，$f_b=42.6$MPa，回归系数$\alpha_a=0.53$、$\alpha_b=0.20$，水胶比计算如下：

$$W/B=\alpha_a\times f_b/(f_{cu,0}+\alpha_a\times\alpha_b\times f_b)$$

$$=0.53\times42.6/(69+0.53\times0.20\times42.6)=0.31$$

3.2.3 用水量确定

由于该混凝土为高强、高性能混凝土，水胶比比较低，泵送管路长，泵送难度大，

温州地区的原材料也与我国其他地区不同，因此没有经验数据可以参考。只能根据温州当地原材料，大量反复试验，最后将该混凝土用水量确定为175kg/m³。

3.2.4　胶凝材料用量的确定

$W/B=0.31$，$W=175$（kg/m³），胶材总量 $B=175/0.31=565$（kg/m³）

3.2.5　矿粉及粉煤灰用量的确定

针对此工程混凝土为C60高强、高性能混凝土，高楼层泵送及对混凝土长期性、耐久性要求，并根据《普通混凝土配合比设计规程》（JGJ 55—2011），掺入适量掺合料，对混凝土耐久性及其他指标要求有着比较好的效果，也有利于泵送施工。通过反复试验，矿粉掺量确定为胶材用量的20%，粉煤灰掺量确定为胶材用量的12.5%；计算如下：

$K=565\times20\%=113$（kg/m³）　　　　$F=565\times10\%\times1.25=71$（kg/m³）

3.2.6　掺合料取代后水泥用量的确定

$$C=565-113-71=381\text{（kg/m}^3\text{）}$$

3.2.7　外加剂用量的确定

本工程选用了高减水、高性能聚羧酸外加剂，通过试验选定掺量为1.5%。

3.2.8　砂率的选用及砂石用量的确定

根据砂、石检验数据（砂子细度2.7，石子粒径为5～20mm连续粒级和粒径为5～16mm连续粒级双掺），根据石子的孔隙率，结合以往经验和大量试验，选用砂率38%。假定表观密度2375kg/m³。砂石用量计算过程如下：

$$S=(2375-m_W-m_C-m_K-m_F-m_A)\times38\%$$
$$=(2375-175-381-113-71-8.5)\times38\%=618\text{（kg/m}^3\text{）}$$
$$G=(2375-m_W-m_C-m_K-m_F-m_A)\times(1-38\%)$$
$$=(2375-175-381-113-71-8.5)\times(1-38\%)$$
$$=1008\text{（kg/m}^3\text{）}$$

3.2.9　配合比的确定

经过上述试验、配合比设计和计算，我们确定本工程C60混凝土配合比如表2所示。

表2　配合比

材料名称	水W	水泥C	矿粉K	粉煤灰F	砂S	碎石5～20mm	外加剂A
用量（kg/m³）	175	381	113	71	618	1008	8.5

4　生产过程质量控制

C60混凝土所用的原材料、混凝土的状态及强度发展的情况都与普通混凝土不同，所以C60混凝土生产过程中的质量控制也与普通混凝土不同，要注意以下几点。

1）调度接到C60混凝土生产任务后，必须及时通知质检员、试验室主任、罐车司机和泵车司机，提醒这些岗位重点跟踪和关注。

2）材料部要根据生产任务计划提前备好生产C60混凝土专用原材料，搅拌机台生产前根据所需原材料设定好仓位，试验室做好监督。

3）因为我公司使用两种外加剂生产，C60 混凝土使用聚羧酸生产，所以操作员在生产高性能混凝土前，先用清水和少量聚羧酸刷洗搅拌机后再生产。

4）调度要安排专车运送高性能混凝土，这些罐车装载高性能混凝土前必须彻底用清水洗干净罐；调度在安排高性能混凝土生产时，必须安排 8 方车运输，如果施工速度较慢、施工难度较大时，还要适当减少装载量。

5）质检员要做好开盘鉴定，开始生产时按照试验员测得的砂含水率扣准含水，先搅一盘观察混凝土坍落度、和易性、流动性。如果出现坍落度大、和易性差、跑浆、抓底等一个或多个现象，就及时适当减少外加剂，同时增加砂率；如果出现坍落度小、混凝土过黏、流动性差等一个或多个现象，就及时适当增加外加剂，同时减少砂率。用外加剂和砂率这两个手段来做好生产配合比的微调，保证生产出的混凝土处于最佳状态。

6）由于 C60 混凝土的施工部位一般为柱、剪力墙，钢筋密集，浇筑速度也较慢，因此，质检员注意出厂坍落度控制在 200mm 左右，和易性要好。

7）在浇筑混凝土时，生产部要派专人在现场协调和指挥，保证高性能混凝土得到及时浇筑。

8）C60 混凝土从出厂到浇筑完毕不得超过 3h，调度要事先与工地沟通好，高性能混凝土到工地后要优先施工，及时在 3h 内浇筑完毕。

5 泵送设备的选用、泵管铺设、泵送操作过程的质量控制

由于 C60 混凝土比普通混凝土黏，泵送难度很大，本过程既有向下往地下室泵送的，也有往上要泵送到 60 多米高的，还有长距离地泵输送的，泵送难度更大；因此要特别加强以下质量点的控制，才能保证顺利施工。

1）地泵长距离施工时，我公司选用了排量大、性能好、使用年限短的地泵、车载地泵。

2）泵管挑选了使用时间较短、管壁较厚的泵管，并将耐高压新管接到输送缸出口段。严禁使用管壁已经很薄的旧管。

3）泵管布设必须做到横平竖直，不得扭曲，严禁布设管道有一定坡度，否则接头处将会翘曲导致漏气漏浆，影响泵送。各条泵管接头处必须严丝合缝，以免因漏气漏浆而影响泵送，甚至造成堵管。

4）接管人员在接管前必须检查橡胶密封圈是否有弹性，不得使用老旧、反复使用多次、已经没有弹性的橡胶密封圈。以免因密封不好漏气漏浆而影响泵送，造成堵管。

5）接管所用卡扣必须将残余混凝土清理干净，以免因密封不好漏气漏浆而影响泵送，造成堵管。

6）在刚开始泵送时，应该加大泵压进行泵送，在砂浆放完泵送出去后，立即放混凝土，在短时间内将砂浆和混凝土打出去，不得停顿，每车混凝土卸料前必须高速搅拌后方可卸料。

7）安排现场调度指挥，及时将每车混凝土浇筑速度、现场混凝土车数量通知站内调度，以便调度掌握发车间隔时间和发车数量，做到现场既不压车，也不断车。

8）遇到车跟不上或现场发生意外情况停止混凝土浇筑时，应该及时通知调度停止发车，等能重新开始泵送时及时通知调度继续发车。

9）在遇到意外情况，暂时停止混凝土浇筑时，要每隔5～10min来回抽送一次管中混凝土，以免混凝土黏住管壁、失去流动性而堵管。

10）在向下往地下室泵送时，必须保证能连续输送，否则停顿时间过长而使向下的泵管中混凝土会受重力作用自行流下，这时管中会形成负压，吸进空气，形成气室，就会造成堵管。另外，泵斗中混凝土不得打空，否则汽缸吸入空气后，也会在泵管中形成气室造成堵管。遇到特殊情况停顿时间较长时，在来回抽动管中混凝土防止堵管时，要减少频次，以防将过多砂浆抽回泵斗，管中只剩石子而造成堵管。

6　运输过程质量控制

C60混凝土在运输过程中要注意以下质量点的控制。

1）由于C60混凝土所用的外加剂为聚羧酸外加剂，若发现混凝土到现场坍落度偏小，只允许用聚羧酸外加剂和少量水调整，不允许用萘系外加剂和水调整。

2）混凝土罐车在装C60混凝土前，必须用清水将罐清洗干净，涮完罐后，必须完全放尽罐中的水。

3）混凝土罐车进搅拌楼、接混凝土之前，必须反转，再次将混凝土罐车内的余水放尽。

4）混凝土罐车接完混凝土后，禁止冲洗后料斗。

5）混凝土罐车到达施工现场等待放料时，禁止停罐；并严禁冲洗后料斗。

6）等放完混凝土后，再冲洗后料斗。冲洗完毕，必须反转将罐体内的水放尽。

7）混凝土罐车回站，再次进搅拌楼、接C60混凝土之前，必须再次反转，再次将罐车内的余水放尽。

8）混凝土罐车到达工地不能及时卸料，等待时间超过1h后，立即与调度联系，及时处理，以防结罐。

7　施工过程质量控制

C60混凝土运送到工地时，仅仅是半成品，且不同于普通混凝土，施工难度非常大，要靠施工单位精心施工，才能打造出优质的工程，为了保证工程质量，必须在施工中注意以下质量点的控制。

1）由于本工程所用C60高强、高性能混凝土一般都是浇筑钢筋密集的柱和剪力墙等结构，混凝土坍落度选择180～200mm；否则，坍落度过小会难以施工、难以浇筑到位。

2）C60高强、高性能混凝土强度一般都发展很快，所以混凝土到施工现场后，浇筑必须在1h以内（坍落度保持期）完成。这就要求施工人员加强与我公司生产调度的联系，按施工速度控制好发车速度，以避免现场压车，否则会造成坍落度损失过大，影响施工和混凝土质量。

3）由于C60高强、高性能混凝土早期强度能否正常发展直接影响后期强度，因此，混凝土初期的养护格外重要，必须严格按规范要求保温、保湿养护14d。

4）这次浇筑的部分C60混凝土结构为大体积结构，由于混凝土水化后中心温度较高，而施工环境正处于冬季，昼夜温差大，因此做好混凝土保温、保湿工作，以避免温差裂缝，是重中之重。必须严格按国家规范要求做好混凝土保温、保湿工作，保证混凝土表面温度与中心温度之差不大于25℃，以避免形成温差裂缝。[《大体积混凝土施工规范》（GB 50496—2009）]。

5）混凝土试件的留置数量和养护温度、湿度都必须引起足够重视；避免因为养护不当而使抗压强度低于实际值，引起不必要的争议。

8 混凝土的质量达到了优良水平

经过我公司与施工单位的密切配合，精心施工，所浇筑的6600多立方米C60混凝土均施工顺利，未出现任何质量事故，并顺利通过结构验收。混凝土的质量达到了优良水平，具体数据如表3所示。

表3 混凝土试块强度统计、评定记录

施工单位							强度等级		C60	
工程名称							养护方法		标 准	
统 计 期							结构部位			
试块组 n	强度标准值 $f_{cu,k}$（MPa）		平均值 mf_{cu}（MPa）		标准差 $S_{f_{cu}}$（MPa）		最小值 $f_{cu,min}$（MPa）		合格判定系数	
									λ_1	λ_2
56	60		73.0		5.11		62.9		0.95	0.85
每组强度（MPa）	73.4	74.1	65.4	75	64.9	66.6	79.6	76.5	78.4	70.7
	72.4	73.4	74.8	76.4	76.4	62.9	70.4	89	77.6	81.7
	70.6	70.7	72.2	77.4	75.1	80.4	75.3	80.2	77	75.9
每组强度（MPa）	71.1	76	71.7	68.5	70.3	64.4	70.6	73.8	69.5	77.2
	68.9	76.5	64.1	75.7	76.8	69.9	70	65.7	78.1	68.2
	71.6	79.1	68.7	67.6	73.6	68.2				
评定界限			统计数据				非统计数据			
			$f_{cu,k}+\lambda_1 \cdot S_{f_{cu}}$		$\lambda_2 \cdot f_{cu,k}$		$1.15f_{cu,k}$		$0.95f_{cu,k}$	
			64.85		51.0		—		—	
判定式	$m_{f_{cu}} \geqslant f_{cu,k}+\lambda_1 \cdot S_{f_{cu}}$		$f_{cu,min} \geqslant \lambda_2 \cdot f_{cu,k}$				$m_{f_{cu}} \geqslant 1.15f_{cu,k}$		$f_{cu,min} \geqslant 0.95f_{cu,k}$	
结果	符合要求		符合要求				—		—	
结论：依据《混凝土强度检验评定标准》（GB/T 50107—2010）混凝土强度符合规范要求										

9　结语

C60混凝土由于强度高、早期强度发展快，又比较黏，所以施工难度是非常大的，无论是混凝土供应商还是施工单位，对这一点要有充分的认识。必须在原材料的选用，混凝土的生产、运输和浇筑过程中严格把控好文章中提及的各个质量控制点，才能顺畅地生产和施工，才能打造出优质的工程。

注：《温州市瓯海工商联大厦C60混凝土施工技术》发表于《商品混凝土》2016年第4期。

大体积混凝土基础底板容易产生裂缝的原因和预防措施

黄振兴

温州华邦混凝土有限公司　浙江温州　325000

摘　要　本文通过数个实际工程案例，列举了大体积混凝土基础底板产生裂缝的种类，分析了裂缝产生的原因，提出了预防裂缝产生的措施。

关键词　大体积混凝土；基础底板；裂缝；二次抹面；保温保湿养护

Abstract　Through a number of practical engineering case，examples of the foundation slab of mass concrete crack types，analyzes the causes of cracks，and puts forward the preventive measures of crack.

Keywords　Mass concrete；Foundation mat；Cracks；Secondary plaster；Curingunder heat and moisture insulation conditions

1　前言

大体积混凝土基础底板常常容易出现恼人的裂缝，裂缝的形态多种多样，有影响混凝土外观质量的浅表裂缝，也有会开裂到钢筋层、引起钢筋锈蚀而影响混凝土寿命的较深裂缝，更有影响混凝土抗渗性能、导致基础底板渗水的贯穿裂缝。这些裂缝产生的原因也多种多样，有在混凝土浇筑过程中施工工艺不对而产生的裂缝，有混凝土浇筑完毕后没有按规范养护而产生的裂缝，也有混凝土配合比设计和原材料使用存在问题而产生的裂缝。因此，我们只有事先根据混凝土浇筑和施工工艺、混凝土浇筑的环境条件、混凝土的配合比和所用的原材料提前分析出可能产生裂缝的环节，并采取相应的预防措施，才能保证施工质量，浇筑出无裂缝的优质混凝土基础底板。

2　裂缝的种类、产生的原因和应该采取的预防措施

2.1　浅表裂缝产生的原因及预防措施

某工程一次性浇筑 1500m^3 混凝土基础底板，局部厚 1.5m，浇筑完毕施工人员刮平混凝土后立即覆盖塑料薄膜，并覆盖保温材料保温，次日混凝土终凝后，发现混凝土表面有许多深度不到 1cm，长度为 5～20cm 的杂乱无章裂缝。

经过施工人员和混凝土公司技术人员的认真分析，发现裂缝产生的主要原因是：施工人员在混凝土初凝前刮平混凝土后，没有等到快初凝时就进行二次抹面，没有消除混凝土凝固时通常会产生的塑性收缩裂缝。

找到了原因后，在该工程第二次浇筑时采取了以下措施：混凝土刮平后，没有立即覆盖塑料薄膜，而是等到即将初凝（人可以站在混凝土上，没有明显脚印时），先用机器抹面，然后人工再抹一次，抹完后立即覆盖塑料薄膜保湿并覆盖保温材料保温，就没有再出现这种浅表裂缝。

2.2　浅表“鸡爪纹和龟裂”产生的原因及预防措施

某工程浇筑 1800m³ 混凝土基础底板，局部厚 1.2m，浇筑完毕施工人员刮平混凝土后立即覆盖塑料薄膜，并覆盖保温材料保温，次日混凝土终凝后，发现混凝土表面有许多深度不到 1cm，长度为 5～20cm 的“鸡爪纹”和圈状“龟裂”。

经过施工人员和混凝土公司技术人员的认真分析，发现裂缝产生的主要原因是：第一个与上面产生浅表裂缝的原因相同，施工人员在混凝土初凝前刮平混凝土后，没有等到快初凝时，进行二次抹面，没有消除混凝土凝固时通常会产生的塑性收缩裂缝。第二个原因是：混凝土浇筑时坍落度太大（220～230mm），且混凝土和易性不好，有离析、跑浆情况。第三个原因是：施工人员振捣混凝土的时间过长，导致混凝土表面浮浆过多，这从覆盖塑料薄膜的施工人员的脚印上可以看出，深 3～4cm 的脚印边缘敲开后看到的都是浮浆，看不到粗、细骨料；施工人员没有按要求刮除浮浆，导致混凝土表层 3～4cm 全是浮浆，没有骨料，使得混凝土表层收缩过大，就产生了许多深度不到 1cm，长度为 5～20cm 的“鸡爪纹”和圈状“龟裂”。

原因找到后，在第二次浇筑时及时采取了以下措施：首先，混凝土坍落度控制在 160～180mm，混凝土和易性调整到比较好的状态；其次，施工人员按要求振捣，没有过振；再次，抹面时刮除局部过多的浮浆，刮平后，没有立即覆盖塑料薄膜，而是等到即将初凝（人可以站在混凝土上，没有明显脚印时），先用机器抹面，然后人工再抹一次，抹完后立即覆盖塑料薄膜保湿并覆盖保温材料保温，就没有再出现这种裂缝。随后的几次浇筑严格按上述步骤施工后，也没有出现这种裂缝。

2.3　沿钢筋网的网格状裂缝

某工程一次性浇筑 2800m³ 混凝土基础底板，但由于种种原因施工速度缓慢，开始浇筑的混凝土已经过了终凝，还有将近 1/3 的混凝土没有浇筑，地泵管直接铺设在钢筋网上，没有做任何固定，随着混凝土的不断输送，泵管在钢筋网上不断地跳动。虽然施工单位认真做了二次抹面，抹完面后按规范要求覆盖塑料薄膜和保温材料进行保湿、保温养护；但是浇筑完毕第三天后发现，先浇筑的将近 1/2 混凝土表面出现了沿钢筋网的网格状裂缝。

经过分析，施工单位和混凝土公司的技术人员一致认为，这种裂缝是由于先浇筑的混凝土虽然严格进行了二次抹面，消除了混凝土凝固时必然产生的收缩裂缝，并且抹完面后按规范要求覆盖塑料薄膜和保温材料进行保湿、保温养护；但是由于地泵管在浇筑剩余混凝土时，不断跳动的地泵管对已经过了终凝但还没有强度的混凝土下的钢筋网产生了扰动，不断晃动的钢筋网拉开了已经凝固的没有裂缝但也没有强度的混凝土，在其表面形成了沿钢筋网的网格状裂缝。

原因找到后，采取了以下措施：用钢管固定地泵管，并使其离开钢筋网约 30cm，尽量减少输送混凝土时地泵管的跳动对钢筋网的扰动，同时加快施工速度，尽量在混凝土终凝前完成这块基础底板的浇筑。由于采取了正确的方法，此次浇筑的大体积基础底板和随后浇筑的数次大体积基础底板都没有出现类似的裂缝。

此类裂缝还常见于较薄的楼板（一般 10～15cm），混凝土浇筑完毕后，过了终凝但还没有强度时，过早上人踩踏，甚至过早上荷载（吊上钢筋、钢管、钢模等），都会扰动钢筋网，产生沿钢筋网的网格状裂缝。所以，施工单位不要为了赶工期，过早扰动没有强度或强度很低的混凝土；而应该等混凝土有了一定强度以后，再进行下一道工序，这样才能保证混凝土质量。

2.4 混凝土浇筑完毕后第四天出现数道较长裂缝

某工程一次性浇筑 3200m^3 混凝土基础底板，局部大承台厚 4m，大部分承台厚 1.2m，板厚 60cm，施工单位是上市公司，施工质量很好，混凝土严格按规范分层浇筑，初凝前、后先用机器抹面，然后人工收面，完全消除了混凝土凝固时产生的微细收缩裂缝；抹完面后，立即覆盖塑料薄膜；然后在浇筑面外沿用砂浆砌筑 5cm 高的拦水坝；混凝土终凝后立即在浇筑面上灌满水，保证混凝土表面有 3～5cm 水，进行蓄水养护。前三天在严格的养护条件下，混凝土表面一条裂缝都没有。但是，在第四天施工单位为了赶工期，撤除了所有养护设施，开始下一道工序，混凝土表面直接裸露在空气中，下午混凝土就陆续出现几道较长裂缝，裂缝的数量和裂缝的长度不断增加。第五天混凝土公司接到通知后到达工地，发现裂缝已经形成，虽然较长，但是深度较浅，只有 1cm 左右；同时发现混凝土表面温度很高，手摸上去都是热的，用温度计测得混凝土表面温度为 39℃；另外还发现，混凝土表面有积水处冒着热气。

经过施工单位和混凝土公司技术人员认真分析后，认为在浇筑完毕前三天、施工单位按规范要求养护时，没有裂缝出现，这充分说明混凝土没有任何问题；否则，如果混凝土有问题这三天不会没有裂缝。从第四天开始施工单位因为要赶工期而撤除养护设施后混凝土出现裂缝，并且随着时间的推移裂缝逐渐增多、加长。其原因主要有两条：第一，撤除养护设施后，混凝土表面逐渐失水，处于干燥状态，混凝土浇筑完毕第五天，混凝土公司技术人员接到施工单位通知到达现场后，与施工单位技术人员在现场做了实验，将一瓶水倒到干燥的混凝土上时，混凝土发出“吱、吱”声，并冒着气泡，水很快被混凝土吸收掉，这充分说明此时混凝土处在严重缺水状态，混凝土的干缩应力非常大；第二，此次浇筑的混凝土是大体积混凝土基础底板，按规律，水化放热峰值会出现在浇筑完毕的第三到四天，此时混凝土中心温度会达到 70～80℃。浇筑完毕第四天最高温度为 19℃，最低气温为 9℃，第五天最高温度为 15℃，最低气温为 11℃，这两天无论最高气温还是最低气温与混凝土中心温度之差都大大超过了国家规范规定的不得大于 25℃的规定，裸露的混凝土表面，受环境温度较低的影响，急剧降温，导致温差应力非常大。而此时施工单位已经撤除养护设施，混凝土就裸露在环境中，没有任何保温养护措施。

所以，双方一致认为，混凝土浇筑完毕第四天施工单位撤除养护设施后出现的裂缝，是干缩应力与温差应力共同造成的；施工单位没有按照国家规范明确要求的“抗渗混凝土要湿养 14d，大体积混凝土要有保温措施，并缓慢降温”措施施工，是导致此次混凝土浇筑完毕第四天后产生裂缝的主要原因。

准确分析裂缝产生的原因，并采取了正确的措施后，将蓄水保湿、保温养护时间延长到7d，随后几次浇筑的大体积混凝土基础底板，就再也没有出现裂缝。

2.5 坡道上出现的横向裂缝

某地下隧道坡道浇筑2000m^3混凝土，两台泵同时浇筑，一台从坡道底部开始浇筑，另一台从坡道顶部开始浇筑，其他施工程序和养护措施都符合要求。但是第二天发现，坡道上端（1/3以上）出现了许多道横向裂缝，而1/3以下的坡道下部却没有任何裂缝。

经过施工单位和混凝土技术公司技术人员认真分析后，认为1/3以下的坡道没有任何裂缝，说明混凝土本身及混凝土施工没有问题，否则整个坡道都会出现裂缝。坡道上端（1/3以上）出现了许多道横向裂缝的主要原因是：从坡道顶部浇筑的混凝土受到重力的影响，在混凝土凝固前和凝固后但还没有强度时，有一个向下滑动的力，由于是从上往下浇筑，下方的混凝土是新鲜混凝土，不能阻止上方混凝土向下滑动，于是就拉开了混凝土，形成了裂缝。

原因找到后，采取的措施是：都从底部往上浇筑混凝土。由于采取了正确的施工方法，随后隧道坡道的几十次浇筑，就再也没有出现这种裂缝。

有坡度的混凝土桥面板施工时，也容易出现类似问题，必须从坡度低处往上浇筑，才能避免出现裂缝。

2.6 混凝土配合比设计不当、砂率过大、砂过细出现的裂缝

某工程浇筑3000m^3大体积混凝土基础底板，施工单位施工、养护程序严格按规范进行，但是第二天发现塑料薄膜覆盖下的混凝土出现了许多较长、较深的裂缝。

经过分析发现，问题主要出在混凝土公司，第一，配合比中水泥用量过大、胶材用量过多，导致混凝土水化热过多；第二，混凝土公司盲目追求混凝土的和易性，砂率设计过大；第三，所用砂过细。这些因素都导致了混凝土收缩过大，所有的施工措施都无法消除收缩应力，从而产生了裂缝。

找到原因后，混凝土公司及时调整了混凝土的配合比和所用的原材料，在保证强度和耐久性的前提下尽可能少用水泥和胶材；在保证混凝土和易性的前提下，尽可能降低砂率；选用细度为2.5左右的中粗砂。采取了以上正确措施后，后续浇筑的混凝土基础底板就没有再出现大面积裂缝。

2.7 温差过大出现的较长、较深的温差裂缝

某工程在海边建风力发电设施，混凝土基础都是5000m^3左右的大体积基础，施工期间恰是北方的冬季，最高气温为零下8℃，最低气温为零下23℃，气候条件异常恶劣，非常不利于大体积混凝土的温差控制，容易产生温差裂缝。施工单位也非常重视，浇筑第一个基础时，待浇筑完毕、抹完面后，立即用塑料薄膜覆盖，并覆盖两层棉被。但是第二天发现，大风将部分棉被吹开，混凝土表面出现了许多道较长、较深的裂缝。

施工单位和混凝土公司技术人员，达成了共识，这毫无疑问就是温差裂缝。找到原因后，立即采取如下措施：在基础中布设冷却水管，在基础边缘砌筑比基础最高点

高10cm的挡水墙，将冷却水管出水口温度高达50℃以上的水引到混凝土表面，蓄水养护；同时，用帆布搭建帐篷作为挡风设施。采取了正确措施，消除了产生温差裂缝的因素，随后浇筑的几十个风电基础都没有产生温差裂缝。

裂缝的种类很多，成因也很复杂，有的是多种原因叠加在一起，上面列举的仅仅是其中一部分典型裂缝。还有许多种裂缝，要靠现场施工技术人员不断发现，并根据裂缝成因采取相应的预防措施，才能浇筑出优质的混凝土。

3 施工单位浇筑大体积混凝土建议采取的预防裂缝措施

1）同一块基础底板尽量使用同一家混凝土公司的混凝土，如果需要选择两家以上混凝土公司时，所有参与混凝土供应的厂家必须使用相同的配合比和相同的原材料，避免因为配合比不同或原材料不同导致混凝土凝固和收缩不同步而产生裂缝。

2）混凝土公司的配合比应该在保证混凝土强度和耐久性的前提下尽可能少用水泥、少用胶材，并选用低水化热水泥，在保证和易性的前提下尽可能降低砂率，以减少混凝土的收缩裂缝。

3）混凝土坍落度不要过大，应该控制在160～180mm，和易性要好，不得有泌水跑浆现象，避免浮浆过多和收缩过大而产生裂缝。

4）浇筑时应该分层连续浇筑，使混凝土均匀上升，不得产生冷缝，避免交界处混凝土凝结时间不一致而产生裂缝。

5）按需要浇筑的混凝土数量组织好泵车和罐车数量及混凝土浇筑速度，要保证在混凝土初凝前完成浇筑，避免已凝固但还没有强度的混凝土受到扰动而产生裂缝。

6）混凝土的摊铺厚度不要大于50cm，不要在同一处连续布料，也不要振动逼浆布料，更不能过振，以免混凝土表面因浮浆过多而产生裂缝。

7）混凝土浇筑到标高、刮平时，要刮除浮浆，避免浮浆过多导致混凝土表层收缩过大而产生裂缝。

8）抹面时要掌握好抹面时机，一定要在混凝土初凝时（人站在混凝土上没有明显脚印时）抹面，过早抹面，混凝土在初凝时还会产生收缩裂缝，所以过早抹面是无效的，无法消除混凝土凝固时产生的收缩裂缝；过晚抹面，混凝土过了初凝就抹不动了，裂缝已经形成，无法消除。抹面必须两次，先机器抹面，再用人工二次抹面，以彻底消除混凝土凝固时产生的收缩裂缝。

9）抹完面后立即覆盖塑料薄膜，进行保湿养护。

10）覆盖好塑料薄膜后，建议沿混凝土结构边缘砌筑5cm高的砂浆挡水小坝，在混凝土终凝后，立即在混凝土表面灌满水，使混凝土表面保持3～5cm水，这样既压住塑料薄膜，又能给正在不断水化的混凝土补充水分，起到保湿养护的作用；同时由于水是热的不良导体，可以起到隔热保温的效果，一举三得。这已经在许多工地上得到验证，是成本最低效果最好的保湿、保温养护措施。混凝土的养护时间要严格按国家规范要求保湿、保温养护14d。

11）混凝土拆模后要采取抗寒、抗剧烈干燥等措施，避免温差裂缝和干缩裂缝的产生。

12）当大体积混凝土结构最小尺寸大于或等于 3.5m 时，要在混凝土内部布设冷却水管，以降低混凝土内部温度；同时将排出的温度较高的水浇到混凝土表面，蓄水养护，控制好混凝土内外温差不大于国家规范规定的 25℃，防止温差裂缝的产生。

4　结语

优质的混凝土实体是混凝土供应商和施工单位共同努力的结晶，混凝土供应商首先要提供合格的混凝土，施工单位要知道混凝土供应商运送到现场的混凝土，仅仅是半成品，需要施工单位严格按国家规范精心施工，才能打造优质的工程。

注：《大体积混凝土基础底板容易产生裂缝的原因和预防措施》发表于《商品混凝土》2016 年第 3 期。

陶粒轻骨料混凝土配合比设计及生产和施工技术

李龙跃　黄振兴

温州华邦混凝土有限公司　浙江温州　325000

摘　要　本文以温州市旅游集散综合服务中心 LC7.5 陶粒轻骨料混凝土实际生产和施工为实例，介绍了陶粒轻骨料混凝土配合比设计方法，生产、运输、浇筑过程中的质量控制和需要注意的事项，以及施工单位在浇筑陶粒轻骨料混凝土时需要注意的事项。只有各个技术、生产、运输、浇筑环节密切配合，严格控制好质量，才能浇筑出优质的轻骨料混凝土结构。

关键词　陶粒；轻骨料混凝土；配合比设计；质量控制；生产、运输和浇筑过程质量控制

1　前言

陶粒轻骨料混凝土，以前主要用于保温层、找平层等非承重结构。但是随着节能环保的要求，以及轻骨料混凝土技术的不断发展和提高，轻骨料混凝土已经逐渐用于承重结构和有耐久性要求的混凝土结构中，最高强度可以配置到 LC60。由于轻骨料混凝土使用得很少，所以大部分混凝土公司技术人员对于轻骨料混凝土配合比设计不太熟悉，施工单位对轻骨料混凝土的浇筑及施工技术也不太明了。为此，我公司根据陶粒混凝土的实际生产、施工经验，撰写了这篇论文，通过工程实例，详细介绍了陶粒混凝土配合比设计方法，生产、运输、浇筑过程的质量控制和施工技术，供同行们参考。

2　工程概况

温州市旅游集散综合服务中心一期工程建设单位是温州市交通运输集团有限公司，施工单位是浙江新邦建设股份有限公司。本工程位于温州市鹿城路 42 号（老西站），总建筑面积 57886m^2，地下面积 11987m^2，由两个联合体组成，分别是十一层的办公楼和十九层的宾馆楼，整体地下两层，地下负一层层高 6.2m，负二层层高 4.2m，建筑总高度 92.75m。为了减轻结构总质量，地下室及结构主体楼层的地面采用 LC7.5 陶粒轻骨料混凝土。

3　陶粒混凝土配合比设计方法

3.1　原材料的选用

3.1.1　水泥

LC30 以下强度等级一般选用 32.5 水泥，LC30 以上强度等级选用 42.5 水泥。当复合使用矿渣微粉和粉煤灰时，LC30 以下强度等级也可以使用 42.5 水泥。建议胶材

不要只用水泥一种，水泥、矿粉、粉煤灰三种胶材复合使用，生产出来的轻骨料混凝土工作性比单独使用水泥的工作性要好许多，同时还可以大幅降低成本。

3.1.2　矿粉

一般选用 S95 级矿粉。

3.1.3　粉煤灰

一般选用Ⅱ级粉煤灰。

3.1.4　砂

本工程使用普通Ⅱ区中砂，细度 2.2。

3.1.5　陶粒

本工程选用松散密度为 304kg/m^{3}的圆球形陶粒。

本工程陶粒混凝土配合比设计方法选用的是比较简便、准确的松散体积法。

3.2　本工程陶粒混凝土配合比设计过程

3.2.1　基本参数的确定

砂的松散密度为 1450 kg/m^3；陶粒为 400 级，松散密度为 304kg/m^3，陶粒粒型为圆球型。

1）水泥用量的确定

水泥用量依据表 1 选定。

表 1　轻骨料混凝土水泥用量选用表（kg/m^3）

混凝土试配强度（MPa）	轻骨料密度等级				
	400	500	600	700	
<5.0	260～320	250～300	230～280		
5.0～7.5	280～360	260～340	240～320	220～300	
7.5～10		280～370	260～350	240～320	其他略
10～15			280～350	260～340	
其他略					

注：本表节选自《轻骨料混凝土技术规程》（JGJ 51—2002）表 5.2.1。

由于本工程陶粒混凝土设计强度等级为 LC7.5，陶粒密度等级为 400 级，水泥为 P·O 42.5 水泥；因此水泥用量选用 280 kg/m^3。

2）净用水量的选定

净用水量依据表 2 选定。

表 2　轻骨料混凝土的净用水量

轻骨料混凝土用途	稠度		净用水量（kg/m^3）
	维勃稠度（S）	坍落度（mm）	
现浇混凝土			
（1）机械振捣	—	50～100	180～225
（2）人工振捣或钢筋密集	—	≥80	200～230

注：本表节选自《轻骨料混凝土技术规程》（JGJ 51—2002）表 5.2.3。

由于本工程陶粒混凝土设计坍落度（100±20）mm，采用人工振捣，因此净用水量选用 230kg/m^3。

3）陶粒混凝土砂率的选定

本工程陶粒混凝土砂率的选定依据表 3。

表 3　轻骨料混凝土的砂率

轻骨料混凝土用途	细骨料品种	砂率（%）
现浇混凝土	轻砂	—
	普通砂	35～45

注：本表节选自《轻骨料混凝土技术规程》（JGJ 51—2002）表 5.2.4。

由于本工程陶粒混凝土为现浇混凝土，并且使用普通砂，因此砂率选用 40%。

4）采用松散体积法设计配合比时，粗细骨料总体积的选定

粗细骨料总体积的选定依据表 4。

表 4　粗细骨料总体积

轻粗骨料粒型	细骨料品种	粗细骨料总体积（m^3）
圆球型	轻砂	1.25～1.5
	普通砂	1.10～1.40

注：本表节选自《轻骨料混凝土技术规程》（JGJ 51—2002）表 5.2.5。

由于本工程陶粒粒型为圆球型，砂使用的是普通中砂，因此，粗细骨料总体积选用 1.25 m^3。

3.2.2　配合比设计

1）试配强度的确定

$$f_{cu,0}=f_{cu,k}+1.645\sigma$$

式中　$f_{cu,0}$——轻骨料混凝土试配强度（MPa）；

$f_{cu,k}$——轻骨料混凝土立方体抗压强度标准值（即强度等级）（MPa）；

σ——轻骨料混凝土强度标准差（MPa）。

轻骨料混凝土强度标准差由表 5 选定。

表 5　轻骨料混凝土强度标准差 σ（MPa）

混凝土强度等级	低于 LC20	LC20～LC35	高于 LC35
σ	4.0	5.0	6.0

本工程陶粒混凝土设计强度为 LC7.5，因此强度标准差选 4.0MPa。

试配强度具体计算过程如下：

$$f_{cu,0}=f_{cu,k}+1.645\sigma=7.5+1.645\times4=14.08\ (\text{MPa})$$

2）砂用量的确定

$$V_s=V_t\times S_p$$

$$m_s=V_s\times\rho_{ls}$$

式中　V_s——细骨料松散体积（m^3）；

V_t——粗、细骨料总松散体积（m^3）；

S_p——砂率；

m_s——细骨料用量（kg）；

ρ_{1s}——细骨料堆积密度（kg/m^3）。

砂用量的计算过程

$$V_s=V_t\times S_p=1.25\times 40\%=0.5\ (m^3)$$

$$m_s=V_s\times\rho_{1s}=0.5\times 1450=725\ (kg)$$

3）陶粒用量的确定

$$V_a=V_t-V_s$$

$$m_a=V_a\times\rho_{1a}$$

式中　V_a——陶粒松散体积（m^3）；

V_t——粗、细骨料总松散体积（m^3）；

V_s——细骨料松散体积（m^3）；

m_a——陶粒用量（kg）；

ρ_{1a}——陶粒堆积密度（kg/m^3）。

陶粒用量的计算：

$$V_a=V_t-V_s=1.25-0.5=0.75\ (m^3)$$

$$m_a=V_a\times\rho_{1a}=0.75\times 304=228\ (kg)$$

4）水泥、矿粉、粉煤灰用量的确定

水泥总用量前文已经确定为 280kg/m³，为了获得更好的陶粒混凝土工作性，我们复掺了一些矿粉和粉煤灰。根据用于混凝土掺合料的相关国家规范，确定矿粉掺量为25%，粉煤灰掺量为 15%，超量系数选 1.15。

矿粉用量确定为：　$m_k=m_c\times 25\%=280\times 25\%=70\ (kg)$

粉煤灰用量确定为：　$m_f=m_c\times 15\%\times 1.15=280\times 15\%\times 1.15=48\ (kg)$

取代后水泥用量确定为：$m_c=280-m_c\times 25\%-m_c\times 15\%=168\ (kg)$

5）陶粒混凝土配合比的确定（表 6）

表 6　陶粒混凝土配合比

原材料	水	水泥	矿粉	粉煤灰	砂	陶粒
用量（kg/m³）	230	168	70	48	725	228

6）陶粒混凝土干表观密度的计算

$$P_{cd}=1.15\times(m_c+m_k+m_f)+m_a+m_s$$
$$=1.15\times(168+70+48)+725+228=1282\ (kg/m^3)$$

4　生产、运输过程质量控制

由于陶粒轻骨料混凝土中的粗骨料的松散密度仅 304kg/m³，非常轻，如果混凝土的和易性、黏度不好，陶粒很容易浮出到混凝土表面，造成混凝土离析，产生质量事故；同时，陶粒吸水率很大，一般吸水率要达到 8%～15%，如果在生产前陶粒没有充分润湿，没有处于饱水状态，陶粒混凝土就会由于没有处于饱水状态的陶粒在运输过程中不断吸水，造成陶粒混凝土坍落度损失过大，失去可塑性，无法施工。所以，陶粒混凝土在生产和运输过程中必须加强以下质量控制，才能使得生产、施工顺畅，才能获得优质的陶粒轻骨料混凝土结构。

1）陶粒进场要单独堆放，不得与普通骨料混仓。

2）试验室按《轻骨料混凝土技术规程》JGJ 51—2002 进行检验验收，并测准松散密度、吸水率等技术参数。

3）堆放高度不得超过 2m，保持颗粒均匀、不离析。

4）生产前充分润湿陶粒，使陶粒处于饱水状态，生产时还要沥净水分。

5）如果没有条件预湿陶粒，则按测得的吸水率，计算出总用水量，搅拌时按总用水量计量。（本工程所用陶粒含水率 8.5%，前文确定净用水量 230kg，陶粒用量 228kg）

总用水量计算：

$$W_{mt}=W_{mn}+W_{ma}=230+228\times 8.5\%=249\ (kg)$$

式中 W_{mt}——陶粒混凝土总用水量；

W_{mn}——陶粒混凝土净用水量（280kg）；

W_{ma}——陶粒混凝土附加用水量用水量（等于陶粒重量乘以陶粒吸水率）。

6）轻骨料混凝土生产时以质量计量，并必须用强制式搅拌机搅拌，搅拌时间不得少于 3min。

7）轻骨料混凝土在运输过程中要防止坍落度损失和混凝土离析，浇筑前要二次拌合均匀，但不得加水。若坍落度损失过大，可以在现场加入外加剂二次搅拌、调整。

8）轻骨料混凝土从搅拌机卸料起到入模不得超过 45min。

5 浇筑过程质量控制

由于陶粒轻骨料混凝土中的粗骨料非常轻，所以不能参照普通混凝土来施工，否则会因为施工不当造成陶粒浮出混凝土，产生离析，影响结构质量。

陶粒混凝土浇筑时要注意以下质量控制点：

1）陶粒轻骨料混凝土浇筑时，结构表面距离浇筑口的高度不得超过 1.5m，当高度过高时应增加串筒、溜槽等辅助工具。

2）振捣时应该先用插入式振捣器振捣，振捣时间不宜过长，一般控制在 10～20s；否则，振捣时间过长，会导致陶粒上浮，影响结构质量。

3）振捣完毕要用刮板、拍板等工具将上浮在表面的陶粒压入混凝土中，陶粒上浮过多时要用平板振动器再次振捣，将陶粒压入混凝土，砂浆返到混凝土表面，才可以抹面。也就是说，要做到随捣随抹，才能保证陶粒不浮在混凝土表面，才能保证陶粒混凝土的外观质量和结构质量。

4）抹面时机要掌握好，在初凝时抹面效果最佳；否则，抹面时间过早，无法消除混凝土收缩裂缝，抹面过晚就抹不动了，也无法消除混凝土收缩裂缝，还影响混凝土外观质量。

5）抹完面，要及时覆盖塑料布保湿养护，避免混凝土表面失水产生干缩裂缝。终凝后，及时浇水养护；养护时间不得少于7d。

6）混凝土表面有缺陷的，要使用原配合比砂浆修复，避免混凝土表面出现色差。

6　结语

以上是我公司生产和浇筑陶粒轻骨料混凝土的一些经验，希望能对同行生产和施工此类轻骨料混凝土时有一个参考和借鉴。不足之处，请同行指正。

注：《陶粒轻骨料混凝土配合比设计及生产和施工技术》发表于《温州建筑》2016年第4期 总第120期。

特细砂在泵送混凝土中的应用

刘臻一　黄振兴　曹养华

杭州中华混凝土有限公司　浙江杭州　311108

摘　要　通过胶砂试验，测试细度模数 0.6 的特细砂以不同掺量取代天然中砂时对胶砂流动度、强度和密度的影响。发现特细砂掺量在 20％左右时，其粒径为 45～160μm 的微细颗粒有效弥补了骨料和胶凝材料颗粒级配的断档，使其具有的微集料效应，对胶砂的性能起着积极的作用。以上述试验得出的特细砂最佳掺量作为参考，应用在泵送混凝土配合比设计中，验证了在 C30 混凝土中特细砂替代天然中砂的最佳掺量为 20％左右；强度等级低于或高于 C30 时，随着混凝土中胶凝材料的减少和增加，适当增加和减少特细砂的掺量。

关键词　特细砂；掺量；微集料效应；应用；泵送混凝土

Abstract　Through the mortar's experiments, test the super-fine sand fineness module of 0.6 replace the natual sand in different dosage, impact on the mortar fluidity, strength and bulk density. Found is that when content is about 20％, its micro-sized particles of 45μm～160μm has the micro-aggregate effects, effectively conpensate for the grading of aggregate and binder pore, to improve the properties of the mortar. Based on the result of mortar's experiments, apply the results to the pumping concrete mixture ratio design, found the best dosage of super-fine sand replace natrul sand in C30 concrete is about 20％ again. When below or above C30 strength grade, with fewer binder material in the concrete and increase, appropriate increase and decrease the content of the super-fine sand.

Keywords　Super-fine sand; Dosage; Micro-aggregate effects; Application; Pumping concrete

1　前言

随着我国建设的迅猛发展，建筑材料的用量越来越大。其中，作为细骨料的天然中砂，资源越来越少，质量和稳定性也逐年下降，而价格在逐年攀升，混凝土生产商正在为砂资源的短缺、价格日益上涨而烦恼。然而，在我国的很多地区，还有很多价格非常低的、储量很大的特细砂资源，却没有得到有效利用；因为这些特细砂细度模数在 0.5～1.5 之间，并不符合 JGJ 52—2006 规范所规定的泵送混凝土的用砂要求，且不具备完全替代天然中砂的使用性能，目前也没特细砂在大流动度泵送混凝土中成熟可靠的应用技术，导致了价格非常低的、储量很大的特细砂这一宝贵资源的闲置。合理地使用这些特细砂，不但能为这些特细砂产地，也能为部分天然砂资源匮乏地区产生巨大的经济效益和社会效益，同时还会因为优化了混凝土中细骨料的级配而提高混凝土综合性能。

目前，经过工程技术人员的大量试验和实践积累，虽然细砂在我国很多地区以不同的方式在混凝土中都有所应用，但大多应用到常态坍落度不超过 100mm 的混凝土中，且应用的细砂的细度模数大多在 1.0 以上，细度小于 1.0 的特细砂几乎没有使用。尤其是，细度模数小于 1.0 的特细砂，在大流动度泵送混凝土中，如何使用？最佳掺量多少？鲜有介绍。本文从完善天然砂颗粒级配及改善混凝土密实度的角度考虑，用特细砂代替天然中砂，以 5%为一档，从 0%～40%以不同掺量代替天然中砂，通过胶砂试验，来检测不同掺量的特细砂取代天然中砂后对胶砂流动度、胶砂强度及胶砂密度的影响，根据试验后的流动度、强度和密度结果，找到特细砂在实际生产中取代天然中砂的最佳掺量。以胶砂试验结果选出的特细砂最佳掺量，来设计泵送混凝土配合比，再从混凝土工作性和强度性能来验证胶砂试验选出的特细砂最佳掺量是否正确。

2　胶砂试验原材料和试验方法

2.1　胶砂试验原材料

水　泥：湖州南方水泥　P·O 42.5 安定性、初凝时间、终凝时间合格，3d 强度 28.4MPa，28d 强度 51.0MPa。

特细砂：扬中产特细砂。

中　砂：鄱阳湖中砂。

特细砂和中砂物理性能指标如表 1 所示，累计筛分结果如表 2 所示，累计筛余曲线如图 1 所示。

表 1　砂的物理性能指标

品种	含泥量（%）	泥块含量（%）	表观密度（kg/m^3）	堆积密度（kg/m^3）	堆积密度空隙率（%）
扬中特细砂	0.5	0	2677	1381	48.4
鄱阳湖中砂	1.6	0.4	2642	1698	35.7

表 2　砂的累计筛分析

品种	公称粒径	10.00mm	5.00mm	2.50mm	1.25mm	630μm	315μm	160μm	细度模数（μf）	级配区属
扬中特细砂	累计筛余（%）	0	0	0	0	0	2	58	0.6	—
鄱阳湖中砂		0	6	20	36	49	85	98	2.8	Ⅱ区中砂

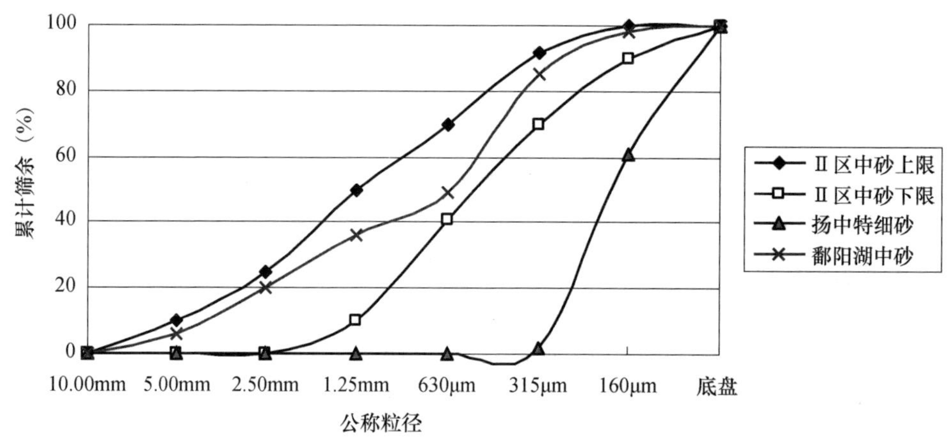

图 1 特细砂和中砂的累计筛余曲线

2.2 试验方法

胶砂强度参照《水泥胶砂强度检验方法》(GB/T 17671—1999) 来试验，水泥用量 450g，用 1350g 鄱阳湖中砂代替 ISO 砂，扬中特细砂以 5%一个等级，依次代替鄱阳湖中砂，为了测定对流动度影响的差异性，经试验调整用水量为 240g，试验配比如表 3 所示。

采用标准养护，检测 28d 抗压强度。胶砂流动度用强度测试的样品来检测，检测方法参照《水泥胶砂流动度测定方法》(GB/T 2419—2005) 来操作。

胶砂密度检测用养护 28d 的胶砂试块来检测。用 3L 的容积升加一块玻璃盖板恒定容积升的体积，先用放置 24h 的自来水来注满容积升，用玻璃盖板盖好且排出容积升里的空气，称量注满水的桶和玻璃盖板，记质量为 m_1。再依次把经过自然干燥到表面无明显湿痕的各组试块依次称量，记质量为 m_0。把试块依次放入容积升中，注满水，排出所有空气后称量记录质量为 m_2，根据公式 (1) 依次计算出胶砂试块的密度：

$$\text{胶砂密度}=\frac{m_0}{m_0+m_1-m_2}\times 1000 \tag{1}$$

表 3 胶砂试验配合比

编号	特细砂掺量（%）	用水量（g）	水泥用量（g）	扬中特细砂（g）	鄱阳湖中砂（g）
A_0	0	240	450	—	1350.0
A_1	5	240	450	67.5	1282.5
A_9	10	240	450	135.0	1215.0
A_3	15	240	450	202.5	1147.5
A_4	20	240	450	270.0	1080.0
A_5	25	240	450	337.5	1012.5
A_6	30	240	450	405.0	945.0
A_7	35	240	450	472.5	877.5
A_8	40	240	450	540.0	810.0

3 胶砂试验结果及分析

3.1 试验结果

试验结果如表 4 所示，胶砂流动性指标、强度指标、密度指标随特细砂的替代率变化规律如图 2～图 4 所示。

表 4 胶砂试验结果

编号	特细砂掺量（%）	胶砂流动度（mm）	28d 强度（MPa）	胶砂密度（kg/m³）
A_0	0	187	47.0	2282
A_1	5	186	45.8	2285
A_2	10	184	46.2	2284
A_3	15	180	48.1	2285
A_4	20	174	51.0	2284
A_5	25	163	47.2	2275
A_6	30	155	46.6	2266
A_7	35	141	45.7	2243
A_s	40	126	39.6	2218

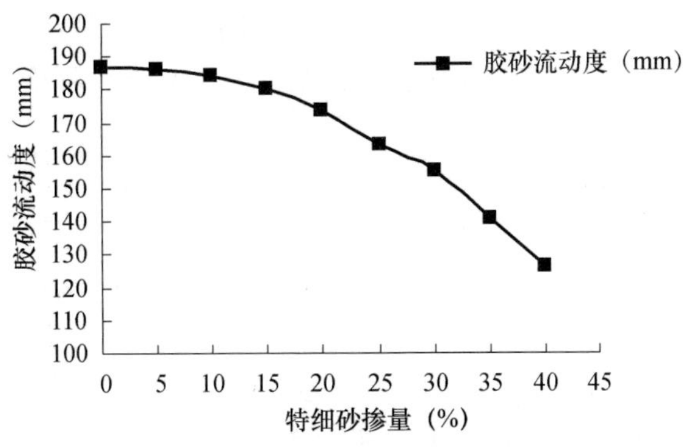

图 2 特细砂替代率和胶砂的流动度关系曲线

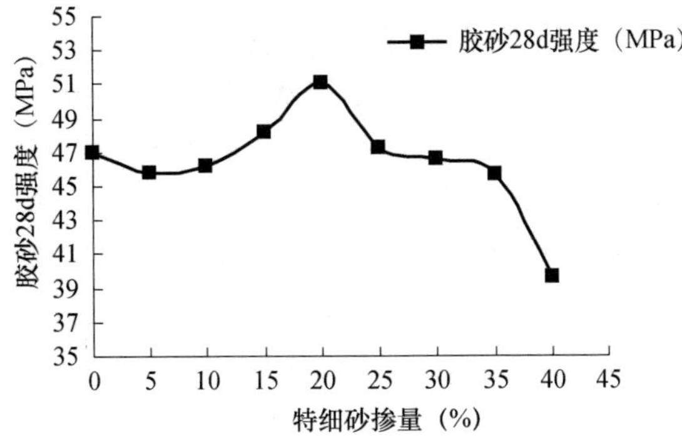

图 3 特细砂替代率和胶砂 28d 强度关系曲线

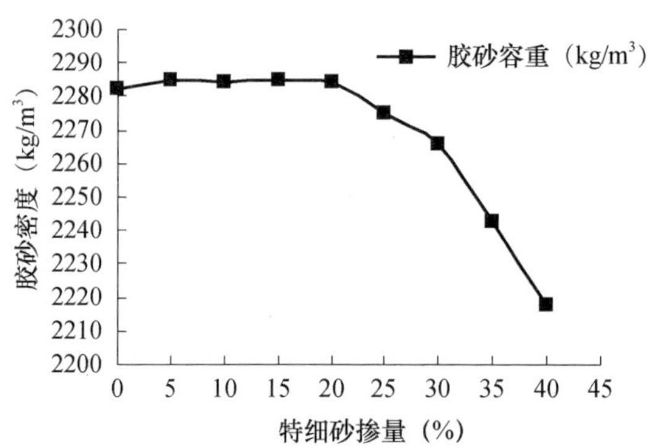

图 4　特细砂替代率和胶砂密度关系曲线

3.2　结果分析

3.2.1　胶砂流动度结果分析

从图 2 上可以得出，特细砂的掺入对胶砂的流动度是有不利影响的，掺量越大，对流动度越不利。从掺量 0%到掺量 20%，胶砂流动度总减少 13mm，而掺量从 20%到 30%减少 19mm，从 30%到 40%减少 29mm。这说明当特细砂替代率不超过 20%时，对流动度的影响还是有限的，使用量超过 20%，对流动度的负面影响会加剧。

这是因为单位质量下特细砂的比表面积比中砂大很多，润湿特细砂表面饱和面干所需要的水大于中砂，导致胶砂的流动度随掺量的增加而降低。当随着特细砂替代率增大，砂总比表面积增大也加剧，需要润湿的水和包裹砂的胶材的量也需要相应的增多。在本次试验保持用水量和水泥用量不变的情况下，自然就降低了胶砂的流动性。

3.2.2　胶砂强度结果分析

从图 3 胶砂的强度上可以看出，随着特细砂的掺量的增加，强度先稍有下降，然后再增高，在特细砂掺量为 20%时，强度达到最大值，然后再下降，超出 35%使用量时，急剧下降。从特细砂掺量 20%胶砂试件的强度与掺量 0%特细砂胶砂试件的强度进行对比可以看出，特细砂掺量 20%胶砂试件的 28d 强度增加 4MPa，强度增长率达到 8.5%。从这个角度可以看出，在 20%左右掺量时，特细砂对强度是有积极影响的。

我们分析认为，因特细砂的粒径主要在 45～315μm 之间，而天然中砂的粒径在此区间的比例只有 15%，尤其是 160μm 以下的几乎没有。混凝土所用的三大胶材颗粒粒径一般都在 45μm 以下，这就形成粒径在 45～160μm 之间细颗粒断档，特细砂在此区间的颗粒粒径，弥补了骨料与胶材颗粒断档的问题，起到微集料填充效应。适当比例特细砂的掺入改善了砂的颗粒级配，补充了天然中砂在 160μm 以下粒径不足的问题，完善了硬化后水泥石的密实度及孔结构，从而提高了硬化后的混凝土强度和抗渗性能；从而通过解决混凝土的密实性，提高了混凝土的耐久性。但当特细砂使用量太大时，由于细颗粒太多，造成胶砂的粗颗粒不足，破坏了骨料的颗粒级配。因骨料细组分太多，比表面积增大，使需要包裹骨料的浆膜变薄，同时因需要润湿的水量增大，使不参与水化反应的自由水增多，胶砂缺陷自然就增多，导致混凝土强度下降。

3.2.3　胶砂密度结果分析

从图 3 胶砂试块的密度上可以得出，特细砂在不超过使用量 20%时，对密度几乎没什么影响，当在 20%～30%时的使用量时，密度稍有下降，当超过 30%的替代量时，密度下降就比较明显。这和上面的强度结果是对应的，在适当的用量下，不会影响胶砂的密实度，用量太多，因特细砂比例太大，破坏了砂的连续颗粒级配，使胶砂缺陷增多导致孔隙增多，降低了胶砂密度的同时，也降低了混凝土强度。

4　混凝土中特细砂最佳掺量验证试验

4.1　混凝土试验原材料

1）水泥、中砂、特细砂与上面胶砂试验所用相同；

2）粉煤灰：长兴电厂 F 类Ⅱ级灰，细度 20%，烧失量 3.5%，28d 活性 73%。

3）矿　粉：杭州紫恒 S95，流动度比 99%，28d 活性 98%。

4）碎　石：富阳产连续级配 5～25，压碎值 7.2%，针片状含量 8.5%。

5）减水剂：天津雍阳聚羧酸 UNF－5AST，减水率 27%。

4.2　混凝土试验方案设计

现在预拌混凝土所生产的 C25、C30、C35 混凝土比例大多占全部生产量的 80%以上，且泵送施工的居多。为了体现特细砂和普通中砂配合使用后的经济价值，此次试验选用这三个强度等级的混凝土配合比来做验证对比试验。

因混凝土试验不同于胶砂检验，不同强度等级的混凝土总胶材用量和用水量是不一致的，所以不能生硬地采用胶砂试验所得出的特细砂最佳掺量 20%，来套用到所有混凝土配合比中。通过多次试验后，测出在 C30 配合比中特细砂 20%代替天然中砂是比较合适的，所以在 C30 配合比中用特细砂 20%代替天然中砂和纯天然中砂的配比做对比试验，在 C25 中选特细砂 20%、25%两个掺量代替天然中砂的混凝土和纯天然中砂的配制的混凝土做对比试验，C35 中选特细砂 15%、20%两个掺量代替天然中砂的混凝土和纯天然中砂的配制的混凝土做对比试验。考虑到特细砂和中砂复配后细度模数小于天然中砂，所以在用纯天然中砂配制的混凝土的配合比中砂率适当提高。

所有试验原材料一次备齐，试验一次完成，相同标号配合比胶材和用水量在试验中保持一致，比较混凝土的坍落度、和易性和强度，成型后的混凝土试块标准养护，混凝土配合比如表 5 所示。

表 5　混凝土配合比

编号	特细砂掺量（%）	水胶比	砂率（%）	外加剂掺量（%）	混凝土单方材料用量（kg/m³）							
					W	C	K	FA	$S_{特}$	$S_{中}$	G	A
C25-0	—	0.58	46	1.1	190	198	82	50	—	840	987	3.6
C25-20	20	0.58	44	1.1	190	198	82	50	161	643	1023	3.6
C25-25	25	0.58	44	1.1	190	198	82	50	201	603	1023	3.6
C30-0	—	0.50	45	1.2	180	216	90	54	—	813	993	4.3
C30-20	20	0.50	43	1.2	180	216	90	54	155	622	1029	4.3
C35-0	—	0.45	44	1.2	176	242	89	59	—	783	997	4.7
C35-15	15	0.45	42	1.2	176	242	89	59	112	636	1032	4.7
C235-20	20	0.45	42	1.2	176	242	89	59	150	598	1032	4.7

4.3 混凝土结果和分析

混凝土试验结果如表 6 所示，C25、C30、C35 混凝土不同特细砂使用比例的各龄期混凝土强度关系如图 5～图 7 所示。

表 6 混凝土试验结果

编号	特细砂掺量（%）	坍落度（mm）/扩展度（mm）	和易性描述	混凝土不同龄期强度（MPa）			
				3d	7d	14d	28d
C25-0	—	230/600	良好	14.3	22.6	28.9	35.8
C25-20	20	230/600	良好	13.8	21.8	30.2	37.2
C25-25	25	220/580	良好	13.2	19.7	27.7	33.2
C30-0	—	230/590	好	18.8	27.1	34.7	40.9
C30-20	20	225/590	良好	18.3	27.8	36.1	40.9
C35-0	—	230/600	良好	24.9	35.5	46.6	51.8
C35-15	15	230/580	良好	23.7	31.9	42.1	51.5
C35-20	20	230/580	好	22.4	33.8	42.5	46.6

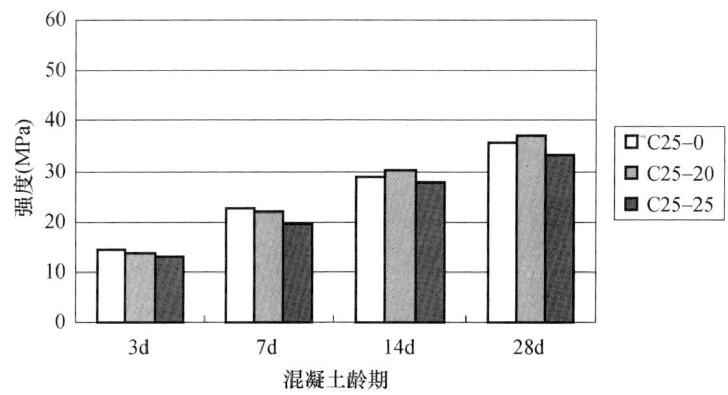

图 5 C25 混凝土不同特细砂掺量的各龄期混凝土强度关系

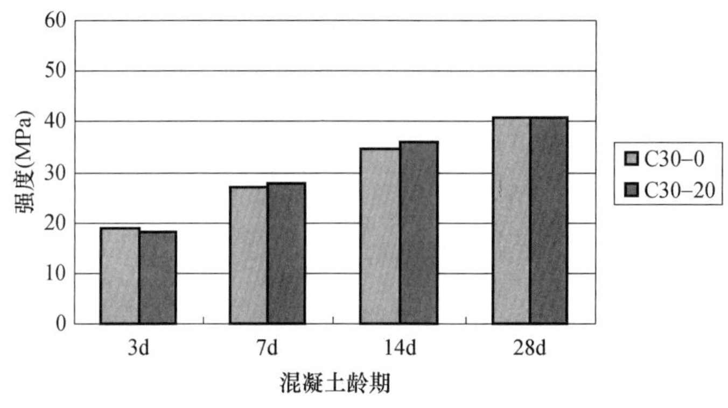

图 6 C30 混凝土不同特细砂掺量的各龄期混凝土强度关系

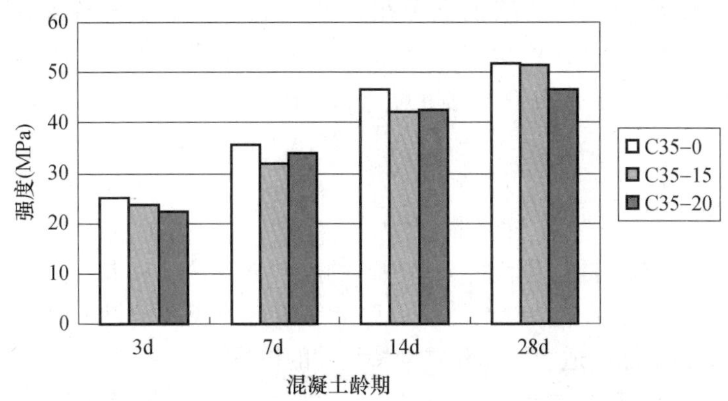

图 7 C35 混凝土不同特细砂掺量的各龄期混凝土强度关系

从表 6 可以看，混凝土的坍落度、和易性都能满足泵送施工的大流动度要求的。

从表 6 和图 6 可以得出，在 C30 配合比中，特细砂替代 20％天然中砂，和纯天然中砂试配的混凝土强度在各个龄期都基本一致的，从这里也验证了胶砂试验中的特细砂掺量在 20％左右是比较合适的。从图 5 可以得出，在 C25 配合比中，特细砂替代率在 20％和 25％时，混凝土 28d 的强度与纯天然中砂配制的混凝土相比，强度稍有增高和降低，说明特细砂在 20％时，在配合比中起到了优化混凝土骨料级配的作用，替代率在 25％时，28d 强度虽达到设计要求，但与天然中砂的配合比相比，混凝土强度在各个龄期都有所降低，说明在 C25 配合比中，细砂替代率不宜超过 25％。从图 7 可以得出，在 C35 配合比中，特细砂替代率在 20％时，各个龄期混凝土的强度与不用特细砂的配合比相比都稍有降低，特细砂替代率在 15％时，虽混凝土早期强度与不用特细砂的相比稍有降低，但在 28d 时，强度是持平的，说明 15％的替代率对 C35 的混凝土后期强度是有利的。

分析认为，低强度等级混凝土配合比总胶材用量相对较小，且单方用水量相对较大，高强度等级混凝土配合比则与之相反。因此 0.6 细度模数的特细砂，颗粒粒径主要在 45～315μm 之间，尤其是 45～160μm 之间的颗粒，有效弥补了细骨料和胶凝材料之间级配的断档，起到微骨料填充效应。在低强度等级混凝土中，由于总胶材少且水胶比大，混凝土拌合物中的自由水相对较多，混凝土水化后缺陷就比较多，特细砂的使用量相对就大些，因其微骨料效应，填充了部分水化后的缺陷，提高了混凝土的密实度，从而提高了混凝土的强度。在强度等级相对较高的混凝土中，总胶材使用量的增多和水胶比的降低，不参与水化反应的自由水相对较少，水化后密实度相对较好，缺陷相对少些，特细砂使用比例就相对少些，其微骨料填充效应依然弥补了粒径 45～160μm 之间颗粒不足的问题，提高混凝土的密实度，对混凝土强度起着积极的作用。

5 社会经济效益

通过特细砂复合天然中砂使用，解决了一部分天然中砂资源紧张的问题，能在建设原材料紧张的今天，带来巨大的社会效益。

对企业来说，按平均替代率 20％天然中砂来计算，单方混凝土特细砂使用量

150kg 左右。一般天然中砂和特细砂价差在 30～40 元/吨之间，这样单方混凝土成本节约要 4.5～6 元，对一个年生产量在 60 万 m^3 的混凝土企业，仅此一项就能产生 300 多万的经济效益。在今日预拌混凝土竞争愈演愈烈的情况下，此项技术的使用可以大大提高企业的竞争力。

6 结论

1）通过特细砂以不同掺量代替天然中砂的胶砂强度试验和混凝土验证试验，得出在 C30 混凝土中特细砂最佳掺量为 20%，强度等级低于或高于 C30 时，随着混凝土中胶凝材料的减少和增加，适当增加和减少特细砂的掺量。

2）特细砂的颗粒粒径主要在 45～315μm 之间，其粒径在 45～160μm 之间的颗粒有效地弥补了骨料和胶材颗粒之间的断档，完善了整个混凝土原材料的颗粒级配，使其具有微骨料填充效应，填充混凝土水化产物的一部分缺陷，改善混凝土的密实度，从而提高混凝土的强度，提高了混凝土耐久性。

3）特细砂的正确使用会给特细砂产地、天然砂资源匮乏地区和混凝土企业带来巨大的社会效益和经济效益。

参考文献

[1] 中国建筑科学研究院．普通混凝土用砂、石质量及检验方法标准：JGJ 52—2006 [S]．北京：中国建筑工业出版社，2006.

[2] 国家质量技术监督局．水泥胶砂强度检验方法（ISO 法）GB/T 17671—1999 [S]．北京：中国标准出版社，1999.

[3] 中华人民共和国国家质量监督检验检验总局，中国国家标准化管理委员会．水泥胶砂流动度测定方法，GB/T 2419—2005 [S]．北京：中国标准出版社，2005.

注：《特细砂在泵送混凝土中的应用》发表于国家核心期刊《混凝土》2015 年第 11 期。

关于现浇抗渗混凝土结构的施工建议

黄振兴

杭州申华混凝土有限公司　浙江杭州　311108

摘　要　本文通过解读国家相关规范对抗渗混凝土浇筑和施工的规定，以及对抗渗混凝土裂缝成因的分析，结合实际施工经验，提出了抗渗混凝土施工中保温、保湿养护的重要意义，对抗渗混凝土的浇筑和施工提出了合理化建议。

关键词　抗渗混凝土；收缩裂缝；保温保湿养护

Abstract　In this paper, by interpreting the relevant regulations of the national anti permeability concrete pouring and construction regulations, And the analysis of the cause of the cracks in the concrete crack of the concrete, Combined with actual construction experience, The significance of heat preservation and moisture conservation in the construction of impervious concrete is put forward. The rationalization suggestion for the concrete pouring and construction of the resistance concrete is put forward.

Keywords　Impervious concrete; Shrinkage crack; Heat preservation and moisture conservation

1　前言

抗渗混凝土一般用于民用建筑的地下室底板、墙板及地铁工程的底板和侧墙，除了满足混凝土的强度要求外，抗渗、防水性能是该种混凝土的重中之重的性能。既要求混凝土自身有良好的抗渗性能，同时也要求浇筑完毕的抗渗混凝土实体结构不能存在有害裂缝；否则混凝土抗渗性能再好，如果混凝土实体结构存在贯穿的有害裂缝，也不能满足抗渗、防水的要求。

由于混凝土公司的混凝土运到施工现场时仅仅是半成品，混凝土实体结构能否达到设计要求的抗渗、防水性能，还需要施工单位严格按照规范认真施工，才能最终使得混凝土实体结构满足设计要求的抗渗、防水性能。

为了能共同创造优质的工程，有一些浇筑、施工抗渗混凝土的施工建议，供施工单位参考。

2　施工建议

1）建议施工单位缩短作业时间，混凝土到工地后要尽快入模，从搅拌出机到浇筑完毕的延续时间在≤25℃时不得超过120min、≥25℃时不得超过90min［《混凝土质量控制标准》(GB 50164—2011) 第20页表6.6.14]。否则作业时间过长就会导致现场混凝土压车，引起混凝土坍落度损失变大、混凝土工作性变差，进而导致施工困难，混凝土实体结构质量无法保证。尤其还会导致混凝土墙体由于作业时间过长，上下部结构混凝土强度发展速度差异过大，而产生裂缝。

现在部分单位对施工人员实行的是计时工资制，施工人员会为了多拿工资，而故意放慢施工速度，为工程质量埋下隐患。建议改成计件制，并规定好结构浇筑完毕的合理时间，能提前则给予奖励。这样可以保证混凝土及时入模，减少工程质量隐患。

2）裂缝产生的主要原因之一是水泥在水化过程中因失水得不到补充引起收缩而产生的。水泥水化后的绝对体积会减小，在已硬化的水泥浆体中，未水化的水泥颗粒继续水化是产生自身收缩的主要原因。水化使空隙尺寸减小并吸收水分，如无水分补充就会引起毛细水负压，使硬化产物变压产生体积变化，就产生了自身体积收缩。其自身收缩是与湿度、温度密切相关的宏观收缩，所以要减少或消除混凝土的裂缝，非常重要的一点就是严格按照规范保湿养护14d［《混凝土结构工程施工质量验收规范》(GB 50204) 第32页7.4.7.2条——有抗渗要求的混凝土，浇水养护不得少于14d］。由于墙体大面是竖向，养护困难，一部分裂缝在松开模板后即出现，也有拆模后几天内出现的，随后由于养护不及时裂缝扩展甚至贯穿墙体成为有害裂缝。因此，我公司建议一定要严格按照国家规范对抗渗混凝土浇水养护14d以上，重视和加强早期的养护，必须措施到位、责任到人，混凝土表面及时供水养护，对内衬塑料或可透水性模板，混凝土墙板终凝后松开模板从上部浇水在竖面补水。

对于掺加膨胀剂的混凝土，浇水保湿养护更是必不可少的重要环节，因为膨胀剂的主要成分是硫铝酸盐，其水化后要结合32个结晶水，才能使水化产物的体积大于硫铝酸盐本身，从而起到膨胀效应。所以掺加膨胀剂的混凝土，硬化后必须保证有充足的水分供给，也就是规范规定的浇水湿养。否则，掺加膨胀剂的混凝土反而会比普通水泥收缩还大。这一点，也提请施工单位要十分重视，切实做到按规范规定的浇水湿养14d以上。

混凝土的养护是水泥水化及混凝土硬化正常发展的重要条件和必不可少的条件，混凝土养护不好往往会前功尽弃，导致混凝土产生有害裂缝［《混凝土质量控制标准》(GB 50164—2011) 第46页6.7.1条］。所以我公司建议为了避免抗渗混凝土出现有害裂缝，危害混凝土的抗渗、防水性能，一定要按国家规范切实做好混凝土的养护工作。

3）抗渗混凝土结构基本上都是大体积混凝土，国家规范规定“混凝土结构物实体最小尺寸不小于1m的大体积混凝土，或预计会因混凝土中胶凝材料水化引起的温度变化和收缩而导致有害裂缝产生的混凝土为大体积混凝土”［《大体积混凝土施工规范》(GB 50496—2009) 第2页2.1.1条］。无论是民用建筑的地下室底板、墙板还是地铁工程的底板和侧墙所用的抗渗混凝土都是大体积混凝土，由于混凝土水化后中心温度较高，而施工环境环境温度变化较大，因此做好混凝土保温工作，避免温差裂缝，是重中之重的工作。必须严格按国家规范要求做好混凝土保温工作，保证混凝土表面温度与混凝土中心温度之差不大于25℃，以避免形成温差裂缝［《大体积混凝土施工规范》(GB 50496—2009) 第7页3.0.4.2条］。

4）大体积混凝土施工（例如地铁的侧墙），还要注意避免产生沉陷裂纹，这是由于不均匀沉陷而造成。多为深入或贯穿裂纹，与地面垂直或成45°～60°角，易产生在截面变化处。原因有：地基软硬不均，模板刚度不足、支撑间距大或底部支撑在软土上，过早拆模及在其上作业，结构上荷载悬殊过大。我们建议：妥善处理基础，支撑要有强度，模板尽量使用刚度好的钢模板，禁止过早拆模，结构荷载要调整。

5）对于高度较高（>3m）的抗渗混凝土墙体（例如地铁的侧墙），浇筑时要采用串筒、溜管或振动溜管等辅助设备［《混凝土质量控制标准》（GB 50164—2011）第19页表6.6.8］，避免混凝土由于自由落体高度过高影响混凝土的匀质性，否则会因为混凝土匀质性差而产生裂缝。

6）浇筑竖向尺寸较大的结构物（民用建筑的地下室墙板及地铁工程的侧墙）时，应分层浇筑，每层厚度控制在300～350mm，并保证混凝土浇筑的连续性。否则会因为振捣不到位，破坏混凝土匀质性差而产生裂缝。

7）地铁的侧墙，一般在临建上盖之下，如果不在上盖上预留施工孔，就会大大增加侧墙的施工难度，延缓施工速度，给施工质量埋下隐患。因此我们建议，在浇筑地铁侧墙前，一定要提前预留好直径1m左右的预留孔，为侧墙的顺利浇筑创造有利条件。

8）按以往的施工经验，木模板由于保水性差，混凝土易因为失水而产生收缩裂缝；而钢模板保水性好，使用钢模板的混凝土一般因为不易失水而很少有收缩裂缝。因此，我公司建议尽可能使用钢模板，尤其在地铁侧墙等容易产生收缩裂缝的结构上。

3 结语

混凝土公司送到工地的混凝土仅仅是半成品，混凝土实体结构质量的好坏很大程度取决于施工单位的施工质量和施工水平，尤其是在抗渗混凝土等有特殊要求的混凝土施工和浇筑时，一定要克服困难，不要有麻痹和侥幸心理，严格按国家相关规范认真施工，做好混凝土的养护工作。以上建议仅供参考，请施工单位结合工程实际情况，严格按国家相关规范浇筑和施工，减少和消除混凝土的有害裂缝，以确保混凝土实体结构的质量。

注：《关于现浇抗渗混凝土结构的施工建议》发表于《商品混凝土》2015年第11期。

加权平均法在砂复合中的应用

刘臻一　黄振兴
杭州中华混凝土有限公司　浙江杭州　311108

摘　要　为了使复合砂更好地在混凝土配合比设计中应用，快速得到复合砂的颗粒级配性能，通过大量试验数据分析，验证了加权平均法计算得到的复合砂的颗粒级配性能值和实测值具有极高的一致性，表明此方法的准确性。通过此方法，可以快速地计算出两种或多种砂在不同比例下相应的复合砂的颗粒级配，并计算出细度模数，为配合比设计或生产应用做好服务。
关键词　复合砂；应用；加权平均法；颗粒级配

Abstract　In order to make the composite sand has a better application in the design of concrete, quick get the particle gradation performance, this paper through a large number experimental data analysis, verified the weighted average method to calculate the composite sand particle gradation in the form of performance value and test value has a very high consistency, show that the accuracy of this method. Through this method, can quickly calculate the two or more sand, under different proportions of composite sand particle gradation, and calculate the fineness modulus, services for the design of mix proportion or production application.
Keywords　Composite sand; Application; Weighted average method; Particle gradation

1　前言

由于天然中砂资源的日益枯竭及成本上涨，越来越多的预拌混凝土企业和工程单位在实际生产中开始采用粗砂或机制砂复合一定比例的细砂或特细砂，以求达到《普通混凝土用砂、石质量及检验方法标准》（JGJ 52—2006）[1]规定的Ⅱ区中砂的使用效果。但在实际使用这种复合砂时，不同细度的砂用多少比例，颗粒级配性能能不能达到规范规定的Ⅱ区中砂的要求，则没有多少工程技术人员从理论上进行过细致的研究[2]。一些实践经验比较丰富的工程技术人员，往往根据自己的实践积累，会有一个大概的数据在实际中应用。而对于一些经验不足的技术人员，就会显得无所适从，找不到恰当的使用比例，在应用中显得问题重重。有些工程技术人员会使用原始的筛分析试验，用很长时间，费很大力气才找到合适的比例，但当某种砂的性能发生较大的变化时，又要重新通过试验来找出新的比例参数，形成较大的工作量。

为了快速有效地得到复合砂的颗粒级配数据，本文通过大量的试验数据进行分析，借鉴数学上的加权平均法的算法，发现在已知几种砂的累计筛余值后，通过加权平均法计算出复合砂不同粒径的累计筛余值，与按相同比例复合砂的实际累计筛余值是一致的。由此可以通过加权平均法，快速地计算出复合砂的各个粒径的累计筛余值，从而得出复合砂的颗粒级配性能并计算出细度模数，为配合比设计及实际生产提供服务。

2　加权平均法计算砂颗粒级配性能的验证

2.1　加权平均法

加权平均法是数学上的一种计算方式，主要使用在统计预算领域，是一种趋势分析法。本文的算法是结合砂复合计算的特性，在一般的加权平均法上，稍作改进，具体算法为：

$$\bar{s} = s_1 f_1 + s_2 f_2 + \cdots + s_k f_k \text{，其中 } f_1 + f_2 + \cdots + f_k = 1 \text{ 且 } f_k \geqslant 0 \tag{1}$$

式中　$\bar{s}$——复合砂在某一公称粒径下的累计筛余计算值；

s_k——k 砂在相对应公称粒径下的累计筛余实测值；

f_k——k 砂在复合砂中的权重（%）。

2.2　加权平均法计算值与实际筛余值比较

通过公式（1）计算出各砂在不同公称粒径下的累计筛余值，可以得出复合砂的颗粒级配，与规范所要求的值进行比较，看是否满足配合比设计所需要的Ⅱ区中砂级配要求，再通过细度模数公式就可以计算出复合砂的细度模数，为配合比设计提供服务。

Ⅱ区中砂颗粒级配规范要求见表 1，颗粒级配区间如图 1 所示。

表 1　Ⅱ区中砂颗粒级配规范要求

Ⅱ区中砂	公称粒径	5.00mm	2.50mm	1.25mm	630μm	315μm	160μm
上限 下限	累计筛余/%	10 0	25 0	50 10	70 41	92 70	100 90

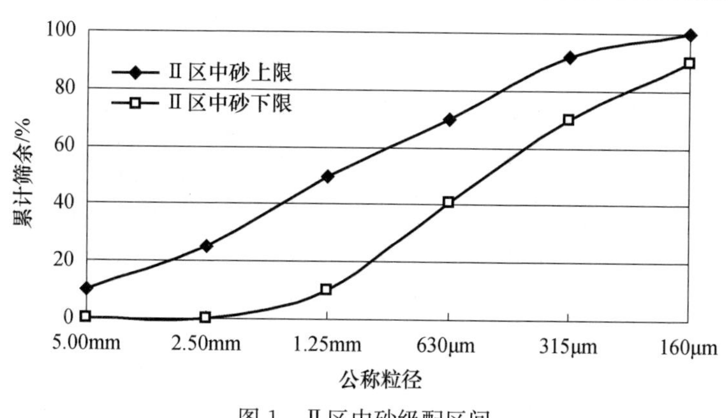

图 1　Ⅱ区中砂级配区间

细度模数计算公式为：

$$\mu_f = \frac{(\beta_2 + \beta_3 + \beta_4 + \beta_5 + \beta_6) - 5\beta_1}{100 - \beta_1} \tag{2}$$

式中　μ_f——砂的细度模数；

β_1、β_2、β_3、β_4、β_5、β_6——分别为公称直径 5.00mm、2.50mm、1.25mm、630μm、315μm、160μm 方孔筛上的累计筛余。

以某一天然中砂为基准，另一特细砂以每 5%质量为一档，以 5%、10%、15%、20%、25%、30%、35%、40%八档不同比例替代天然中砂，按《普通混凝土用砂、石质量及检验方法标准》(JGJ 52—2006) 规范要求进行筛分析试验，试验结果如表 2 所示。

为了验证加权平均法的准确性，便于比较计算值和实测值之间的差异性，在各筛累计筛余值和细度模数上，数据精度取值比规范要求大一位。

表 2　砂不同比例复合实测试验筛分析结果

公称粒径	细砂累计筛余	中砂累计筛余	细砂 5% 中砂 95%	细砂 10% 中砂 90%	细砂 15% 中砂 85%	细砂 20% 中砂 80%	细砂 25% 中砂 75%	细砂 30% 中砂 70%	细砂 35% 中砂 65%	细砂 40% 中砂 60%
5.00mm	0.0	5.7	5.6	6.9	4.2	4.8	3.9	3.3	4.4	2.8
2.50mm	0.0	19.7	18.7	18.6	15.2	16.1	13.6	11.8	12.4	10.7
1.25mm	0.0	36.3	34.1	32.9	28.0	29.7	25.5	23.0	22.5	20.2
630μm	0.0	49.0	46.7	44.7	39.2	40.4	35.4	32.4	30.9	27.9
315μm	1.6	84.9	81.2	77.1	71.7	68.8	63.6	59.3	55.3	50.7
160μm	60.6	98.1	96.4	94.7	93.1	91.4	89.4	88.4	86.9	84.7
细度模数	0.62	2.75	2.64	2.51	2.36	2.33	2.16	2.05	1.94	1.85

以天然中砂和特细砂的筛分结果为基础，用加权平均法计算各不同公称粒径筛的累计筛余，以细度模数公式来计算复合砂细度模数，计算结果如表 3 所示。

表 3　加权平均法计算复合砂筛分析结果

公称粒径	细砂累计筛余	中砂累计筛余	细砂 5% 中砂 95%	细砂 10% 中砂 90%	细砂 15% 中砂 85%	细砂 20% 中砂 80%	细砂 25% 中砂 75%	细砂 30% 中砂 70%	细砂 35% 中砂 65%	细砂 40% 中砂 60%
5.00mm	0.0	5.7	5.4	5.1	4.9	4.6	4.3	4.0	3.7	3.4
2.50mm	0.0	19.7	18.7	17.7	16.7	15.7	14.8	13.8	12.8	11.8
1.25mm	0.0	36.3	34.5	32.7	30.9	29.0	27.2	25.4	23.6	21.8
630μm	0.0	49.0	46.5	44.1	41.6	39.2	36.7	34.3	31.8	29.4
315μm	1.6	84.9	80.7	76.5	72.4	68.2	64.1	59.9	55.7	51.6
160μm	60.6	98.1	96.2	94.3	92.4	90.6	88.7	86.8	84.9	83.1
细度模数	0.62	2.75	2.64	2.53	2.41	2.30	2.19	2.09	1.98	1.87

不同比例特细砂和中砂所组成的复合砂实测值和加权平均法计算值各公称粒径累计筛余对应关系如图 2～9 所示。

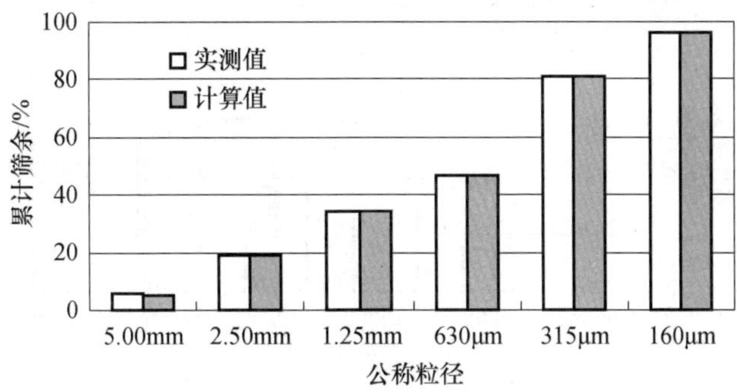

图 2 5%细砂、95%中砂复合结果实测值和计算值对比

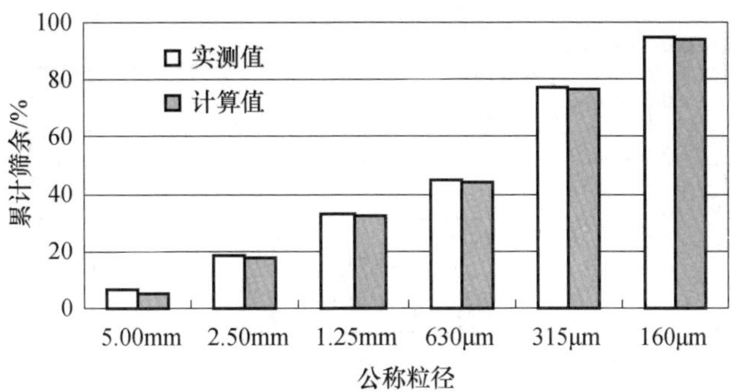

图 3 10%细砂、90%中砂复合结果实测值和计算值对比

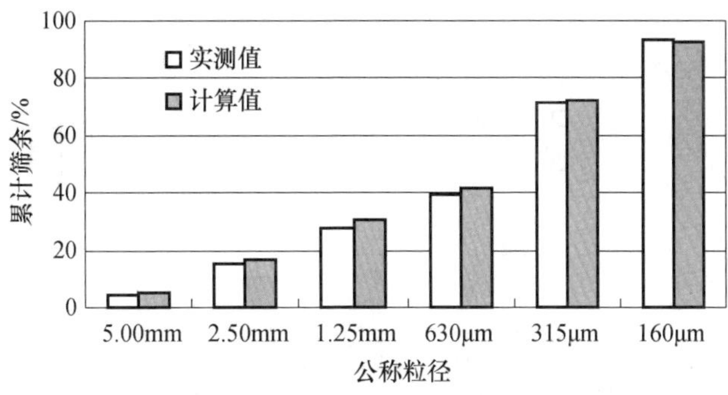

图 4 15%细砂、85%中砂复合结果实测值和计算值对比

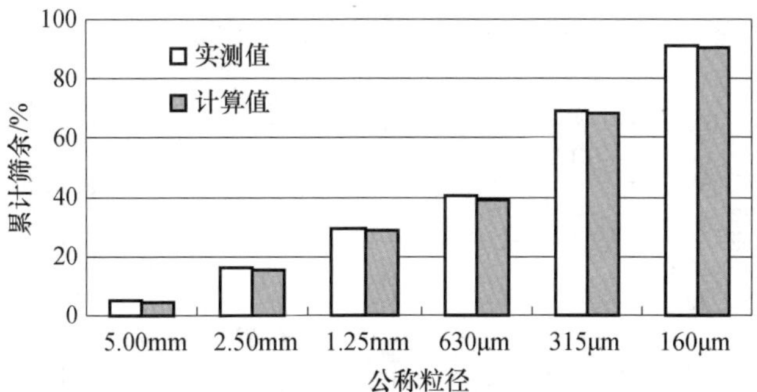

图 5 20%细砂、80%中砂复合结果实测值和计算值对比

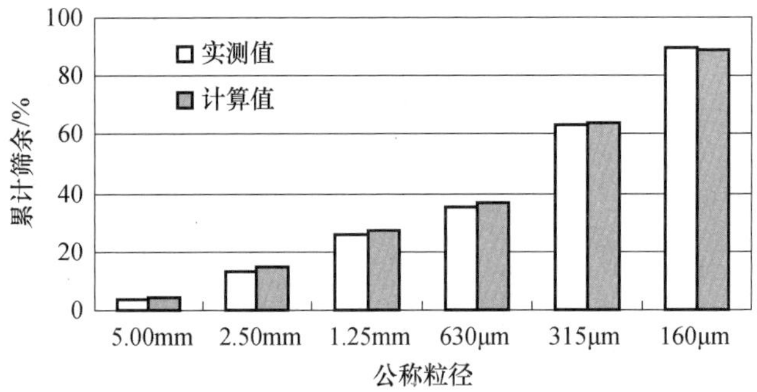

图 6　25％细砂、75％中砂复合结果实测值和计算值对比

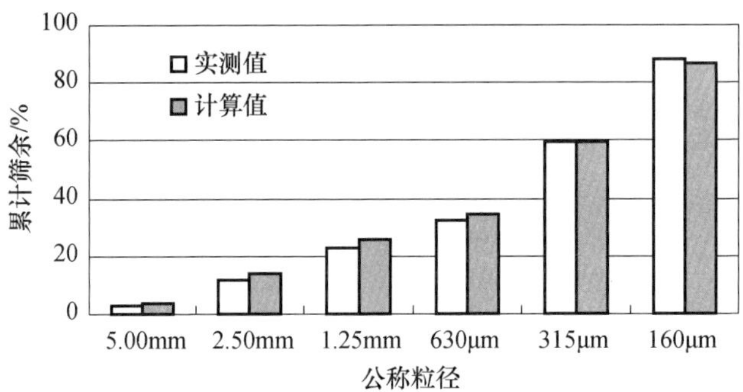

图 7　30％细砂、70％中砂复合结果实测值和计算值对比

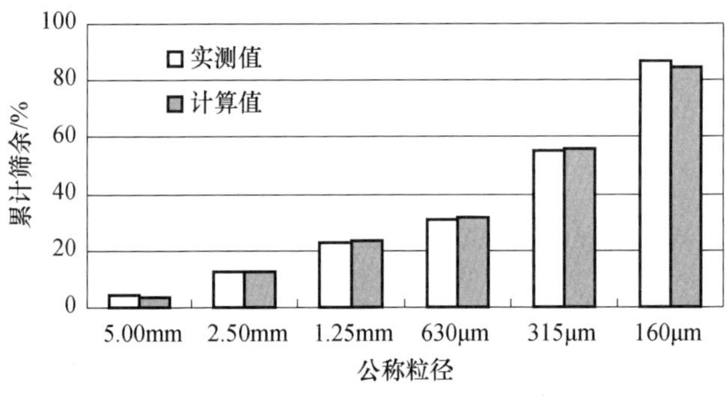

图 8　35％细砂、65％中砂复合结果实测值和计算值对比

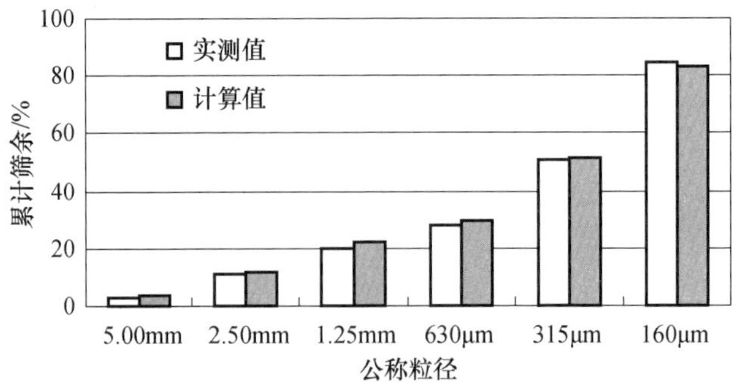

图 9　40％细砂、60％中砂复合结果实测值和计算值对比

从表 2 和表 3 及图 2～9 分析来看，加权平均法计算出的结果值和实际筛分值具有极高的一致性。由此可以判定，在已知基本砂筛分析结果的情况下，设定复合砂所需要各基本砂的比例，通过加权平均法计算各基本砂某一公称粒径下累计筛余值，就得到复合砂的相同公称粒径下的累计筛余值。所以，细度模数在两种方法下所得值也应该相同。细度模数实测值和计算值对比关系如图 10 所示。

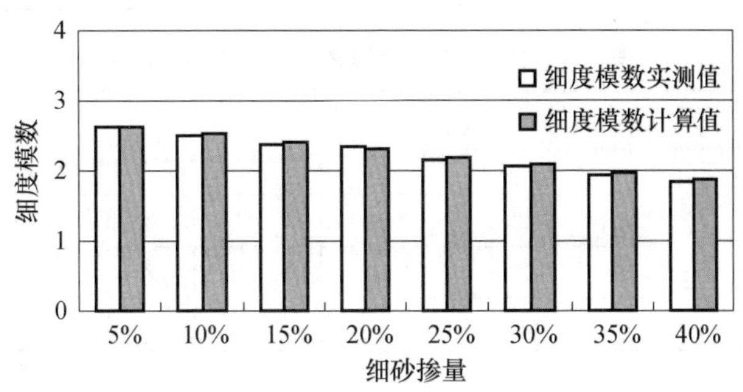

图 10　不同比例细砂掺量实测细度模数和计算细度模数对比

其实分析后也很好理解，复合砂通过加权平均法计算后，就是根据每种基本砂在复合砂中的使用比例，各基本砂在某一相同公称粒径下的累计筛余值，分别计算后进行相加，得到复合砂的在此公称粒径下的累计筛余值。从理论上来讲，试验值和计算值应该是相等的，但因基本砂在复合后的实测过程中，会有一定的人为误差，使实测值和计算值稍有出入。

因此在使用此方法进行计算时，一定要把需要复合的基本砂筛分析做准确，因为复合砂在计算时所使用的基本砂的各公称粒径累计筛余值，只能通过试验实测得出，只有基本砂测出的值越准确，通过加权平均法计算后的复合砂就越接近于实际值。

由此可以将此方法作为一种工具，在知道两种或多种砂筛分析结果的情况下，快速计算出复合砂的累计筛余值，判断出复合砂的颗粒级配性能，再根据细度模数公式，计算出复合砂的细度模数，为配合比设计做好服务。

3　加权平均法的案例应用

某公司在进行配合比设计时按照砂细度模数是 2.5 左右的天然中砂进行，但因某些原因导致原来用的砂不能正常供应，而当时市场上只能采购到细度 3.1 左右的天然粗砂和细度 1.5 左右的天然细砂。因临时更换比较紧急，采用试验来找砂的使用参数已来不及，为保证生产，通过加权平均法计算砂的颗粒级配性能，在计算的基础上通过混凝土验证砂的使用性能。

原用中砂和现在采购到的两种砂筛分析性能如表 4 所示。通过加权平均法计算出的复合砂筛分析性能如表 5 所示。原用中砂和复合砂的颗粒级配性能对比如图 11 所示。

表4 原用中砂和现采购天然砂的筛分析结果

公称粒径 累计筛余	5.00mm	2.50mm	1.25mm	630μm	315μm	160μm	细度模数
原用中砂	5.9	19.4	36.0	47.5	68.9	94.9	2.52
天然粗砂	10.9	28.3	45.8	59.1	89.3	99.1	3.00
天然细砂	1.4	4.9	10.3	15.1	29.9	86.3	1.41

表5 加权平均法计算复合砂筛分析结果

公称粒径 累计筛余	粗细砂比例 (%)	5.00mm	2.50mm	1.25mm	630μm	315μm	160μm	细度模数
复合砂A	75：25	8.5	22.4	36.9	48.1	74.5	95.9	2.57
复合砂B	70：30	8.1	21.3	35.2	45.9	71.5	95.3	2.49
复合砂C	65：35	7.6	20.1	33.4	43.7	68.5	94.6	2.41

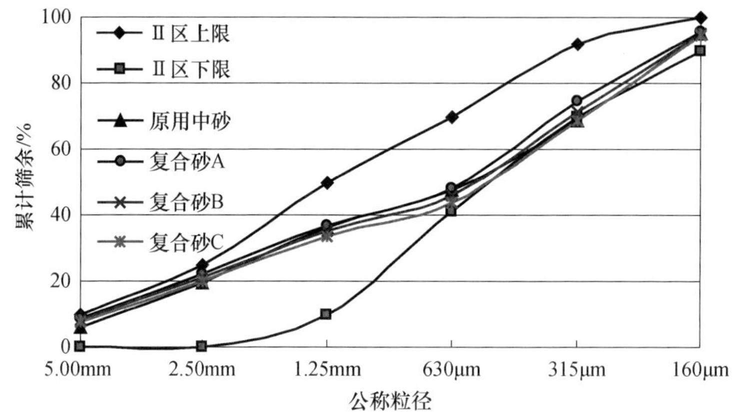

图11 原用中砂和复合砂的颗粒级配性能对比

通过表4～5和图11分析来看，复合砂A、B、C的颗粒级配曲线和原用中砂的曲线是比较接近的。从数据上来看，粗砂和细砂比例为70：30时，所复合出的复合砂B的细度模数和原用中砂是一致的，颗粒级配曲线最为接近，满足Ⅱ区中砂的技术要求。为了实际生产使用方便，把粗砂和细砂比例控制在75：25与65：35之间，砂的颗粒级配性能和细度模数都符合原来配合比设计的要求，应该不会对混凝土的性能产生影响。

采用复合砂B进行小级配试验验证，混凝土性能正常，确认了复合砂的性能，快速的应用于实际生产中，顺利地通过了材料的转换，未对生产造成任何不利影响。

4 结语

在现今优良的天然中砂资源日益紧缺，机制砂颗粒级配性能还不是很合理，各地又具有细砂或特细砂资源的大背景下，采用粗的天然砂或机制砂与一定比例的细砂或特细砂进行复合使用，对砂资源缺少或不好的地区，是比较现实也是比较经济的选择。

本文通过大量试验，验证了加权平均法计算值与实测值的一致性，表明加权平均法计算复合砂的细度模数和颗粒级配性能是非常实用且简单的，可以从理论上给工程技术人员在使用不同砂进行复合时以参考，为配合比设计或实际生产提供服务。

参考文献

[1] 中华人民共和国建设部．普通混凝土用砂、石质量及检验方法标准：JGJ 52—2006［S］．北京：中国建筑工业出版社，2006.

[2] 王琼．复合砂配制技术及其性能研究［J］．粉煤灰，2011，2：21-23.

注：《加权平均法在砂复合中的应用》发表于《商品混凝土》2015 年第 10 期。

杭州地铁耐久性混凝土原材料的选用及配合比设计思路

黄振兴

杭州申华混凝土有限公司　浙江杭州　311108

1　前言

目前杭州地区水泥、矿粉、粉煤灰等胶材相对质量较好，并且比较稳定；但是大部分混凝土公司外加剂使用的是技术相对落后、引入对耐久性有害的、不规则大气泡的萘系或脂肪族，没有使用技术先进的高减水、能引入均匀微小气泡从而大大改善混凝土耐久性的聚羧酸外加剂。并且大部分混凝土公司使用的是含粉量、含泥量过多且不稳定，颗粒形态多为多棱角、尖锐、针片状超标的机制砂，造成混凝土质量不稳定，混凝土和易性、工作性差，混凝土不密实，从而大大影响混凝土的耐久性。很少有混凝土公司使用颗粒形态好，含泥量低于1%，能使混凝土质量稳定，易于控制，生产出来的混凝土和易性、工作性好，混凝土密实，从而大大提高混凝土的耐久性的天然砂。

2　聚羧酸系减水剂与萘系减水剂的对比实验研究（部分数据引用）

高性能减水剂是高性能混凝土中一种重要的组成部分，随着混凝土技术的发展，对混凝土耐久性越来越重视，而随着耐久性的提高，混凝土的水胶比往往需要降低，但混凝土的流动性仍要求满足泵送施工要求，因此，减水剂除要求具有高的减水效果外，还需要能控制混凝土的坍落度损失，而一般的高效减水剂往往达不到要求（见表1）。

作为新一代高性能减水剂的聚羧酸系减水剂具有梳形分子结构，与水泥适应性好、掺量小、减水率高、配制出的混凝土保坍性好、和易性好等特点，并克服了萘系减水剂在生产中带有甲醛等缺点，特别适用于生产高性能混凝土，近年来得到广泛的研究与快速发展，并已在三峡工程、东海大桥等重点工程中使用，原铁道部规定高铁建设必须使用高性能的聚羧酸外加剂，我国核电等重点工程也规定必须使用聚羧酸，这充分说明聚羧酸是一种性能非常优异、技术领先的混凝土外加剂。我公司也已经大量用聚羧酸生产混凝土用于杭州地铁工程，并取得优异效果。但从目前杭州市场上销售的聚羧酸系减水剂的品种及占有率来看，聚羧酸系减水剂的应用推广仍处于起步阶段，大部分混凝土公司和施工单位还没有认识到聚羧酸外加剂对提高混凝土耐久性的重要作用，也没有掌握这一高新技术的使用方法，还在使用技术落后、对耐久性有害的萘系和脂肪族减水剂。

表 1　不同种类减水剂的性能

外加剂品种	掺量（%）	1h 坍落度损失（mm）	减水率（%）	引入气泡类型	初凝时间（h）	混凝土外观	后期强度
萘系	1.8～2.2	60～70	15	不规则大气泡	16～18	有色差	增长很少
脂肪族	1.8～2.2	50～60	18	不规则大气泡	16～18	有色差	增长很少
聚羧酸	0.8～1.2	10～20	28	均匀的微小气泡	7～9	无色差	还能继续增长

由表 1 数据可以看出，聚羧酸外加剂与萘系、脂肪族外加剂相比有 12 大优点。

1）聚羧酸系减水剂的减水率明显高于萘系、脂肪族减水剂，在达到相同减水率的情况下，聚羧酸减水剂的掺量远远低于萘系、脂肪族减水剂。

2）聚羧酸系减水剂的保坍性明显优于萘系、脂肪族减水剂，用聚羧酸系减水剂配制的大流动性混凝土在 1h 后坍损很小，有时几乎不损失，因此施工性能大大优于萘系、脂肪族减水剂。

3）聚羧酸系减水剂初凝时间大大快于萘系、脂肪族减水剂，大大缩短工期，提高工作效率。

4）聚羧酸系减水剂超掺时不过分延长终凝时间，并且减少泌水、离析现象。可满足 C60 以上高强度等级混凝土生产需要。

5）聚羧酸引入的是微小的、均匀的气泡，能大幅改善混凝土的工作性、保水性、抗冻性，减少泌水，混凝土中的有害泌水通道大大少于用萘系和脂肪族减水剂生产的混凝土，大大提高了混凝土的耐久性。

6）用聚羧酸生产的混凝土表面呈现均匀的、光洁度很高的青灰色，而使用萘系和脂肪族生产的混凝土有色差，外观质量差。

7）加入聚羧酸系减水剂的混凝土收缩少，比萘系减少 60%以上收缩，可减少 80%以上的塑性收缩裂缝。

8）用聚羧酸减水剂的混凝土后期强度还有大幅增长，而使用萘系和脂肪族的混凝土后期强度增长很少。

9）聚羧酸无毒、无害、无污染；是国家大力支持推广应用的新技术、新产品，国家高速铁路、高速公路、核能设施、超高层建筑均指定使用该类外加剂。国外发达国家 90%以上混凝土使用该类产品。由于其优越的性能、生产时不像萘系那样使用甲醛等有毒、有害物质，对环境不造成污染，对人体无毒害。

10）使用聚羧酸减水剂比萘系产品制成的混凝土密实性更高，耐久性更好，和易性显著改善，对钢筋的包裹力大大提高。

11）聚羧酸减水剂与各种水泥相溶性好，对水泥分散性能好，明显改善混凝土工作性能。各项性能指标优于萘系和脂肪族。

12）早强、增强效果好，在同掺量、同配比情况下 3d、7d 抗压强度比萘系和脂肪族提高 3～5MPa，28d 提高 4～10MPa。

3　杭州地区天然砂与机制砂的对比

由表 2 可以清楚地看出杭州地区的机制砂普遍质量较差，石粉含量几乎都在 8%以上，有的甚至还达到15%左右，这会导致用水量过多，在混凝土中引入过多的自由水和有害泌水通道；还会导致因为石粉过多吸附外加剂，而不得不被动加大外加剂掺量，造成混凝土状态难以控制，工作性不好。颗粒形态多为尖锐、多棱角型，细度都在3.0以上，这会导致和易性不好，只能被动加大砂率，过高的砂率会导致混凝土孔隙率加大，不密实，而大大降低混凝土耐久性；还含有一定量泥和泥块，会加大混凝土需水量和外加剂用量，大大影响混凝土强度和耐久性。

表2　杭州地区机制砂与天然砂对比

砂品种	细度	石粉含量	含泥量	泥块含量	颗粒形态	砂率	用水量	掺量
机制砂	3.0～3.5	8%～15%	1.50%	0.54%	尖锐、多棱角	46%～50%	210kg	1.6%
天然砂	2.3～2.8	0	0.8	0	圆润颗粒	38%～43%	175kg	1.2%

注：用水量与外加剂用量以C30混凝土计。

天然砂与目前杭州市场上的机制砂相比，就有许多优势。

1）天然砂细度正好在Ⅱ区中砂范围，由于颗粒圆润，用较低的砂率就可以配制出和易性好的混凝土，在满足混凝土和易性及工作性的前提下，砂率越低，混凝土孔隙率就越少，混凝土就越密实，从而强度和耐久性就大大提高了。

2）天然砂含泥量极低，不含石粉，因此，用水量大大低于机制砂，这样混凝土中的自由水和有害的泌水通道就很少，用天然砂配制的混凝土密实性和耐久性就大大高于用机制砂配制的混凝土。

3）天然砂不含任何有害物质，而机制砂在生产过程中要掺入碱性絮凝剂，这是有害物质，会危害混凝土的耐久性。

所以我们认为在杭州地区机制砂质量普遍较差的情况下，在杭州地铁混凝土工程中使用天然砂，对混凝土的耐久性更有保障。

4　准确有效地使用矿物掺合料

胶材选用了三种——水泥、矿粉、粉煤灰，这三种胶结料有各自特有的物理和化学性能，水化的先后顺序是不一样的。

水泥是由熟料和一定的矿物掺合料磨细而成，有较高的活性，因此它首先水化（也叫一次水化），生成铝酸盐、铁铝酸盐和大量的硅酸盐凝胶，以填充粗、细骨料的空隙，并将粗、细骨料很好地胶结到一起。

矿粉是由炼铁过程中产生的水渣磨细而成，它的主要成分是二氧化硅，本身活性很低，在水中靠自身水化非常缓慢，只有在碱环境中靠碱激发才能很好水化；因此它在混凝土中的水化比水泥慢，必须等水泥水化后生成了一种碱——氢氧化钙后，它才能在氢氧化钙的激发下，与氢氧化钙反应形成硅酸盐凝胶，所以混凝土中矿粉的水化被称为二次水化。由于它比水泥细，填充在水泥颗粒形成的空隙中，更重要的是它与氢氧化钙反应后形成的硅酸盐凝胶的体积比其自身体积大，能够产生微膨胀效应，起到很好的填充效应，使混凝土更加致密。

粉煤灰是发电厂发电过程中产生的烟尘，是通过静电除尘设备收集的，也被称作原状灰。它的颗粒形态是玻璃球状体，颗粒表面有一层致密层；只有在碱环境下，靠碱腐蚀其致密层，破壁后才能充分水化，它的主要成分是二氧化硅和三氧化二铝。由于有一个破壁的过程，所以它比矿粉在混凝土中的水化还慢，因此被称作三次水化。由于它比水泥、矿粉细，可填充在水泥和矿粉颗粒形成的空隙中，更重要的是它与氢氧化钙反应后形成的铝酸盐和硅酸盐凝胶的体积比其自身体积大，也能够产生微膨胀效应，起到很好的填充效应，使混凝土更加致密。

5 混凝土配合比设计思路

由于本工程属地下工程，长期在潮湿且有腐蚀的环境中，要使混凝土具有很好的耐久性，能够抵抗氯离子等有害离子的渗透腐蚀，根本的方法就是提高混凝土的密实性，从而使其能够达到低渗透性、高弹性模量，也就是高性能混凝土。为了使混凝土达到上述耐久性要求，混凝土配合比设计时从以下几个方面入手。

1）充分利用集料填充效应

众所周知，混凝土中粗骨料的空隙是由细骨料填充的，细骨料的空隙是由胶结料填充的，只有混凝土中各种集料充分填充其他集料的空隙，混凝土才能密实。

为此，首先，粗骨料我们选用的是连续粒级的石子，使各级石子之间能很好地填充上一级石子的空隙，并且还采用粒径为 5～25mm 连续粒级石子和粒径为 5～16mm 连续粒级石子双级配，通过做最佳密度，计算出两种石子的最佳配合比例，用粒径为 5～16mm 连续粒级石子去填充粒径为 5～25mm 连续粒级石子的空隙，使粗骨料的空隙尽可能小。细骨料，我们选用了Ⅱ区中砂和细砂按一定比例配合而成。用细砂去填补Ⅱ区中砂的空隙。

其次，根据粗骨料的孔隙率，选择适宜的砂率，以便细骨料能很好地填充粗骨料的空隙。

最后，也是最重要的，根据混凝土设计强度和上述粗、细骨料很好填充后的孔隙率，选择适宜的胶结料用量，充分填充、填实该空隙。

为了达到最佳的密实效果，胶结料我们也选用了三种——水泥、矿粉、粉煤灰，用比水泥颗粒更细的矿粉去填充水泥颗粒形成的空隙，再用比矿粉更细的粉煤灰去填充矿粉颗粒形成的空隙，充分利用了骨料填充效应，从而达到混凝土最佳的密实效果。

2）充分利用胶结料的三次水化

用水泥的水化来激发矿粉、粉煤灰的活性，再利用矿粉的二次水化和粉煤灰的三次水化产生的水化产物微膨胀效应，填充混凝土中的有害空隙，使混凝土更加密实。

充分利用胶结料的三次水化和骨料填充效应，就能够生产出密实性非常好的混凝土，从而使混凝土能够达到低渗透性、高弹性模量，即应用高性能混凝土达到需要的耐久性。

3）消除碱骨料反应的隐患

混凝土中的碱骨料反应被业内人士形象地称作混凝土的癌症，它是由混凝土中的碱与混凝土中的碱活性骨料反应导致的，由于生成物体积比参与反应的物质体积大，因此会产生巨大的膨胀力，造成混凝土开裂，对混凝土有巨大的破坏作用，严重影响它的使用寿命。所以，必须消除碱骨料反应的隐患。

严把原材料质量关是极其重要的，必须严格控制混凝土中各种原材料碱含量，使每种原材料碱含量均低于相关规范规定值；同时，按相关规范规定将单方混凝土总碱含量严格控制在3kg以内。

众所周知，混凝土中碱骨料反应的条件是：混凝土各种原材料带入的碱及混凝土的胶结料水化时产生的碱、碱活性骨料。要想消除碱骨料反应的隐患，就必须让混凝土中没有产生碱骨料反应的条件。为此，首先，我们对所用骨料进行了严格筛选，选用了非活性骨料；其次，使用大掺量矿物掺合料，并使用双掺技术，使掺合料总量大于混凝土中各种原材料带入的碱及混凝土的胶结料一次、二次、三次水化时产生的碱的总量，将混凝土中的所有碱消耗殆尽。

这样，混凝土中碱骨料反应产生的条件全部被消除了，碱骨料反应的隐患也就荡然无存。

4）使用适宜的引气剂

在混凝土中使用适宜的引气剂，可以在混凝土中形成无数微小、均匀、密闭的小气室，这些密闭的小气室可以有效地阻断混凝土中的毛细孔，防止有害离子的侵入；同时，还可以提高混凝土的抗冻耐久性指数，大大提高混凝土抗冻融循环次数。

为此，我们将一种优质引气剂复合到聚羧酸高效减水剂中，将混凝土出机含气量控制在4%，到施工现场为3%左右。

按上述思路，我公司配制的混凝土强度、耐久性均非常优越，并已经广泛用于杭州地铁混凝土工程中，积累了丰富的经验，获得了客户的一致好评。

注：《杭州地铁耐久性混凝土原材料的选用及配合比设计思路》发表于《杭州混凝土》2015年第1期。

杭州钱江经济开发区兴盛路造桥港桥梁工程 C55 大体积混凝土箱梁生产运输泵送预案

黄振兴　曹养华　刘臻一

杭州中华混凝土有限公司　浙江杭州　311108

摘　要　本文以一个工程实例介绍了在杭州地区市政工程中生产、供应和浇筑 C55 高强、高性能混凝土时，怎样根据杭州地区原材料特性选用原材料、备料、供应？怎样配备生产设备、维护保养、确保无故障生产？怎样合理配备运输罐车和泵送设备？怎样采取有效、合理的技术措施和混凝土质量控制措施？怎样建立有效的组织供应体系？以及怎样与施工单位积极、有效地配合？怎样给施工单位提合理的建议？等等。在几个方面提前做好有效、合理的预案，以便顺畅、优质地完成混凝土生产、供应和浇筑任务。

关键词　高强高性能混凝土；耐久性性能；生产设备；技术措施；质量控制措施

Abstract　Taking an engineering example introduces the production, supply and pouring concrete C55 high strength, high performance concrete in Municipal Engineering in Hangzhou area, How to Hangzhou area raw material characteristics of selection of raw materials, preparation, supply? How is equipped with production equipment, maintenance, ensure trouble free production? How to reasonably equipped with transportation tank and pumping equipment? How to take concrete measures and quality control measures of effective technology, reasonable? How to establish the organization of supply system effective? And, how to meet with the construction unit actively, effectively? How to construction unit reasonable suggestions? Several aspects such as effective, reasonable plan well in advance, In order to smooth, high-quality completion of concrete production, supply and pouring task.

Keywords　High-strength and high-performance concrete; Durability properties; Production equipment; Technical measures; Quality control measures

1　前言

由于此次 C55 高强、高性能混凝土现浇箱梁，是有早期强度要求的构件，强度一般都发展很快，7d 早期强度必须达到 100%以上，才能满足张拉要求；强度高、胶材用量大就导致了混凝土比较黏、坍落度损失快、流动度损失也快，施工难度很大；因此，生产、供应和浇筑C55高强、高性能、大体积混凝土，必须在原材料选用、备料、供应，生产设备的合理配备、维护保养，运输车辆和泵送设备的配备，有效合理的技术措施和混凝土质量控制措施，建立有效的组织、指挥体系，与施工单位之间的配合等几个方面，做好充分的预案，才能顺畅、优质地完成混凝土供应任务。

为此，我公司在给杭州钱江经济开发区兴盛路造桥港桥梁工程要求一次浇筑成型的2500m^3大型箱梁供应混凝土之前，制订了详细的混凝土生产、运输、泵送预案，正因为准备工作充分，才顺利、优质地完成了此次混凝土供应任务，受到施工单位、建设单位、监理的一致好评。

2 工程概况

2.1 概况

本工程为杭州钱江经济开发区兴盛路造桥港桥梁工程，建设内容为跨越造桥港桥梁，河道宽度为50m，桥梁与河道夹角90°；桥梁总宽度［西］0.3m（栏杆）＋4m（人行道）＋4.5m（非机动车道）＋2m（机非分隔带）＋15m（机动车道）＋2m（机非分隔带）＋4.5m（非机动车道）＋4m（人行道）＋0.3m（栏杆）＝36.6m［东］，即桥梁总宽度为36.6m。桥梁总长度［南］18m＋26m＋18m＝62m［北］，即桥梁总长度为62m。

2.2 箱梁设计

本工程结构体系为箱梁，设计采用（18＋26＋18）m钢构拱桥，截面采用单箱多室形式，梁高90～117.5cm，悬臂长200cm，主拱跨径26m，机动车道范围内设长6m搭板（双向6车道），混凝土强度等级为C55。

2.3 本次浇筑部位混凝土数量及技术要求

1）浇筑部位是箱梁，混凝土强度等级C55，总浇筑方量约2500m^3（我公司按3000 m^3准备）；底板厚度1000mm、宽1500mm，长36.6m；腹板厚度600mm、宽13m、长36.6m、坡度36°。计划一台46m汽车泵和一台47m汽车泵同时浇筑；每小时计划浇筑100 m^3。

2）高性能、高强度、大体积混凝土技术要求：入泵坍落度160±20mm；初凝时间8～9h，终凝12～15h；一次浇筑成型。

3 生产供应计划

3.1 生产能力

本次商品混凝土主要由我公司（杭州申华混凝土有限公司）3号机供应，3号机为4.5m^3双卧轴搅拌机，每小时设计搅拌能力约为270m^3，实际生产能力为190m^3，1号、2号机备用，1号、2号机为2m^3双卧轴搅拌机，每小时设计搅拌能力各为120m^3，实际生产能力每小时各为80m^3；由于计划每小时浇筑100m^3，所以公司的生产能力完全可以满足生产需求。

3.2　运输路线

1）运距 19km。

2）首选路线：我公司（崇贤）→运河路→320 国道→09 省道→兴园路→兴盛路→杭州钱江经济开发区兴盛路造桥港桥梁工程工地，单车混凝土运送往返时间白天约为 2h（包括装料、卸料时间）。

3）备用路线：我公司（崇贤）→运河路→塘康路→康桥路→09 省道→兴园路→兴盛路→杭州钱江经济开发区兴盛路造桥港桥梁工程工地，单车混凝土运送往返时间白天约为 2h（包括装料、卸料时间）。

4）路况通畅，无堵车和上、下班车流高峰情况。

5）混凝土泵安排

46m 汽车泵一台，每小时可浇筑 50m^3；47m 汽车泵一台，每小时可浇筑 50m^3，一台 37m 泵车备用。

3.3　运输车辆安排

我公司每生产一车 9m^3混凝土约 4min，到工地卸料 6min，进出搅拌楼和进出工地合计约需 20min，运输时间以 1.5h 计，每小时计划浇筑 100m^3，则总运能要求约为 180m^3；按每车 9m^3计，加上一定预留时间，需要混凝土运输车辆约 25 部，公司现有车辆 60 部，完全能满足要求。

3.4　应急预案

此次混凝土供应强度大，突发因素多。应急预案如下。

1）停电　公司自备 230kW 发电机一台，可在停电期间提供两台搅拌机生产所需的电力，已经进行了试机，运转正常，确保在停电期间能正常使用。

2）泵车故障：备足泵车所需的配件及材料，确保小故障能在很短的时间内排除，另外准备备用泵车一台，在泵车出现较大故障时，备用泵车替换故障泵车，做到泵车不影响混凝土的浇筑。

3）堵管、炸管应急处理措施

现在配 3 名管工，在泵车发生堵管或炸管时，管工以最快的速度将发生问题的泵管拆下来，换上备用泵管，然后处理发生问题的泵管，以保证泵送顺利进行。

4）在施工现场放置一定数量的备用直泵管及 45°、30°或 90°弯管，各种泵管的备用数量不少于 10 根。

5）在混凝土的工作性出现不适宜施工时的处理措施：

提前一天在工地上准备一定数量（不少于 200kg）的减水剂，并配备现场质检员，在坍落度偏小或等待时间较长时，采取在现场二次加入减水剂恢复坍落度的方法；对坍落度偏大且超过控制范围时采取退料处理，不合格混凝土绝不浇筑到施工部位，确保工程质量。

4　供应组织体系

我公司成立以常务副总负总责、分管领导具体抓的生产指挥系统，明确分工，明确责任。供应开始前三天，各分管领导依据岗位职责范围、按照本预案进行全过程的检查、监督，以确保预案应急措施落到实处，确保混凝土的供应正常，供应组织体系如下图所示。

为加强现场指挥，成立以总调度为组长、试验室主任为副组长的混凝土生产和供应指挥小组。成员：车队队长、泵工负责人、现场质检员、现场调度（图1）。

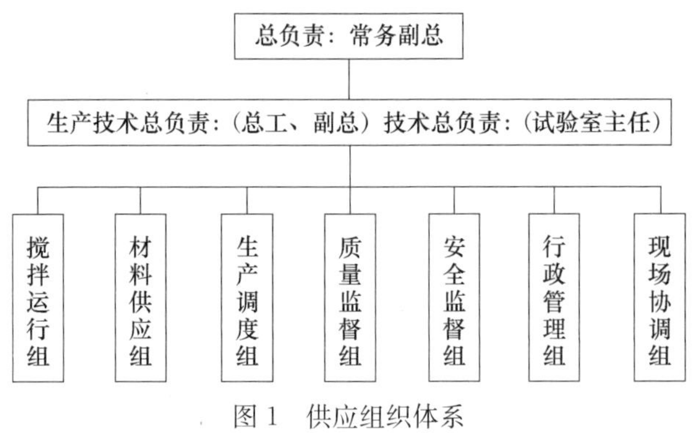

图1　供应组织体系

5　供应前的准备工作

为确保混凝土连续均匀供应，满足施工需求，必须做好以下准备工作。

5.1　原材料准备

3000m^3混凝土原材料用量，如表1所示。

表1　混凝土配合比

种类	水泥	矿粉	中砂	5～26.5mm	5～16.5mm	减水剂
用量（t）	1440	240	1836	2810	312	21.6

我公司库存量，如表2所示。

表2　原材料库存

品种＼数量	生产线	供应前保证入库吨位（t）	备注
P·O 42.5级水泥	1号、2号楼	各400	南方水泥日供应量500t
	3号楼	600	
外加剂	1号、2号、3号楼	各30	天津雍阳日供应量20t
S95矿粉	1号、2号、3号楼	各200	杭钢紫恒日供应量200t
中砂	1号、2号、3号楼	300	日供应量1000t
粒径为5～26.5mm碎石	码头	6000	日供应量2000t
粒径为5～16.5mm碎石	码头	3000	日供应量1000t

库存量及原材料供应能力完全能满足生产需求。

5.2　设备及人员准备

1）对搅拌车及泵车提早安排落实，并进行一次全面检修，消除隐患，确保运行正常，备足易损部件、配件。专门配备一台抢修车及维修人员，一旦车辆发生故障，做到及时抢修；配备专用小车一辆，加强工地现场与搅拌车的巡视。

2）将规划好的运输路线提前通知驾驶人员，保证驾驶人员提前知晓运输路线。

3）对搅拌楼的上料、计量、搅拌、出料设备及控制室进行一次全面的维修，以确保供应过程中连续正常运行。

4）安排、调配好劳动力，做到既保证连续工作的需要，交接班衔接正常，又要避免过度疲劳；确保职工身体健康，安全生产。

5）每次供应时，工地配备一名质检人员，职责主要是：配合工地测试坍落度，向公司内部反馈现场混凝土质量状况及突发情况，处理一般问题，负责在工地调整混凝土的坍落度，调整方法是向混凝土中二次加入减水剂。

6）每次供应时工地安排一名现场调度，职责主要是：做好搅拌车进场、退场秩序及路线的安排，反馈工地的施工情况，做好与工地的协调，做到工地不压车、不断车。

7）供应前一天再次与施工单位联系，做好场地查勘、运输车辆循环道路及泵车布置的交底工作。

8）充分利用公司GPS网络调度系统，随时掌握车辆运行状态，尽量做到工地不压车、不断车，保证混凝土供应的顺畅。

9）施工单位计划10月5日7：00开始浇筑混凝土，我公司计划10月5日5：30前泵车提前到达现场做好准备，6：00开始供应生产混凝土。

6 质量保证措施

为了保证工程质量，减少水化热，减小有害收缩，预防裂缝的产生，采取以下质量保证措施。

6.1 技术措施

1）选用优质的砂、石材料。砂用天然中砂；细度模数不小于2.5，含泥量少于1.5%。石子用粒径为5～26.5mm连续级配碎石，压碎指标小于10%，针片状含量小于8%，含泥量小于1%，确保混凝土强度满足设计要求。石子必须经洗石机用清水清洗干净，石子表面必须清洁，不得裹有石粉、泥等杂物，以免影响砂浆与石子的胶结，从而降低混凝土强度。石子还必须提前洗出、晾干，以防石子含水不稳定，影响混凝土坍落度。

因为C50以上的混凝土强度与普通混凝土不同，它的强度不像普通混凝土仅由水胶比决定，它的强度在很大程度上还要看砂浆与石子的胶结力，石子表面越干净，砂浆与石子的胶结力就越强，混凝土的强度就越高；反之，石子表面如果不干净，有石粉或其他杂质，就会降低砂浆与石子的胶结力，导致混凝土强度大幅下降，甚至不合格，影响工程质量。

2）用砂调节好混凝土的和易性，在实际施工中，砂的品质及用量直接决定混凝土的和易性，和易性好的混凝土才能浇筑出优质混凝土，要通过砂的用量来调节好混凝土的和易性。

3）做好水泥与外加剂的适应性检测，每批水泥必须用留好的外加剂样品测试净浆流动度，净浆流动度必须达到230～250mm，一小时损失不大于40mm；同样，每车外加剂必须用留好的水泥样品测试净浆流动度，净浆流动度必须达到230～250mm，一小时损失不大于40mm。如果不满足上述要求，及时调整外加剂来满足要求，这样才能保证混凝土各种性能的稳定性。

4）在混凝土中掺加S95磨细矿粉，一方面减小水化热和水化升温，控制有害裂缝；另一方面，可以有效地改善混凝土的和易性和耐久性。

5）该工程混凝土供应时正值秋初，气温仍然较高，搅拌车运输时间长，因此在混凝土中掺加缓凝型高效减水剂；一方面可减少运输过程中的坍落度损失，另一方面，可延缓混凝土的凝结时间，加入外加剂后混凝土的初凝时间达8～9h，有利于施工，避免浇筑过程中出现施工冷缝；同时可以延缓水化热的放出，减少有害裂缝。

6）充分利用骨料填充效应

众所周知，混凝土中粗骨料的空隙是由细骨料填充的，细骨料的空隙是由胶结料填充的，只有混凝土中各种骨料充分填充其他集料的空隙，混凝土才能密实，进而其强度、耐久性等问题就迎刃而解了。

为此，首先，粗骨料我们选用的是连续粒级的石子，使各级石子之间能很好地填充上一级石子的空隙，并且采用粒径为5～16mm连续粒级石子和粒径为5～25mm连续粒级石子双级配，通过做最佳密度，计算出两种石子的最佳配合比例，用粒径为5～16mm连续粒级石子去填充粒径为5～25mm连续粒级石子的空隙，使粗骨料的空隙尽可能小。

其次，根据粗骨料的孔隙率，选适宜的砂率，以便细骨料能很好地填充粗骨料的空隙。

最后，也是最重要的，根据混凝土设计强度和上述粗、细骨料很好填充后的孔隙率，选择适宜的胶结料用量，充分填充、填实该空隙。

为了达到最佳的密实效果，胶结料我们也选用了两种——水泥、矿粉，用比水泥颗粒更细的矿粉去填充水泥颗粒形成的空隙，充分地利用了骨料填充效应，从而达到混凝土最佳的密实效果。

矿物掺合料这次我们没有选用粉煤灰，因为杭州地区的粉煤灰品质不稳定，不仅不同批次的粉煤灰质量波动较大，而且颜色差异较大，会给混凝土质量带来较大波动，并且会影响混凝土外观。

7）充分利用胶结料的二次水化

胶结料选用了两种——水泥、矿粉，这两种胶结料有各自特有的物理和化学性能，水化的先后顺序是不一样的。

水泥是由熟料和一定的矿物掺合料磨细而成，有较高的活性，因此它首先水化（也叫一次水化），生成铝酸盐、铁铝酸盐和大量的硅酸盐凝胶，填充粗、细骨料的空隙，并将粗、细骨料很好地胶结到一起。同时，还生成了大量副产物——氢氧化钙。

矿粉是由炼铁过程中产生的水渣磨细而成，它的主要成分是二氧化硅，本身活性很低，在水中靠自身水化非常缓慢，只有在碱环境中靠碱激发才能很好水化；因此它在混凝土中的水化比水泥慢，必须等水泥水化后生成了一种副产物碱——氢氧化钙后，它才能在氢氧化钙的激发下，与氢氧化钙反应形成硅酸盐凝胶，所以混凝土中矿粉的水化被称为二次水化。由于它比水泥细，填充在水泥颗粒形成的空隙中，更重要的是它与氢氧化钙反应后形成的硅酸盐凝胶的体积比其自身体积大，能够产生微膨胀效应，起到很好的填充效应，使混凝土更加致密。

充分利用胶结料的二次水化和骨料填充效应，就能够生产出密实性非常好的混凝土，从而使混凝土能够达到低渗透性、高弹性模量，使高性能混凝土达到需要的耐久性。

8）消除碱骨料反应的隐患

混凝土中的碱骨料反应被业内人士形象地称作混凝土的癌症，它是由混凝土中的碱与混凝土中的碱活性骨料反应导致的，由于生成物体积比参与反应的物质体积大，因此会产生巨大的膨胀力，造成混凝土开裂，对混凝土有巨大的破坏作用，严重影响混凝土的使用寿命。所以，必须消除碱骨料反应的隐患。严把原材料质量关是极其重要的，必须严格控制混凝土中各种原材料碱含量，使每种原材料碱含量均低于相关规范规定值；同时，按相关规范规定将单方混凝土总碱含量严格控制在3kg以内。

众所周知，混凝土中碱骨料反应的条件是：混凝土各种原材料带入的碱及混凝土的胶结料水化时产生的碱、碱活性骨料。要想消除碱骨料反应的隐患，就必须让混凝土中没有产生碱骨料反应的条件。为此，首先，我们对所用骨料进行了严格筛选，选用了非活性骨料；其次，使用大掺量矿粉，并使用双掺技术，使矿粉总量大于混凝土中各种原材料带入的碱及混凝土的胶结料一次、二次水化时产生的碱的总量，将混凝土中的所有碱消耗殆尽。

这样，混凝土中碱骨料反应产生的条件全部被消除了，碱骨料反应的隐患也就荡然无存。

以上技术措施的采用，保证了我公司生产的混凝土具有高性能、高强度、高耐久性的特点。

6.2　混凝土质量控制措施

1）混凝土中使用的水泥、砂、碎石、聚羧酸减水剂、膨胀剂及掺合料等原材料均按国家标准和规范的要求进行复检，并及时向厂家索要质量证明书，复检合格方可使用。

2）水泥：水泥使用质量稳定，工艺水平先进，具有较大生产规模的南方水泥厂生产的P·O 42.5级水泥，质量符合《通用硅酸盐水泥》（GB 175）及其他相应标准规定，进货时具有质量证明书；按批复检强度、安定性、标准稠度用水量等。

3）砂：选用天然中砂；细度模数不小于2.5，含泥量少于1.5%。质量符合《普通混凝土用砂、石质量及检验方法标准》（JGJ 52）的规定，根据《普通混凝土用砂、石质量及检验方法标准》（JGJ 52）的规定复检细度模数、含泥量、泥块含量，合格后方可使用。

4）碎石：用粒径为5～26.5mm连续级配碎石及一定量的粒径为5～16mm碎石，压碎指标小于10%，针片状含量小于8%，含泥量小于1%，确保混凝土强度满足设计要求，质量符合《普通混凝土用砂、石质量及检验方法标准》（JGJ 52）的规定。根据《普通混凝土用砂、石质量及检验方法标准》（JGJ 52）的规定复检颗粒级配、含泥量、泥块含量、针片状含量、压碎指标，合格后方可使用。

5）外加剂：外加剂选用聚羧酸高效减水剂，质量符合《混凝土外加剂》(GB 8076）及相关标准的规定。掺量及与水泥的适应性按《混凝土外加剂应用技术规范》(GBJ 119）的规定通过实验确定。根据《混凝土外加剂均质性试验方法》（GB/T 8077）的规定复检比重、砂浆减水率、流动度等，合格方可使用。

6）磨细矿粉：使用大型国有企业——杭钢生产的S95磨细矿粉，质量符合《用于水泥和混凝土中的粒化高炉矿渣粉》（GB/T 18046—2000）的规定，进仓的磨细矿粉有质量证明书，复检流动度比、活性指数，合格后方可使用。

7）水：混凝土拌合用水合格《混凝土用水标准》（JGJ—63）的规定。

6.3 混凝土配合比设计

经试验室多次试配验证，进行级配优化后，选取质优、科学的最佳配合比应用于工程。在配合比使用过程中，根据混凝土质量的动态信息和当天的坍落度损失情况进行调整。

6.4 水化热温升控制措施

1）选用水化热较低的南方水泥厂生产的P·O 42.5级水泥，该水泥曾大量使用于杭州地铁九堡站、世纪大道站、18号盾构地铁、杭州世茂滨江一期和二期项目等工程地板，这些地板厚度均在1.5m以上，属典型的大体积混凝土，这些项目底板均未出现过温度裂缝。

2）在设计配合比时，采用在“双掺”技术，使用了聚羧酸高性能、高效减水剂，减水率大于25%；掺加S95级矿粉，总掺量超过15%，在保证强度、抗渗性能和耐久性的前提下最大限度地降低了配合比中水泥的用量，以减少水化热和混凝土的收缩。

3）严格控制砂、石的含粉量，控制砂的含粉量在1.5%以内，控制石的含粉量在1.0%以内，要求砂、石子的级配合理，砂的细度模数控制在2.5以上，从根本上降低配方的单位用水量。

4）采用质量可靠的天津雍阳生产的聚羧酸缓凝型高效减水剂，保证混凝土的初凝时间在8h以上，含气量在2%～4%之间，该外加剂的减水率（掺量1.5%）保持在25%以上。

5）要求水泥、矿粉供应商生产开始前5d准备充足库存，各种原材料在粉料仓中存放至少24h后方可出库，将各原材料到我公司入库温度控制在50℃以下，尽量降低胶材的入机温度，从而尽可能降低混凝土的出机温度。

6）尽量降低骨料的入机温度。在堆场上通过用水预湿骨料的方法降低骨料的温度，在生产前一天，由生产部负责将水管安装布置好，保证水压足够，使所有的骨料得到润湿，由生产辅工负责对骨料进行预湿，尽可能降低混凝土的出机温度。

6.5 生产工艺控制

我公司的预拌混凝土搅拌楼工艺先进，有浙江润炬公司生产的2m^{3}强制式搅拌机2台、三一重工4.5m^{3}强制式搅拌机1台，都为全电脑自动化控制的计量系统。重点控制以下几点。

1）测准砂含石率、含水率、细度：施工前一定要测准砂含水率、含石率、细度，准确出具施工配合比。当细度较大时可适当增加1%～2%砂率，当细度偏小时可适当减小1%～2%砂率。

2）配合比输入：由控制电脑的操作员把配合比输入电脑，试验员检查核对确认无误后，试验室主任再次复核确认，开盘前总工再复核一遍，确认无误后开始生产。

3）计量控制：

（1）在生产期间，对每一配合比的计量进行随机检查，每工作班至少两次，控制每盘的称量误差符合《混凝土结构工程施工质量验收规范》（GB 50204—2015）的规定。

（2）供应前对搅拌楼称量系统的计量电子秤作一次标定，每次使用前进行零点校核，从而保持计量准确。计量误差符合《预拌混凝土》(GB/T 41902—2012）的规定。

（3）每工作班至少要测定一次砂石的含水率，当遇到雨天或含水率有显著变化时增加检测次数，及时调整水和骨料用量，确保混凝土出机坍落度符合要求。

（4）搅拌时间：每盘搅拌时间（从全部材料投完起算）不低于45s，每一工作班抽查一次。

（5）混凝土工作性：操作员严格控制每拌混凝土的出机坍落度，试验员按《预拌混凝土》(GB/T 14902—2012）的要求每100盘至少进行一次出机坍落度的检测，并观察混凝土的和易性。

一定要做好开盘鉴定，根据前1～2盘混凝土状态调整好混凝土的坍落度和工作性。为了保证混凝土质量，必须加强过程控制。生产时，先搅拌一盘，检测各种技术指标，要求初始坍落度控制在200～220mm，不离析、和易性好、流动性好，在满足了上述初始技术指标后，再连续生产。

及时调整出机坍落度和混凝土和易性，混凝土和易性较差时可适当增加1%～2%砂率，混凝土较黏时可适当减少1%～2%砂率。混凝土坍落度较大时，可适当提高1%～2%含水，混凝土坍落度较小时，可适当降低1%～2%含水。要严禁单纯加水或减水。在以上措施均不能起到明显效果时，再调整外加剂掺量。混凝土坍落度较大、混凝土和易性较差时，可适当减少外加剂掺量0.1%～0.2%，但要以不影响混凝土流动性为底线；混凝土坍落度较小、混凝土较黏时可适当增加外加剂掺量0.1%～0.2%，但要以不影响混凝土和易性为底线。要严禁单纯加水或减水。

一定要加强混凝土试拌工作，在材料有细微变化时，就及时试拌，找出规律，最终找出最佳的混凝土施工配合比。

通过生产过程中严格的质量控制，确保把符合要求的合格混凝土送至施工现场。

6）混凝土抗压试块制作：按《混凝土强度检验评定标准》（GB/T 50107—2010）规定，每100盘成型试块不少于一组，确定每200m^3成型试块一组。

6.6　运输和泵送的控制

1）混凝土罐车在装C55高性能混凝土前，必须用清水将罐清洗干净，涮完罐后，必须完全放尽罐中的水。

2）混凝土罐车进搅拌楼、接混凝土之前，必须反转，再次将混凝土罐车内的余水放尽。

3）接完混凝土后，禁止冲洗后料斗。

4）到达施工现场等待放混凝土时，禁止停罐；并严格禁止冲洗后料斗。

5）放完混凝土后，再冲洗后料斗。冲洗完毕后，必须反转将罐体内的水放尽。

6）回站，再次进搅拌楼、接C55高性能混凝土之前，必须再次反转，再次将混凝土罐车内的余水放尽。

7）混凝土在运输过程中，控制混凝土运至浇筑地点后，不离析、不分层。组成成分不发生变化，并能保证施工所必需的坍落度。

8）运送混凝土的罐车和泵送管道，不吸水、不漏浆，并保证卸料及输送通畅。

9）保证混凝土泵的连续工作，受料斗内应有足够的混凝土，在泵送过程中不向泵中加水。对不符合要求的混凝土予以退回。

7 施工与设备

1）混凝土搅拌前，必须用清水将搅拌机清洗干净，然后用含少量聚羧酸外加剂的水涮搅拌机，洗、涮完毕后放尽搅拌机中的水。

2）混凝土罐车接混凝土之前，必须反转，放尽罐车内的水。接完混凝土后，禁止冲洗后料斗，到施工现场放完混凝土后，再冲洗后料斗。冲洗完毕后，必须反转将罐体内的水放尽。

3）润泵砂浆必须单独运抵现场，不得用装完混凝土的车背砂浆；也不宜在工地用泵车搅砂浆，以防砂浆搅拌不匀，影响泵送。

4）施工现场配备能力、责任心较强的调度，做好协调工作，保证施工顺畅。同时要配备技术能力较强的质检人员，及时将混凝土现场情况反馈给站里，以便及时调整。

5）控制好发车速度。由于混凝土箱梁的跨度很大，长62m、宽36.6m，箱梁的混凝土方量高达2500m^3，施工的连贯性非常重要，否则会造成施工冷缝等各种质量事故，因此与施工单位多次研究后决定，在施工现场准备完毕后，我公司开始发车，先每个汽车泵连发4车，8车混凝土全部到工地后，才允许浇注，以确保能连续不停地浇注。在第一车开始浇注后，经过检验混凝土坍落度、和易性、流动性、工作性都满足施工要求后，现场质检员立即通知我公司继续发车，每车之间间隔10min（正好是现场一车混凝土浇注完毕的时间），这样就既能保证混凝土浇注的连贯性，又能保证不在现场压车（避免了在现场压车时间过长，造成混凝土坍落度损失过大而引起的浇注困难等质量事故）。

6）做好应变准备。实际施工时，我们给每辆罐车都配备了一小桶外加剂（约3kg，即使全部加入也只能调节混凝土的坍落度不会影响混凝土质量），以防备车辆出现故障、交通堵塞、现场施工不顺利等各种意外情况出现导致混凝土坍落度损失过大时，来调节混凝土坍落度及工作性；同时明确要求司机和施工人员，若出现意外情况，造成混凝土坍落度变小，只允许用外加剂调节，绝对禁止加水调节，以确保混凝土质量。另外，我们在施工现场也配备了一名质检员，由他及时将工地情况和混凝土状态反馈给公司，公司技术部门据此对混凝土进行微调，公司调度据此控制发车速度，以确保混凝土顺畅浇注；同时，若出现意外情况，造成混凝土坍落度变小，工作性变差时，质检员可做及时调整。

8 对施工单位的几点建议

1）施工单位在施工前制订好施工方案，配备充足的施工人员及设备，防止因人手不足或设备原因导致混凝土在工地等待时间过长。

2）现场道路和出入口应满足重车行驶和保证通行能力的要求，出入口应有交通指挥和签收人员，夜间有足够照明，场地附件的危险区域有明显标识，以防误入。

3）施工单位应配置放料工，并配置夜间照明、冲洗水管及浇捣时的指挥系统。

4）供应前施工单位应根据泵车布置图准备好施工场地，协助我公司布置好泵车，在浇筑过程中与我公司泵工密切配合。

5）浇捣时，严禁随意加水，若发现混凝土到现场坍落度偏小，只允许用外加剂和少量水混合后调整，不允许单独用水调整。因泵送混凝土浆体较多，坍落度较大，浇筑过程不宜过振，以防止混凝土表面浆体过多产生塑性裂缝。在箱梁腹板和变截面处进行适当的二次振捣，不欠振和漏振，以防止出现沉缩缝。

6）此次浇筑的箱梁厚度较大，宜进行分层浇捣，以加快散热。

7）由于此次C55高性能混凝土现浇箱梁是有早期强度要求的构件，强度一般都发展很快，所以混凝土到现场后，浇筑必须在1h以内（坍落度保持期内）完成。这就要求现场施工人员加强与我公司生产调度的联系，按施工速度控制好发车速度，避免现场压车，否则会造成坍落度损失过大，影响施工和混凝土质量。

8）由于此次C55高性能混凝土现浇箱梁是有早期强度要求的构件，7d早期强度必须达到100%以上，才能满足张拉要求，早期强度一般都发展很快，因此，这段时间混凝土的养护格外重要，必须严格按规范要求湿养14d。

9）由于此次浇筑的箱梁是大体积混凝土，其内部温度较高，一定要避免产生温差裂缝，施工方在施工前要做好混凝土内部的降温方案和混凝土表面的保温方案，根据天气情况对保温材料进行增减，保证混凝土内部与表面的最大温差小于25℃。为防止暴雨和气温引起混凝土表面温度骤降，保温材料的覆盖应保持严密。

10）施工期间，正处于秋末冬初，天气极度干燥，且大风天气较多。新浇注的混凝土表面，若不及时覆盖塑料薄膜进行保湿养护，极易因天气干燥及大风造成新浇注混凝土表面0.5cm左、右厚度的混凝土失水，造成水灰比变小，强度发展与0.5cm以下混凝土不同步，从而产生微裂，影响混凝土质量。因此，我公司建议施工方，混凝土浇筑完毕、刮平后，立即在其表面覆盖塑料薄膜。抹面时，随揭随抹，抹完后立即在混凝土表面覆盖塑料薄膜。抹面至少两次，以消除混凝土硬化时产生的微细裂缝。混凝土硬化后，还应及时补水养生。

11）根据《预拌混凝土》（GB/T 14902—2012）的规定，混凝土试样应在卸料过程中卸料量的1/4～3/4间采取，并按规定进行制作和标准养护。

我公司在商品混凝土的生产技术管理上有一整套严密的操作规程和管理制度，从原材料入库检验→工序控制→出厂检验与控制→现场服务，均按公司规章及标准规范要求执行，我们有信心和能力密切与施工单位——杭州市路桥集团有限公司合作，保质保量按计划完成杭州钱江经济开发区兴盛路造桥港桥梁工程 2500m^3 混凝土箱梁混凝土的供应任务。

注：《杭州钱江经济开发区兴盛路造桥港桥梁工程 C55 大体积混凝土箱梁生产运输泵送预案》发表于《商品混凝土》2014 年第 12 期。

C55 转体特大箱梁高性能混凝土生产与施工技术

黄振兴

天津市汉沽渤建商品混凝土有限公司　天津　300480

摘　要　本文论述了如何在配合比设计、原材料选用及备料、混凝土生产与施工、混凝土运输和浇筑、混凝土生产质量控制等几个方面满足一次浇筑成型高性能、高强度特大型混凝土箱梁的技术要求。

关键词　配合比设计；混凝土生产与施工；质量控制；高性能；高强度

Abstract　This paper discusses how to in the mix several design, selection of raw material and preparation, concrete production and construction, concrete transportation and pouring of concrete production, quality control and meet the cast at a time of high performance, large concrete box beam technology for high strength.

Keywords　Concrete mixture; Concrete production and construction; Quality control; High performance; High strength

1　工程概况及混凝土技术要求

1.1　工程概况

津秦高铁滨海北站四维路工程跨铁路立交桥，有一段跨铁路 C55 特大箱梁，混凝土总方量为 5000m^3，由于无法在正在运行的铁路上施工，只能在铁路一侧浇筑成型以后，再转体 64°，与大桥主体对接。此次混凝土的生产、浇筑与施工，有以下几个难点。

1）混凝土强度高，达到 C55，而且为了便于浇筑与施工，要求混凝土有大流动度（>550mm）、大坍落度（200±20mm）、优良的和易性和工作性，也就是要生产和浇筑的是高性能混凝土。

2）一次性浇筑量大（分两次浇筑：第一次，一次性浇筑成型底板和腹板 3000m^3，第二次，一次性浇筑成型顶板 2000m^3）。

3）为了避免出现冷缝，影响混凝土质量，要求浇筑速度快，4 台象泵同时浇筑，第一次浇筑时，要求在 30h 内浇筑成型 3000m^3 底板和腹板；第二次浇筑时，要求在 20h 内浇筑成型 2000m^3 顶板。

4）由于一次性浇筑量非常大，混凝土总质量达到约 12260t，所以保持平衡、防止失衡导致倾覆事故也非常重要，这就要求 4 台象泵必须保持同步的浇筑速度。

5）为了保证混凝土处于最佳的和易性和工作状态，在现场既不压车（压车时间过长会导致混凝土坍落度损失、流动性损失、和易性变差，从而导致施工困难），也不能断车（由于C55混凝土黏度较大，断车会导致混凝土象泵泵管中的混凝土流动性变差、太黏，泵车泵送不动，从而堵管）。

6）由于是预应力箱梁，所以要求早期强度比较高，3d必须达到90%以上，7d必须达到100%以上，以满足张拉要求。

由上述要求可见，此次生产、浇筑的C55高性能混凝土和普通混凝土性能完全不同，所以不能完全照搬普通混凝土的施工方法，否则就会造成施工困难，甚至产生质量事故。并且由于本次浇筑的是极其重要的部位，一次性浇筑量大，要求的浇筑速度快，浇筑难度高，因此，甲方、监理、施工单位、混凝土供应商必须密切配合，在原材料储备、混凝土生产及混凝土浇筑和施工几方面都要做好充足的准备工作。

1.2 混凝土技术要求（见表1）

表1 混凝土技术要求

混凝土技术指标	混凝土技术要求
强度等级	C55
最大水胶比	0.36
最小胶凝材料用量（kg/m^3）	380
最大胶凝材料用量（kg/m^3）	500
最大氯离子含量（%）	<0.06
最大碱含量（kg/m^3）	<3.0
3d强度（MPa）	>49.5（90%）
7d强度（MPa）	>55（100%）
坍落度（mm）	200±20
流动度（mm）	>550
和易性	包裹性好、不离析、不跑浆
坍损（mm/h）	<20

2 配合比设计、试配、调整与确定

2.1 配合比设计

2.1.1 配制强度的确定

由于此次C55混凝土用于浇筑预应力现浇箱梁，要进行预应力张拉，因此，不仅要求28d满足混凝土强度的设计要求，而且对混凝土早期强度要求较高，7d强度要求达到100%，以满足预应力张拉对混凝土强度的要求，保证混凝土质量和工期；并要求满足许多项高性能指标，故混凝土配制强度不能按《普通混凝土配合比设计规程》（JGJ 55—2011）中4.0.1计算，而是要比计算值大许多，只能按经验选定。根据设计要求及我们以往的经验（高强、高性能混凝土强度发展曲线），原材料的检验数据，经过大量试验、配合比设计和计算，我们确定本工程C55混凝土配合比如表2所示。

表 2　本工程 C55 混凝土配合比

强度等级	材料						
	名称	水	水泥	矿粉	砂	石 5～25mm	外加剂
C55	用量 kg/m^3	150	400	100	683	1114	13

2.1.2　配合比的试配和调整

配合比设计、确定完毕后，我们进行了大量试配和重复性试验。主要从外加剂入手，首先解决混凝土的初始状态，使其初始坍落度控制在 220～240mm（路途损失20～30mm，到现场正好满足 200±20mm 的设计要求），不离析、和易性好（有良好的包裹性、无跑浆、无泌水）、流动性好（扩展度控制在 550～600mm，混凝土流速较快），有较好的匀质性，不分层，骨料能均匀地分布在混凝土中，不沉淀。然后通过调节外加剂中缓凝成分，将初凝时间控制在 7～9h（混凝土箱梁的底板浇筑完毕所需的最长时间），终凝时间控制在 12～15h，以便于混凝土箱梁施工；将坍落度损失控制在 2h 小于 40mm（2h 是每车混凝土浇注完毕所需的最长时间）。最后检验混凝土 3d 天、7d、14d、28d 强度，最大氯离子含量等力学性能和耐久性性能，这些指标要完全符合设计要求后，该配合比才用于实际施工（具体检测结果见表 3）。

表 3　混凝土设计要求与实际试配混凝土技术要求对比表

混凝土技术指标	混凝土技术要求	检测结果
最大水胶比	0.36	0.30
最小胶凝材料用量（kg/m^3）	380	500
最大胶凝材料用量（kg/m^3）	500	500
最大氯离子含量（%）	＜0.06	0.02
最大碱含量（kg/m^3）	＜3.0	2.83
3d 强度（MPa）	＞49.5（90%）	57.5（105%）
7d 强度（MPa）	＞55（100%）	69.7（127%）
坍落度（mm）	200±20	220
流动度（mm）	＞550	550～600
和易性	包裹性好、不离析、不跑浆	和易性佳
坍损（mm/h）	＜20	20
强度等级	C55	3d 57.5（105%）
		7d 69.7（127%）
		28d 76.5（139%）

由表 3 可见，按照该配合比拌制的混凝土各项力学性能和耐久性能完全符合设计要求，经施工单位、监理和业主到我公司试验室现场验证审核后，批准使用。

2.2　原材料的选用与备料

2.2.1　原材料用量

本次预计浇筑量约 3000m^3，原材料用量如表 4 所示。

表 4 本次预计浇筑 3000m³ 混凝土的原材料用量

原材料品种	水泥	矿粉	砂	碎石	聚羧酸外加剂
单方用量（t/m³）	0.400	0.100	0.683	1.114	0.013
3000m³混凝土原材料用量（t）	1200	300	2049	3.342	39

2.2.2 我公司备料计划

我公司按 3000m³ 混凝土生产量备料，矿粉、砂、聚羧酸外加剂储量足够；石子需提前 7d 开始清洗，需要提前洗出 3500t。

我公司 1 号生产线可储存 200t 水泥，2 号生产线可储存 100t 水泥，3 号生产线两个罐可储存 600t 水泥，合计 900t。水泥供应商提前将 3 条线 4 个罐都打满（900t），在开盘前，再拉来 6 车水泥（240t）等在院内，罐内有空间时及时打入，马上再去拉一趟(来回只需要 6h)，就可以满足水泥需求。

2.3 原材料品种及质量要求

石子使用河北玉田 5～25mm 连续粒级石子，必须经洗石机用清水清洗干净，石子表面必须清洁，不得裹有石粉、泥等杂物，以免影响砂浆与石子的胶结，从而降低混凝土强度。石子还必须提前洗出、晾干，以防石子含水不稳定，影响混凝土坍落度。

砂使用辽宁绥中河砂，细度必须大于 2.8（砂过细会导致混凝土太黏，影响混凝土工作性)，砂率宜选用 38%～40%，含石不宜大于 8%。

水泥选用冀东盾石牌 P·O 42.5R 级。

矿粉选用唐山岗岩 S95 级，7d 活性指数必须大于 80%。

外加剂选用天津飞龙 JFL—2C 聚羧酸外加剂，除必须满足减水、坍损、含气等常规指标之外，还必须使混凝土有好的和易性、流动性、包裹性，也就是必须使混凝土有好的工作性。

3 混凝土生产与运输

提前一周检修所有三条生产线，使三条生产线都处于最佳工作状态，避免因为生产设备出现故障而影响混凝土的生产和供应，更要避免因为生产设备出现故障导致混凝土长时间无法保证供应，而产生混凝土冷缝等重大质量事故。

提前一周校验所有三条生产线的计量系统，保证生产设备准确计量，准确按照配合比生产。

混凝土搅拌前，必须用清水将搅拌机清洗干净，然后再用含少量聚羧酸外加剂的水涮搅拌机，洗、涮完毕后放尽搅拌机中的水。

搅拌时间延长至 1min；底板坍落度控制在 200±20mm，腹板坍落度控制在 180±20mm；1、2 号生产线设定每盘搅拌 1.2m³ 混凝土，3 号生产线设定每盘搅拌 3m³ 混凝土。

混凝土罐车接混凝土之前，必须反转，放尽罐体内的水。接完混凝土后，禁止冲洗后料斗，到施工现场放完混凝土后，再冲洗后料斗。冲洗完毕后，必须反转将罐体内的水放尽。

润泵砂浆必须单独运抵现场，不得用装完混凝土的车背砂浆；也不宜在工地用泵车搅砂浆，以防砂浆搅拌不匀，影响泵送。

为了保证混凝土处于最佳的和易性和工作状态，在现场既不压车（压车时间过长会导致混凝土坍落度损失、流动性损失、和易性变差，从而导致施工困难），也不能断车（由于C55混凝土黏度较大，断车会导致象泵泵管中的混凝土流动性变差、太黏，泵车泵送不动，从而堵管；更会因为断车时间太长，而产生冷缝等质量事故）。这就要求混凝土的生产速度、运输时间必须与混凝土浇筑速度同步。经过对4台泵车的泵送性能，混凝土初、终凝时间，混凝土箱梁工作面的大小的了解，以及对我公司生产能力的计算。经过多方协调，决定现场浇筑速度为每台泵车每小时泵送3车（每车可装载12m^{3}混凝土），即每小时每台泵车浇筑36m^{3}混凝土，合计4台泵车每小时浇筑144m^{3}混凝土。在现场正在泵送的混凝土车为4辆；这样每次泵送完毕返程车辆为4辆；由于运距为5km，运输时间约15min，在路途中满载运输的车辆有3台；站内生产时有3辆车，合计需要14辆车。由于车辆在运输期间会因为加油、司机吃饭、交接班等耽误一些时间，我公司又增加了2辆车，共配备了16辆车。混凝土的生产速度也必须比浇筑的速度（4台泵车每小时浇筑144m^{3}混凝土）略大，于是我们决定混凝土生产速度为每小时13辆车，即每小时生产156m^{3}混凝土。由于计算精确，混凝土的生产速度、运输时间与混凝土浇筑速度基本同步，使得混凝土的施工非常顺畅，在20h内就完成了3000m^{3}混凝土的生产与浇筑，比施工单位原来计划的30h缩短了10h。

施工现场配备能力、责任心较强的调度，做好协调工作，保证施工顺畅。由于4台泵车同时浇筑，一次性浇筑量非常大，混凝土总质量达到约12260t，所以保持平衡、防止失衡导致倾覆事故也非常重要，这就要求4台象泵必须保持同步的浇筑速度。这样，现场调度的指挥、协调就至关重要，必须根据现场各台泵车的浇筑速度，调配好车辆，保证4台象泵保持同步的浇筑速度。

同时要配备技术能力较强的质检人员，及时将现场混凝土情况反馈给公司，以便及时调整。同时在施工前，提前将5桶聚羧酸外加剂运输到施工现场，以便在施工现场出现特殊情况，混凝土坍损过大，影响施工时，及时进行微调，以使混凝土重新达到施工要求。

此次3000m^{3}混凝土是用4台泵同时浇筑，现场调度必须和公司内调度紧密配合，积极沟通，及时将施工现场混凝土浇筑速度及其他情况反馈给公司，保证浇筑速度与生产速度同步。

4 质量控制要求

石子必须提前用洗石机洗出、沥干。

施工前一定要测准砂含水、含石、细度，准确出具施工配合比。当细度较大时可适当增加1%～2%砂率，当细度偏小时可适当减1%～2%砂率。

混凝土和易性较差时可适当增加1%～2%砂率，较黏时可适当减1%～2%砂率。

混凝土坍落度较大时，可适当提高1%～2%含水（减水加砂），较小时，可适当降低1%～2%含水（加水减砂）。严禁单纯加水或减水。

在以上措施均不能起到明显效果时，再调整外加剂掺量。混凝土坍落度较大、和易性较差时，可适当减少外加剂掺量0.1%～0.2%，但要以不影响混凝土流动性为底线；混凝土坍落度较小、混凝土较黏时可适当增加外加剂掺量0.1%～0.2%。严禁单纯加水或减水。

一定要做好开盘鉴定，根据前1～2盘混凝土状态调整好混凝土坍落度和工作性，确保到达施工现场的混凝土完全满足施工要求。

一定要加强混凝土试拌工作，在材料有细微变化时，就及时试拌，找出规律，最终找出最佳的实际混凝土生产配合比。

到达现场的底板混凝土坍落度要求控制在200±20mm，由于路途较近，坍损较小（10～20mm），故底板混凝土出机坍落度控制在220mm；到达现场的腹板混凝土坍落度要求控制在180±20mm，故腹板混凝土出机坍落度控制在200mm。

5 施工单位浇筑混凝土时注意事项

由于C55高性能混凝土所用的外加剂为聚羧酸外加剂，与普通混凝土所用的萘系外加剂性能截然不同，两者严禁混用！否则会使混凝土失去流动性，无法施工，造成重大质量事故；所以若发现混凝土到现场坍落度偏小，只允许用聚羧酸外加剂调整，严禁用萘系外加剂调整。

由于此次C55高性能混凝土用于预应力现浇梁，有早期强度的要求（3d强度必须达到90%以上，7d强度必须达到100%以上），强度一般都发展很快，所以混凝土到现场后，浇筑必须在1h以内（坍落度、流动性、工作性保持期内）完成。这就要求施工单位的施工人员加强与我公司生产调度的联系，按施工速度控制好发车速度，避免现场压车，否则会造成坍落度损失过大，影响施工和混凝土质量。

施工单位必须根据施工速度及施工方案，在人员、设备（如振捣棒）、电力供应等各方面做好充分准备，不得因为上述准备工作不到位而延误混凝土的浇筑，导致产生质量事故。

由于施工速度较快，投入的施工车辆较多，因此施工单位必须保证施工现场有充足的车辆回转空间，提前设计和优化好现场车辆进出、等待空间、路线等，以提高施工效率。

施工单位还必须与交通、路政等相关政府部门做好协调，并在沿途有可能出现拥堵的地点派出协管人员，保证运输路线的畅通。

施工单位必须与混凝土公司相关部门和人员积极配合，保证4台泵车的浇筑速度同步。由于4台泵车同时浇筑，一次性浇筑量非常大，混凝土总质量达到约12260t，所以保持平衡、防止失衡导致倾覆事故也非常重要，这就要求4台象泵必须保持同步的浇筑速度。

由于混凝土初凝时间为7～9h，终凝时间为12～15h，所以施工单位必须密切关注现场天气及浇筑完毕的混凝土凝结情况，及时浇筑下一层混凝土，避免出现冷缝。

混凝土浇筑时必须连续浇筑，不得将浇筑面铺得太大，以防出现冷缝。

由于此次C55高性能混凝土用于预应力现浇梁，3d早期强度必须达到90%以上、

7d 早期强度必须达到 100%以上，才能满足张拉要求，早期强度一般都发展很快，因此，这段时间混凝土的养护格外重要，必须严格按规范要求湿养 14d。

现在正处于春末夏初，天气极度干燥，且大风天气较多。新浇注的混凝土表面，若不及时覆盖塑料薄膜保湿养护，极易因天气干燥，及大风造成新浇注混凝土表面 0.5cm 左、右厚度的混凝土失水，造成水灰比变小，强度发展与 0.5cm 以下混凝土不同步，从而产生微裂。影响混凝土质量。因此，我公司建议贵公司，混凝土浇筑完毕、刮平后，立即在混凝土表面覆盖塑料薄膜。抹面时，随揭随抹，抹完后立即在混凝土表面覆盖塑料薄膜。抹面至少两次，以消除混凝土硬化时产生的微细裂缝。混凝土硬化后，还应及时补水养生。

施工期间正处于雨季，因此施工单位在施工现场还必须准备好塑料布，以防突然降雨影响混凝土质量。

6　结语

由于此次一次性浇筑的混凝土量很大、施工难度大；另外，由于预应力箱梁施工既要求混凝土早期强度要高、坍落度损失要小，又要求缓凝时间要短，以便于箱梁底板与腹板的施工，因此施工单位、监理、业主和混凝土公司必须密切配合，协同一致。在实际施工中，首先，要根据设计要求、原材情况设计出符合设计要求的混凝土配合比；其次，施工时要加强过程控制，确保施工质量，确保混凝土生产与浇筑速度同步，这样，才能创造出优质的产品和优质的工程。

注：《C55 转体特大箱梁高性能混凝土生产与施工技术》发表于《商品混凝土》2013 年第 10 期。

对现行回弹规范测定矿物掺合料混凝土碳化深度方法的质疑

黄振兴
天津市汉沽区渤建混凝土搅拌有限公司　天津　300480

摘　要　本文通过工程实例，论述了采用现行规范《回弹法检测混凝土抗压强度技术规程》（JGJ/T 23—2011）来测碳化深度，并且使用附录A《测区混凝土强度换算表》来推定混凝土强度，碳化深度测定时会出现严重偏差和失真，最终导致回弹法测得的混凝土强度出现严重偏差和失真，并提出了解决方案。

关键词　回弹；碳化深度；混凝土强度

Abstract　In an engineering example，the current standard the back to the concrete method to test the intensity of technological procedures to test carbonization depth，and appendix a the test section the concrete strength of conversion tables to the presumption concrete strength，carbonization depth measurements that serious distortion，deviation and lead eventually to return to the law，the concrete strength of a serious distortion，deviation and proposed solutions.

Keywords　Rebound method；Carbonization depth；Concrete strength

1　前言

随着混凝土技术的发展和进步，高性能、高耐久性、绿色混凝土得到大量应用；而要配制高性能、高耐久性、绿色混凝土必须使用大掺量矿物掺合料，如粉煤灰、磨细矿粉和硅灰等，其中又以粉煤灰、磨细矿粉最为常用。矿物掺合料，首先，因为比水泥还细，填充了水泥浆中的孔隙，起到了集料填充效应，使混凝土更加密实；其次，矿物掺合料中的主要成分（二氧化硅）通过与水泥一次水化后产生的氢氧化钙发生二次、三次水化生成硅酸盐凝胶，有微膨胀效应，有效地封闭了混凝土中有害的孔隙；提高了混凝土抗渗性、密实性，提高了混凝土抗有害离子侵入的性能，从而提高了混凝土的耐久性，使混凝土具有了高强、高性能。而且，由于消耗了大量工业废渣，起到了节能、环保的效果，使混凝土的生产走上绿色、环保之路。

然而，一个问题随之出现了。

现行回弹规范测定碳化深度，主要方法是：在混凝土表面的测区采用适当工具形成直径15mm的孔洞，其深度应大于混凝土碳化深度，清除孔洞中粉末和碎屑（不得用水冲洗），同时采用浓度为1%的酚酞酒精溶液滴在孔洞边缘处，再用测深工具测已碳化与未碳化交界面（变红色与未变红色的交界面）到混凝土表面的垂直距离，测量不少于 3 次，取其平均值。现行规范测定混凝土碳化深度的方法，利用的原理是：混凝土中的水泥水化时，除生成硅酸盐、铝酸盐、铁铝酸盐等胶结材料外，还生成氢氧化钙；混凝土表面在与空气接触后，空气中二氧化碳会通过混凝土表面孔隙渗入混凝土中与氢氧化钙反应生成碳酸钙，这就是所谓的“碳化”。氢氧化钙是碱性的，遇酚酞会变红；而碳酸钙是中性的，与酚酞不变色。在混凝土表面的测区凿出孔洞，滴入酚酞后，就可根据混凝土变色情况测出碳化深度。

这在使用水泥一种胶凝材料时，现行回弹规范是没有问题的，没有任何干扰因素。但是在使用大掺量矿物掺合料混凝土中，胶凝材料就不止水泥一种，还有粉煤灰、磨细矿粉、硅灰等其他胶凝材料，这些矿物掺合料的共同特点是：它们会在二次、三次水化时，消耗掉混凝土中绝大部分氢氧化钙。由于矿物掺合料消耗掉了水泥水化产生大量氢氧化钙，就造成碳化深度测不准；或由于混凝土中氢氧化钙被消耗殆尽，混凝土滴酚酞后根本不变色，造成混凝土已完全碳化的假象。

2　工程实例

2.1　混凝土回弹强度

某在建工程，混凝土设计强度为 C30，龄期 50～60d，施工单位请当地质监部门用回弹法做结构验收，混凝土为泵送混凝土。

2.1.1　测区平均回弹值

从测区的 16 个回弹值中剔除 3 个最大值和 3 个最小值，余下的 10 个回弹值求平均值。测区混凝土强度换算值见表 1，摘自《回弹法检测混凝土抗压强度技术规程》(JGJ/T 23—2011)。

表 1　测区混凝土强度换算值

平均回弹值 R_m	平均碳化深度值 (mm)												
	0	0.5	1.0	1.5	2.0	2.5	3.0	3.5	4.0	4.5	5.0	5.5	≥6.0
32.2	26.9	26.1	25.3	24.2	23.1	22.3	21.5	20.7	19.9	19.4	18.6	17.7	16.6
32.4	27.2	26.4	25.6	24.5	23.4	22.6	21.8	20.9	20.1	19.6	18.8	17.9	16.8
32.6	27.6	26.8	28.9	24.8	23.7	22.9	22.1	21.3	20.4	19.9	19.0	18.1	17.0
32.8	27.9	27.1	26.2	25.1	24.0	23.2	22.3	21.5	20.6	20.1	19.2	18.3	17.2
33.0	28.2	27.4	26.5	25.4	24.3	23.4	22.4	21.7	20.9	20.3	19.4	18.5	17.4
33.2	28.6	27.7	26.8	25.7	24.6	23.7	22.9	22.0	21.2	20.5	19.6	18.7	17.6
33.4	28.9	28	27.1	26	24.9	24.0	23.1	22.3	21.4	20.7	19.8	18.9	17.8
33.6	29.3	28.4	27.4	26.4	25.2	24.2	23.3	22.6	21.7	20.9	20	19.1	18

泵送混凝土测区混凝土强度换算值的修正值见表 2，摘自《回弹法检测混凝土抗压强度技术规程》(JGJ/T 23—2011)。

表 2 泵送混凝土测区混凝土强度换算值的修正值

碳化深度（mm）	抗压强度（MPa）				
0.0；0.5；1.0	f_{cu}^{c}（MPa）	≤40.0	45.0	50.0	55.0～60.0
	K（MPa）	+4.5	+3.0	+1.5	0.0
1.2；2.0	f_{cu}^{c}（MPa）	≤30.0	35	40.0～60.0	
	K（MPa）	+3.0	+1.5	0.0	

2.1.2 测区混凝土强度推定值的计算

测区平均回弹值=测区混凝土强度换算值+泵送混凝土测区混凝土强度换算值的修正值

2.1.3 测区混凝土强度回弹结果

当地质检部门，在用回弹法做混凝土结构检验时发现，碳化深度都异常大，均在4mm左右，有的混凝土凿开滴酚酞后甚至根本不变红，由于混凝土不可能完全碳化，该质检部门也按4mm计算了。当时该质检部门的检测人员也对龄期仅50～60d的混凝土的碳化竟如此深感到不可思议，但由于没有找到原因，也没有可依据的规范，无奈，只得按实测数据计算，回弹结果见表3。

表 3 回弹法测得的混凝土强度

构件	墙	柱	墙	墙	柱	墙	墙	柱	柱	墙
回弹值（R）	29	30	34	33	34	32	33	34	28	36
	32	32	36	28	36	33	33	33	34	35
	35	36	26	32	35	33	34	33	33	30
	32	34	26	35	33	32	32	31	33	29
	32	40	31	35	30	30	35	32	33	34
	31	38	33	34	33	34	34	33	33	34
	34	32	32	31	31	33	36	32	35	33
	32	30	35	38	29	37	34	32	32	32
	29	38	26	33	31	32	34	32	32	33
	28	32	32	38	32	31	32	33	32	33
回弹值（R）	33	32	31	33	36	34	31	31	30	33
	33	30	33	32	35	32	32	30	27	32
	32	34	31	35	39	32	31	30	33	29
	34	34	33	31	33	31	29	30	32	33
	35	34	32	32	31	32	33	36	31	34
	34	36	34	30	36	34	32	34	33	34
平均回弹值 R_m	32.5	33.6	32.4	33.0	32.5	32.5	32.9	32.3	32.4	33.1
碳化深度	4mm	4mm	4mm	4mm	4mm	4mm	4mm	4mm	4mm	4mm
换算值	20.3	21.7	20.1	20.9	20.3	20.3	20.8	20.0	20.1	21.1
修正值	3	3	3	3	3	3	3	3	3	3
强度推定值	23.3	24.7	23.1	23.9	23.3	23.3	23.8	23.0	23.1	24.1

通过上表可知，该质检部门判断该在建工程该批混凝土不合格。施工单位只得委托上一级质检部门做钻芯取样，实测混凝土强度。

2.2 混凝土钻芯取样强度

施工单位为了对建筑物准确做结构验收，只得在做回弹的每个测区均委托了上一级质检部门做钻芯取样，实测混凝土强度。结果如表 4 所示。

表 4　钻芯取样强度

序号	1	2	3	4	5	6	7	8	9	10
构件	墙	柱	墙	墙	柱	墙	墙	柱	柱	墙
钻芯取样强度	31.6	34.9	30.1	34.3	33.7	33.6	34.0	30.1	33.2	33.8

2.3 回弹法测得的混凝土强度出现严重偏差

通过与钻芯取样获得的混凝土实际强度对比，我们可以发现回弹法测得的混凝土强度出现严重偏差和失真。表 5 为钻芯取样强度与回弹推定值对比。

表 5　钻芯取样强度与回弹推定值对比

序号	1	2	3	4	5	6	7	8	9	10
构件	墙	柱	墙	墙	柱	墙	墙	柱	柱	墙
钻芯取样强度	31.6	34.9	30.1	34.3	33.7	33.6	34.0	30.1	33.2	33.8
回弹强度推定值	23.3	24.7	23.1	23.9	23.3	23.3	23.8	23.0	23.1	24.1

其他 12 栋 1～8 层所有构件的强度情况与上述这栋楼情况一样，现行回弹法测得的混凝土强度出现严重偏差和失真。由于数据雷同且繁多，故不一一列举。

由此可见，现行回弹规范在检测该建筑群混凝土实体强度时，出现了严重偏差。那么问题出在哪里呢？

3　回弹法测得的混凝土强度出现严重偏差和失真的原因分析

笔者在仔细分析后，首先发现一个有趣的现象，如果碳化深度取 0.5mm，那么回弹强度推定值就与钻芯取样获得的混凝土强度实际值非常接近。表 6 为碳化深度为 0.5mm 时钻芯取样强度与回弹推定值对比。

表 6　碳化深度为 0.5mm 时钻芯取样强度与回弹推定值对比

平均回弹值	32.5	33.6	32.4	33.0	32.5	32.5	32.9	32.3	32.4	33.1
碳化深度	0.5mm	0.5mm	0.5mm	0.5mm	0.5mm	0.5mm	0.5mm	0.5mm	0.5mm	0.5mm
换算值	26.6	28.4	26.4	27.4	26.6	26.6	27.3	26.3	26.4	27.6
修正值	4.5	4.5	4.5	4.5	4.5	4.5	4.5	4.5	4.5	4.5
回弹强度推定值	31.1	32.9	30.9	31.9	31.1	31.1	31.8	30.8	30.9	32.1
钻芯取样强度	31.6	34.9	30.1	34.3	33.7	33.6	34.0	30.1	33.2	33.8

由此可见，现行回弹规范在检测该建筑群混凝土实体强度时，出现了严重偏差的原因主要是碳化深度的测定出现了严重偏差和失真。

那么为什么在碳化深度测定时出现严重偏差和失真呢？

3.1 碳化深度测定时出现严重偏差和失真的原因

笔者通过了解该C30混凝土配合比（见表7）认为主要原因如下。

表7 C30混凝土配合比

材料名称	水	水泥	粉煤灰	矿粉	砂子	石子	聚羧酸	试配强度	
								7d	28d
配合比	180	193	101	86	809	1030	6.1	25.5MPa	39.6MPa

从混凝土配合比分析，水泥使用的是冀东P·O 42.5级水泥（28d强度达到51MPa）、粉煤灰为优质二级粉煤灰（细度仅12%），矿粉是合格的S95级矿粉（7d活性指数达到82%，28d活性指数达到101%），砂为Ⅱ区中砂，石子为5～25mm连续粒径；外加剂用的是减水率高达25%的聚羧酸；取代前水泥用量为363kg，取代前水灰比为0.5；胶材用量380kg，水胶比为0.47；7d强度达到设计强度的85%，为25.5MPa，28d强度达到设计强度的132%，为39.6MPa；完全符合相关国家规范和设计要求。该配合比很好地应用了目前混凝土配合比设计的先进理念，使用了大掺量的矿物掺合料，不仅大大提高了混凝土的耐久性，充分满足了强度要求，而且还符合节能、环保的先进理念，消耗了大量工业废料。

该混凝土在水化时水泥会率先水化，这一过程也被业界称作一次水化，除生成硅酸盐、铝酸盐、铁铝酸盐等胶结材料外，还生成氢氧化钙；随后矿粉会和水泥水化后生成的氢氧化钙反应生成硅酸盐凝胶，这被业界称作二次水化；最后，粉煤灰才会和混凝土中剩余的氢氧化钙反应生成硅酸盐、铝酸盐凝胶，这被业界称作三次水化。粉煤灰之所以水化晚于矿粉，是由于矿粉是物理破碎，细度较细，表面能及时充分地与氢氧化钙接触、反应；而粉煤灰由于是电厂静电除尘所得的原状灰，颗粒为玻璃球状体，表面非常致密，故它与氢氧化钙充分反应前，先有个氢氧化钙腐蚀玻璃球状体表面的破壁过程，然后玻璃球状体中的二氧化硅、三氧化二铝再与氢氧化钙反应，所以反应要慢于矿粉。

从上述大掺量矿物掺合料混凝土水化反应机理可以看出，矿粉、粉煤灰在二次水化及三次水化过程中，消耗了大量的水泥在一次水化时生成的氢氧化钙及原材料带入的氢氧化钙。而且，在墙、柱等结构施工时，由于钢筋比较密集，施工人员为了将混凝土振捣密实，往往振捣时间过长，甚至过振，在这一过程中，由于矿粉、粉煤灰比较轻，它们会随着振捣过程迁移到墙、柱等结构表面，使混凝土表面1cm左右相对其他部分矿物掺合料较多，这就导致了表面1cm左右的混凝土中氢氧化钙消耗比混凝土其他部分更多，甚至消耗殆尽。

这样，最终导致了现行回弹规范测定碳化深度时产生巨大偏差，甚至混凝土会出现在凿出的测洞中滴入酚酞试剂后，混凝土不变色的现象，给人以混凝土碳化已经非常深的假象（实际上是表层混凝土中氢氧化钙被矿粉、粉煤灰消耗殆尽；而不是氢氧化钙与空气中二氧化碳进行了碳化反应）。

3.2 造成混凝土回弹强度偏低的其他原因

除了在上述论述中提及的造成混凝土回弹强度偏低的主要原因——碳化深度测定

时出现严重偏差和失真之外，笔者认为还有两个原因造成混凝土回弹强度偏低。首先，在墙、柱等结构施工时，由于钢筋比较密集，施工人员为了将混凝土振捣密实，往往振捣时间过长，甚至过振，在这一过程中，由于矿粉、粉煤灰比较轻，它们会随着振捣过程迁移到墙、柱等结构表面，使混凝土表面 1cm 左右相对其他部分矿物掺合料较多，这样表面混凝土强度的发展就会慢于且低于混凝土内部的强度。其次，在全国几乎绝大部分工地，墙、柱等结构的混凝土养护都很差，甚至几乎不养护。本文分析的这个工地就是这种情况，只在每层的混凝土表面浇浇水，墙、柱等结构的混凝土根本不养护，这就造成墙、柱等结构的混凝土表面强度偏低。

4 回弹法测得的混凝土强度出现严重偏差和失真的解决办法

笔者认为解决回弹法测得的混凝土强度出现严重偏差和失真的办法可以有两个。

一个办法是在测定混凝土碳化深度，同时采用现行规范《回弹法检测混凝土抗压强度技术规程》（JGJ/T 23—2011）中附录 A《测区混凝土强度换算表》时，可以效仿混凝土碱含量计算规范中计算矿粉和粉煤灰碱含量时乘一个折算系数的方法。例如，粉煤灰碱含量计算的折算系数是 0.15；矿粉碱含量计算的折算系数是 0.5。在测定混凝土碳化深度后乘一个折算系数，笔者通过大量数据计算，大掺量矿物掺合料混凝土碳化深度的折算系数为 0.125，供业内同行参考。

另一个办法是在测定大掺量矿物掺合料混凝土强度时，严格按现行规范《回弹法检测混凝土抗压强度技术规程》（JGJ/T 23—2011）中 6.1.1 第 3 条的规定，建立大掺量矿物掺合料混凝土专用测强曲线。

这样才能保证回弹法检测混凝土抗压强度的结果准确、可靠。

5 结语

综上所述，由于大掺量矿物掺合料混凝土水化时的特殊性，如果采用现行规范《回弹法检测混凝土抗压强度技术规程》（JGJ/T 23—2011）来测碳化深度，并且使用附录 A《测区混凝土强度换算表》来推定混凝土强度，碳化深度测定时会出现严重偏差和失真，最终导致回弹法测得的混凝土强度出现严重偏差和失真。

要想使回弹法测得的混凝土强度准确、可靠，必须将测得的实际碳化深度乘一个折算系数；最准确的方法是建立大掺量矿物掺合料混凝土专用测强曲线。

注：《对现行回弹法规范测定矿物掺合料混凝土碳化深度方法的质疑》发表于国家核心学术期刊《混凝土》2012 年第 1 期（从第 267 期）。

C35 高性能混凝土配合比设计及施工

黄振兴

天津市汉沽区渤建混凝土搅拌有限公司　天津　300480

摘　要　本文介绍了 C35 高性能混凝土配合比的设计思路和设计过程，明确提出在严重海水化学腐蚀环境下，要使混凝土具有很好的耐久性，能够抵抗氯离子等有害离子的渗透腐蚀，根本的方法就是提高混凝土的密实性，从而使混凝土能够达到低渗透性、高弹性模量，也就是应用高性能混凝土，并且介绍了该混凝土的施工技术，以及实测数据。

关键词　配合比设计思路；高性能混凝土；耐久性

Abstract　This paper describes the C35 high-performance concrete mix design ideas and design process, clearly chemical corrosion in severe marine environments, to make concrete has good durability, able to resist chloride ion penetration of corrosion and other harmful ions, there approach is to increase the density of concrete, so that concrete can be achieved with low permeability, high elastic modulus, it is the application of high performance concrete. And introduced the construction of concrete construction technology, as well as measured data.

Keywords　Mix design thought; High-performance concrete; Hurability

1　工程概况及混凝土技术要求

1.1　工程概况

本项目起自永定新河河口南侧的海滨大道疏港三线立交，向北先后跨越疏港四线（规划港岛客运专线）和规划的永定新河主河道。沿线以高架桥的方式在海边滩涂地向北延伸，在蛏头沽村东北侧接海滨大道北段高速公路主线收费站。利用海滨大道北段高速公路与河北省沿海高速相接，全长 9.12km。

本工程桥梁大部分处于现状海挡以外的沿海滩地中，海水对混凝土具有严重腐蚀，因此要求混凝土设计和施工时应采取特重防护措施。该施工区域主要系海水冲击而成的海边滩涂，存在较厚的淤泥层，有明显的软土特征，结合滨海新区多座桥梁工程的实施情况及参考市外桥梁工程软土地质的基础处理，本桥梁工程设计采用钻孔灌注桩基础，强度等级 C35。

1.2　混凝土技术要求

由于本工程属严重化学腐蚀环境，因此设计要求混凝土的耐久性必须满足以下要求，并按不低于环境作用等级D级采用防护措施。

1.2.1 原材料要求

水泥中C_3A含量不宜超过8%，游离氧化钙不宜超过1.5%，掺合料应保证品质稳定、来料均匀，并符合相关技术规程的要求，骨料和外加剂也应符合相关技术规程的要求。

1.2.2 混凝土耐久性要求

本工程环境作用等级为D级耐久性要求如表1所示。

表1　混凝土耐久性指标

混凝土耐久性指标	设计要求
环境作用等级	D级
最大水胶比	0.4
最小胶凝材料用量（kg/m^3）	340
最大胶凝材料用量（kg/m^3）	400
氯离子扩散系数DRCM（28d龄期）（$10^{-12}m^2/s$）	<4
抗冻耐久性指数DF（%）	>60
抗冻融循环	F300
最大氯离子含量（%）	<0.1
最大碱含量（kg/m^3）	<3.0
抗渗等级	W6
混凝土含气量（%）	4±1

2　混凝土配合比设计思路

由于本工程属严重海水化学腐蚀环境，要使混凝土具有很好的耐久性，能够抵抗氯离子等有害离子的渗透腐蚀，根本的方法就是提高混凝土的密实性，从而使混凝土能够达到低渗透性、高弹性模量，也就是应用高性能混凝土。为了使混凝土达到上述耐久性要求，混凝土配合比设计时从以下几个方面入手。

2.1 充分利用骨料填充效应

众所周知，混凝土中粗骨料的空隙是由细骨料填充的，细骨料的空隙是由胶结料填充的，只有混凝土中各种骨料充分填充其他骨料的空隙，混凝土才能密实。

为此，首先我们粗骨料选用的是连续粒级的石子，使各级石子之间能很好地填充上一级石子的空隙，并且我们还采用粒径为5～25mm连续粒级石子和粒径为16～31.5mm连续粒级石子双级配，通过做最佳密度，计算出两种石子的最佳配合比例，用粒径为5～25mm连续粒级石子去填充粒径为16～31.5mm连续粒级石子的空隙，使粗骨料的空隙尽可能小。

其次，根据粗骨料的孔隙率，选适宜的砂率，以便细骨料能很好地填充粗骨料的空隙。

最后，也是最重要的，根据混凝土设计强度和上述粗、细骨料很好填充后的孔隙率，选择适宜的胶结料用量，充分填充、填实该空隙。

为了达到最佳的密实效果，胶结料我们也选用了三种——水泥、矿粉、粉煤灰，用比水泥颗粒更细的矿粉去填充水泥颗粒形成的空隙，再用比矿粉更细的粉煤灰去填充矿粉颗粒形成的空隙，充分地利用了骨料填充效应，从而达到混凝土最佳的密实效果。

2.2 充分利用胶结料的三次水化

胶结料选用了三种——水泥、矿粉、粉煤灰，这三种胶结料有各自特有的物理和化学性能，水化的先后顺序是不一样的。

水泥是由熟料和一定的矿物掺合料磨细而成，有较高的活性，因此它首先水化(也叫一次水化)，生成铝酸盐、铁铝酸盐和大量的硅酸盐凝胶，填充粗、细骨料的空隙，并将粗、细骨料很好地胶结到一起。

矿粉是由炼铁过程中产生的水渣磨细而成，它的主要成分是二氧化硅，本身活性很低，在水中靠自身水化非常缓慢，只有在碱环境中靠碱激发才能很好水化；因此它在混凝土中的水化比水泥慢，必须等水泥水化后生成了一种碱——氢氧化钙后，它才能在氢氧化钙的激发下，与氢氧化钙反应形成硅酸盐凝胶，所以混凝土中矿粉的水化被称为二次水化。由于它比水泥细，填充在水泥颗粒形成的空隙中，更重要的是它与氢氧化钙反应后形成的硅酸盐凝胶体积比其自身体积大，能够产生微膨胀效应，起到很好的填充效应，使混凝土更加致密。

粉煤灰是发电厂发电过程中产生的烟尘，是通过静电除尘设备收集的，也被称作原状灰。它的颗粒形态是玻璃球状体，颗粒表面有一层致密层；只有在碱环境下，靠碱腐蚀其致密层，破壁后才能充分水化，它的主要成分是二氧化硅和三氧化二铝。由于有一个破壁的过程，所以它比矿粉在混凝土中的水化还慢，因此被称作三次水化。由于它比水泥、矿粉细，填充在水泥和矿粉颗粒形成的空隙中，更重要的是它与氢氧化钙反应后形成的铝酸盐和硅酸盐凝胶体积比其自身体积大，也能够产生微膨胀效应，起到很好的填充效应，使混凝土更加致密。

充分利用胶结料的三次水化和骨料的填充效应，就能够生产出密实性非常好的混凝土，从而使混凝土能够达到低渗透性、高弹性模量，应用高性能混凝土达到需要的耐久性。

2.3 消除碱骨料反应的隐患

混凝土中的碱骨料反应被业内人士形象地称作混凝土的癌症，它是由混凝土中的碱与混凝土中的碱活性骨料反应导致，由于生成物体积比参与反应的物质体积大，因此会产生巨大的膨胀力，造成混凝土开裂，对混凝土有巨大的破坏作用，严重影响它的使用寿命。所以，必须消除碱骨料反应的隐患。

严把原材料质量关是极其重要的，必须严格控制混凝土中各种原材料碱含量，使每种原材料碱含量均低于相关规范规定值；同时，按相关规范规定将单方混凝土总碱含量严格控制在3kg以内。

众所周知，混凝土中碱骨料反应的条件是：混凝土各种原材料带入的碱及混凝土的胶结料水化时产生的碱、碱活性骨料。要想消除碱骨料反应的隐患，就必须让混凝土中没有产生碱骨料反应的条件。为此，首先，我们对所用骨料进行了严格筛选，选用了非活性骨料；其次，使用大掺量矿物掺合料，并使用双掺技术，使掺合料总量大于混凝土中各种原材料带入的碱及混凝土的胶结料一次、二次、三次水化时产生的碱的总量，将混凝土中的所有碱消耗殆尽。

这样，混凝土中碱骨料反应产生的条件全部被消除了，碱骨料反应的隐患也就荡然无存。

2.4　使用适宜的引气剂

在混凝土中使用适宜的引气剂，可以在混凝土中形成无数微小、均匀、密闭的小气室，这些密闭的小气室可以有效地阻断混凝土中的毛细孔，防止有害离子的侵入；同时，还可以提高混凝土的抗冻耐久性指数，大大提高混凝土抗冻融循环次数。

为此，我们将一种优质引气剂，并要求外加剂厂将其复合在减水剂中，以便精确计量。将混凝土出机含气量控制在 6%，到施工现场 4%±1%左右。

2.5　使用防腐阻锈组分

混凝土中钢筋的锈蚀对混凝土的危害也极大，因为钢筋锈蚀后产生的铁锈体积大于钢筋，会产生巨大的膨胀应力，胀裂混凝土，使混凝土产生有害裂缝，造成有害离子从裂缝进一步侵入混凝土，使钢筋锈蚀加剧，最终破坏混凝土，大大影响混凝土的耐久性，大大缩短混凝土的使用寿命。

因此，在前面采取各种手段，配制低渗透性、高弹性模量的高性能混凝土，并消除碱骨料反应的隐患后，我们设的最后一道防线就是在混凝土中使用了钢筋阻锈剂和防腐剂。

掺阻锈剂，使钢筋表面形成钝化膜和吸附膜，使整个钢筋被一层氧化物钝化膜包裹，有很好的致密性，长期有效地抑制引起钢筋锈蚀的电化学反应，阻止氯离子穿透，阻止有害离子对钢筋的腐蚀，以达到阻锈目的。

掺防腐剂，它在混凝土中形成凝胶体，阻塞混凝土中的毛细孔和所有通道，使环境中的硫酸盐、镁盐、氯盐等有害离子和盐类结晶物无法侵入混凝土，无法腐蚀钢筋，无法分解混凝土中的胶凝物质，来达到防腐目的。

依此来提高混凝土的耐久性，从而提高混凝土的使用寿命。

3　配合比设计、试配、调整与确定

3.1　配合比设计

3.1.1　配制强度的确定

由于该混凝土为高性能混凝土，设计上要求的水胶比较低，并要求满足许多项高性能指标，故混凝土配制强度不能按《普通混凝土配合比设计规程》3.0.1 计算，必然要比计算值大许多，只能按经验选定。根据设计要求最大水胶比 0.4，最大胶凝材料用量 400kg/m^3，设计强度 C35，以及我们以往的经验，确定配制强度为 50MPa。

3.1.2　水灰比的计算与确定

水泥 28d 实测值 f_{ce}=47.8MPa，回归系数 α_a=0.46、α_b=0.07，水灰比计算如下：

$W/C=\alpha_a\times f_{ce}/f_{cu,0}+\alpha_a\times\alpha_b\times f_{ce}=0.46\times47.8/50+0.46\times0.07\times47.8=0.427$

3.1.3　用水量的确定

由于该混凝土为高性能混凝土，设计上要求的水胶比较低，并要求满足许多项高性能指标，且该混凝土选定的外加剂也为特别配制的复合型防腐、阻锈、引气、高效减水剂，故混凝土用水量不能按《普通混凝土配合比设计规程》表 4.0.1-2 确定，只能按《普通混凝土配合比设计规程》4.0.1-2 的规定通过试验确定。根据设计要求最大水胶比 0.4，最大胶凝材料用量 400kg/m³，复合型防腐、阻锈、引气、高效减水剂的减水率，以及我们以往的经验，经过反复试验，确定该混凝土用水量为 152kg/m³。

3.1.4 基准水泥用量的确定

$$W/C=0.427,\ W=152\ (kg/m^3),\ 水泥用量\ C=152/0.427=356\ (kg/m^3)$$

3.1.5 矿粉用量和粉煤灰用量的确定

根据结构耐久性设计的要求，“钻孔浇筑桩按不低于环境作用等级 D 级采用防护措施。本工程混凝土采用耐久性混凝土，在海水和除冰盐环境下，不宜单独采用硅酸盐水泥或普通硅酸盐水泥作为胶凝材料配制混凝土，应掺加大掺量或较大掺量矿物掺合料”。因此，根据我们的配合比设计思路、以往的经验、大量的试验，以及掺合料的情况（矿粉为 S95 级，7d 活性指数大于 80%，28d 活性指数大于 110%；粉煤灰为Ⅱ级，细度小于 20%），矿粉掺量确定为 22%，等量取代水泥；粉煤灰掺量确定为 9%，超量系数确定为 2；具体计算过程如下：

$$K=356\times22\%=78\ (kg/m^3) \qquad F=356\times9\%\times2=64\ (kg/m^3)$$

3.1.6 掺合料取代后水泥用量的确定

$$C=356-356\times22\%-356\times9\%=356-78-32=246\ (kg/m^3)$$

3.1.7 外加剂用量的确定

由于该混凝土为高性能混凝土，要求满足许多项高性能指标，因此仅靠胶凝材料是无法满足要求的，还必须使用具有防腐、阻锈、引气、高效减水等性能的外加剂。为了精确计量、便于施工、便于生产过程控制和质量控制，我们没有使用多种单一功能的外加剂，而是选用了一种液态复合型防腐、阻锈、引气、高效减水剂。由于该减水剂为液态，所以能够自动精确计量，施工非常方便，而且投料时能先与水混合，这样就能够与混凝土其他材料均匀地拌和在一起，均匀地分散在混凝土中，使其在混凝土中能够均匀地发生物理、化学反应，起到提高混凝土耐久性的作用，来满足设计要求的许多项高性能指标。避免了使用单一功能粉状外加剂，在人工投料时，计量不准，施工不方便，难以均匀一致地拌入混凝土中，从而造成混凝土质量不稳定的缺陷。

该外加剂的掺量是根据混凝土技术要求（到工地坍落度 200mm±20mm 坍损 20mm/h，到工地含气量±4%，和易性好，流动性佳），并通过听取厂家建议和多次试验确定的，最终确定为胶凝材料用量的 3%，具体计算过程如下：

$$A=(246+78+64)\times3\%=11.6\ (kg/m^3)$$

3.1.8 砂率的选用及砂石用量的确定

根据砂、石检验数据（砂细度 2.8，级配及其他指标符合规范要求；石子是粒径为 5～25mm 连续粒级石子和粒径为 16～31.5mm 连续粒级石子双级配，其他指标也符合规范要求），以及通过做最佳密度，计算出粒径为 5～25mm 连续粒级石子和粒径为 16～31.5mm 连续粒级两种石子的最佳配合比例为 6∶4，还有测得的按比列混合后石子的孔隙率，再结合我们以往的经验，选用 42%的砂率。根据经验及该混凝土所要达到的含气量（±4%），我们确定假定密度为 2430kg/m³。砂石用量具体计算过程如下：

$$S=(2430-m_w-m_c-m_K-m_F-m_A)\times 42\%$$
$$=(2430-152-246-78-64-12)\times 42\%=789\ (kg/m^3)$$
$$G=(2430-m_w-m_c-m_K-m_F-m_A)\times(1-42\%)$$
$$=(2430-152-246-78-64-12)\times(1-42\%)$$
$$=1090\ (kg/m^3)$$
$$G_{5\sim25mm}=1090\times 60\%=654\ (kg/m^3)$$
$$G_{16\sim31.5mm}=1090\times(1-60\%)=436\ (kg/m^3)$$

3.1.9 配合比的确定

经过上述试验、配合比设计和计算，确定本工程 C35 浇筑桩混凝土配合比如表 2 所示。

表 2 C35 浇筑桩混凝土配合比

材料名称	水 W	水泥 C	矿粉 K	粉煤灰 F	砂 S	石 G5～25mm	石 16～31.5mm	外加剂 A
用量（kg/m³）	152	246	78	64	789	654	436	11.6

3.2 配合比的试配和调整

配合比设计、确定完毕后，我们进行了大量试配和重复性试验。首先解决混凝土的初始状态，使其初始坍落度控制在 230～240mm（路途损失 20～30mm，到现场正好满足 200±20mm 的设计要求）、不离析、和易性好（有良好的包裹性、无跑浆、无泌水）、流动性好（扩展度控制在 450～500mm，混凝土流速较快），混凝土有较好的匀质性，不分层，骨料能均匀地分布在混凝土中，不沉淀。然后通过调节外加剂中的缓凝成分，将初凝时间控制在 15～16h（300～400m³ 混凝土大桩浇筑完毕所需的最长时间），终凝时间控制在 18～20h，以便于浇筑桩施工；将坍落度损失控制在 2h 小于 40mm（2h 是每车混凝土浇筑完毕所需的最长时间）。再通过调节外加剂中的引气成分，将出机混凝土含气量控制在 6%（路途损失 1%～2%，到现场正好满足 4%±1% 的设计要求）。最后检验混凝土 3d、7d、14d、28d 强度，氯离子渗透系数、抗冻耐久性指数、抗冻融循环性能、最大氯离子含量、抗渗性能等力学性能和耐久性性能，完全符合设计要求后，该配合比才用于实际施工。具体检测结果见表 3。

表 3 混凝土耐久性检测结果

混凝土耐久性指标	设计要求	检测结果
环境作用等级	D 级	符合 D 级要求
最大水胶比	0.4	0.39
最小胶凝材料用量（kg/m³）	340	388
最大胶凝材料用量（kg/m³）	400	388
氯离子扩散系数 DRCM（28d 龄期）$10^{-12}m^2/s$	<4	3.22

续表

混凝土耐久性指标	设计要求	检测结果
抗冻耐久性指数 DF（%）	>60	80.1
抗冻融循环	F300	合格
最大氯离子含量（%）	<0.1	0.009
最大碱含量（kg/m^3）	<3.0	2.28
抗渗等级	W6	合格
混凝土含气量（%）	4±1	4.5
混凝土力学性能指标	C35	3d 25.8 MPa
		7d 44.5MPa
		14d 52.2MPa
		28d 53.4MPa

由表 3 可见，用该配合比拌制的混凝土各项力学性能和耐久性性能完全符合设计要求，经施工单位、监理和业主审核后，批准使用。

4 混凝土的施工技术

4.1 做好混凝土的开盘鉴定

为了保证混凝土质量，必须加强过程控制。在根据当天的原材料情况（砂含水率、含石率等）出具生产配料单后，在搅拌楼输入配合比时，要求操作人员根据配合比准确输入，输入完毕在生产配料单上签字确认；然后当班质检员复核，确认无误后，在生产配料单上签字确认。生产时，先搅拌一盘，检测各种技术指标，要求初始坍落度控制在 230～240mm，混凝土含气量控制在 6%，不离析、和易性好、流动性好，在满足了上述初始技术指标后，再连续生产。

4.2 控制好发车速度

由于浇筑的桩均为直径为 1.5～2.5m，深度在 80～100m 的特大桩，每根桩的混凝土方量都在 200～300m^3，施工的连贯性非常重要，否则会造成塌孔、断桩等各种质量事故，因此与施工单位多次研究后决定，每次在钢筋笼下好并在桩孔中就位，开始洗孔时，我公司开始发车，先连发 4 车，4 车全部到工地后，才允许浇筑，以确保能连续不停的浇筑，顺利地返浆。在第一车开始浇筑后，现场人员立即通知我公司继续发车，每车之间间隔 20min（正好是现场一车混凝土浇筑完毕的时间），这样就既能保证混凝土浇筑的连贯性，又能保证不在现场压车（避免了在现场压车时间过长，造成混凝土坍落度损失过大而引起的浇筑困难、堵管等质量事故）。

4.3 做好应变准备

实际施工时，我们给每辆罐车都配备了一小桶外加剂（约 3kg，即使全部加入也只能调节混凝土的坍落度不会影响混凝土质量），防备车辆出现故障、交通堵塞、现场施工不顺利等各种意外情况出现时，来调节混凝土坍落度及工作性；同时明确要求司机和施工人员，若出现意外情况，造成混凝土坍落度变小，只允许用外加剂调节，绝对禁止加水调节，以确保混凝土质量。另外，我们在每次施工时，在施工现场也配备了一名质检员，由他及时将工地情况和混凝土状态反馈给我公司，公司技术部门据此对混凝土进行微调，公司调度据此控制发车速度，以确保混凝土顺畅浇筑；同时，若出现意外情况，造成混凝土坍落度变小，工作性变差时，质检员可做及时调整。

4.4　控制好混凝土导管上拔时机

在混凝土浇筑时，我公司现场人员与施工单位密切配合，随时检查混凝土在桩孔中上升的高度，以此确定混凝土导管拔出的长度，以确保不出现塌孔、断桩等各种质量事故。

4.5　控制好桩顶混凝土质量

由于桩顶混凝土不可避免地混有一些泥浆、水、杂物等，因此要求施工单位浇筑混凝土时略多灌一些，刮去表面浮浆及有杂物的混凝土，并做好保温、保湿养护，控制好桩顶混凝土质量。

5　混凝土的实测数据

经过我公司与施工单位的密切配合，精心施工，所浇筑的60000多立方米混凝土桩均施工顺利，未出现任何质量事故，混凝土质量达到了优良水平，具体数据如表4、表5所示。

表4　混凝土强度检验

试块组数 n	525	合格判定系数		统计方法二		合格判定条件
强度标准值 $f_{cu,k}$（MPa）	35	λ_1	1.6	$0.9f_{cu,k}$（MPa）	31.5	$m_{f_{cu}}-\lambda_1\times s_{f_{cu}}\geqslant 0.9f_{cu,k}$
平均值 $m_{f_{cu}}$（MPa）	51.9			$m_{f_{cu}}-\lambda_1\times s_{f_{cu}}$（MPa）	46.8	
标准差 $s_{f_{cu}}$（MPa）	3.22	λ_2	0.85	$\lambda_2\times f_{cu,k}$（MPa）	29.8	$f_{cu,min}\geqslant\lambda_2\times f_{cu,k}$
最小值 $f_{cu,min}$（MPa）	42.9			最小值 $f_{cu,min}$（MPa）	42.9	
结论	根据《混凝土强度检验评定标准》（GBJ 107—87）评定，该批混凝土合格					

表5　混凝土质量控制

生产质量水平		混凝土生产管理水平优良的判定标准	本工程混凝土质量情况
混凝土强度等级（MPa）		≥20	C35
混凝土强度标准差 σ（MPa）	商品混凝土厂	≤3.5	3.22
强度不低于规定强度等级的百分率（%）	商品混凝土厂	≥95%	100%
结论：根据《混凝土质量控制标准》（GBJ 50164—92）评定，该批混凝土合格生产管理水平优良			

5 结语

在严重海水化学腐蚀环境下，要使混凝土具有很好的耐久性，能够抵抗氯离子等有害离子的渗透腐蚀，根本的方法就是提高混凝土的密实性，从而使混凝土能够达到低渗透性、高弹性模量，也就是应用高性能混凝土。首先要根据设计要求、原材料情况设计出符合设计要求的混凝土配合比；其次施工时要加强过程控制，确保施工质量。这样，才能创造出优质的产品和优质的工程。

注：《C35 高性能混凝土配合比设计及施工》发表于国家核心学术期刊《混凝土》2010 年第 02 期。

高强高性能混凝土在中央大道永定新河特大桥中的应用

黄振兴

天津市汉沽区渤建混凝土搅拌有限公司　天津　300480

摘　要　本文介绍了天津沿海地区市政工程中C50、C60高强、高性能混凝土的原材料选用、配合比设计思路、配合比设计过程，混凝土力学性能和耐久性性能的实测数据及混凝土施工技术。

关键词　高强；高性能混凝土；耐久性性能；配合比设计；混凝土施工技术

Abstract　This paper describes the coastal area of Tianjin Municipal Engineering in the C50，C60 high-strength，high-performance concrete raw materials selection，mix design ideas，mix design process，mechanical properties and durability of concrete performance measured data；And concrete construction technology.

Keywords　High-strength；High-performance concrete；Mix design；Concrete construction technology

1　工程概况及混凝土技术要求

1.1　工程概况

中央大道永定新河大桥段工程，北起天津市北塘镇青坨子段的修筑终点（K14＋300），南至中央大道—京津塘高速二线互通立交修筑起点（K16＋077.401），路线全长1777.041m。其中桥梁1367m，道路410.401m，本工程桥梁面积共48238.5m^2，道路面积13262m^2。

永定新河大桥主跨为100m＋160m＋100m，预应力混凝土连续箱梁，其余桥跨布置为（2－3×30）＋（3×35）＋（3－3×30）＋（2－3×50）＋（100＋160＋100）＋（2×46）＋（2×30）。永定新河大桥具有大跨径（主跨为100m＋160m＋100m预应力混凝土连续箱梁，在同类型桥梁居国内第二、亚洲第三）、深埋基础（主桥25号、26号墩承台置于河床下十余米）、混凝土防腐耐久要求高等显著特征，施工技术难度大。

根据混凝土的使用性能要求，全桥混凝土除桩基外，均采用泵送，要求混凝土具有高流动性、高和易性及满足泵送混凝土性能要求，特殊部位还要求混凝土具有高强度及高弹模等技术指标，在混凝土配制过程中，应掺入一定量的高性能外加剂，设计混凝土结构的抗渗、抗冻技术要求较高，在混凝土配合比中要相应掺入比例较常规混凝土含量高得多的抗渗、抗冻外加剂，使混凝土满足施工技术要求（如高强度等级混凝土中应掺入高效早强减水剂、高质量膨胀剂、高性能泵送剂及高性能抗渗、抗冻外加剂、引气剂等，在合拢段考虑加入“微胀剂”。在预应力钢绞线施工中，为保证钢绞线质量，在混凝土配合比中加入阻锈剂等）。

1.2 原材料及混凝土技术要求

由于本工程属严重化学腐蚀环境，因此设计要求混凝土所用原材料及混凝土耐久性必须满足以下要求，并按不低于环境作用等级D级采用防护措施。

原材料技术要求及选用如下。

1）水泥

设计要求水泥中C_3A含量不宜超过8%，游离氧化钙不宜超过1.5%，采用同一种水泥，不得采用复合水泥或变质水泥。

我们使用的水泥是冀东P·O 42.5低碱普通硅酸盐水泥，该水泥厂家是华北地区历史最悠久、生产规模最大、质量最好的厂家。3d强度22.6MPa（国标要求≥17MPa），28d强度46.0MPa（国标要求≥42.5MPa），碱含量仅为0.33%（要求≤0.6%），C_3A含量5.95%，游离氧化钙含量0.82%

2）掺合料

设计要求掺合料应保证品质稳定、来料均匀，并符合相关技术规程的要求。

我们矿粉使用的是唐山汉丰S95级矿粉，7天活性指数达到79%（国标要求≥75%），28d活性指数达到103%（国标要求≥95%），并且质量非常稳定。

3）细骨料

设计要求细骨料也应符合相关技术规程的要求。

我们砂选用的是辽宁绥中水洗河砂，是把天然砂通过水洗、过筛，洗去泥和筛去过大卵石后生产而成。细度为2.8（满足国标对高强、高性能混凝土用砂细度不低于2.6），含泥量仅0.5%（国标要求≤2%），泥块含量为0（国标要求≤0.5%），其他各项指标均满足国标要求。尤其是其为非活性骨料，所以无潜在碱硅酸盐反应危害，消除了碱骨料反应的隐患。

4）粗骨料

设计要求粗骨料也应符合相关技术规程的要求。

我们石子选用的是开采了快十年的河北玉田的石子，由于已开采到山体深处，所以没有风化的石子，石子非常坚硬、干净。含泥量0.3%（国标要求≤1%），泥块含量为0（国标要求≤0.5%），针片状颗粒含量为1%（国标要求≤8%），压碎指标4.5%（国标要求≤10%），其他各项指标均满足国标要求。尤其是其为非活性骨料，所以无潜在碱硅酸盐反应危害，消除了碱骨料反应的隐患。

5）外加剂

设计要求外加剂也应符合相关技术规程的要求。

我们选用的外加剂是目前技术最为先进、减水、保塑效果最好的聚羧酸外加剂，它的减水率可高达30%，可以大幅减少混凝土用水量，在保证水胶比不变、混凝土强度不受影响的前提下，大幅降低混凝土胶材用量，提高混凝土耐久性。同时它还有优异的保塑性能，在不影响混凝土初、终凝时间和早期强度的前提下，坍落度在 3h 内损失很小，大大提高了混凝土工作性，方便了混凝土的浇筑与施工，各项指标均满足国标要求。

混凝土耐久性要求（本工程环境作用等级为 D 级）如表 1 所示。

表 1　混凝土耐久性要求

混凝土耐久性指标	C50 设计要求	C60 设计要求
环境作用等级	D 级	D 级
最大水胶比	0.36	0.32
最小胶凝材料用量（kg/m^3）	380	380
最大胶凝材料用量（kg/m^3）	450	550
氯离子扩散系数 DRCM（28d 龄期）$10^{-12}m^2/s$	<7	<7
抗冻耐久性指数 DF（%）	>60	>60
最大氯离子含量%	<0.06	<0.06
最大碱含量（kg/m^3）	<3.0	<3.0
设计强度（MPa）	50	60

2　混凝土配合比设计思路

由于本工程属严重海水化学腐蚀环境，要使混凝土具有很好的耐久性，能够抵抗氯离子等有害离子的渗透腐蚀，根本的方法就是提高混凝土的密实性，从而使混凝土能够达到低渗透性、高弹性模量，也就是应用高性能混凝土。

同时，C50、C60 混凝土主要用于预制箱梁和现浇箱梁，都要进行预应力张拉，因此不仅要求 28d 满足混凝土强度的设计要求，而且对混凝土早期强度要求较高，3d 强度要求达到 90%以上，7d 强度要求达到 100%，以满足预应力张拉对混凝土强度的要求，保证混凝土质量和工期。

为了使混凝土达到上述技术要求，混凝土配合比设计时从以下几个方面入手：

2.1　充分利用骨料填充效应

众所周知，混凝土中粗骨料的空隙是由细骨料填充的，细骨料的空隙是由胶结料填充的，只有混凝土中各种骨料充分填充其他骨料的空隙，混凝土才能密实。

为此，首先粗骨料选用的是连续粒级的石子，使各级石子之间能很好地填充上一级石子的空隙，并且还采用了粒径为 5～16mm 连续粒级石子和粒径为 5～25mm 连续粒级石子双级配，通过做最佳密度，计算出两种石子的最佳配合比例，用粒径为 5～16mm 连续粒级石子去填充粒径为 5～25mm 连续粒级石子的空隙，使粗骨料的空隙尽可能小。

其次，根据粗骨料的孔隙率，选适宜的砂率，以便细骨料能很好地填充粗骨料的空隙。

最后，也是最重要的，根据混凝土设计强度和上述粗、细骨料很好填充后的孔隙率，选择适宜的胶结料用量，充分填充、填实该空隙。

为了达到最佳的密实效果，胶结料也选用了两种——水泥、矿粉，用比水泥颗粒更细的矿粉去填充水泥颗粒形成的空隙，充分地利用了骨料填充效应，从而达到混凝土最佳的密实效果。

没有选用粉煤灰作为矿物掺合料，因为天津地区的粉煤灰品质不稳定，不仅不同批次的粉煤灰质量波动较大，而且颜色差异较大，会给混凝土质量带来较大波动，并且会影响混凝土外观。

2.2 充分利用胶结料的二次水化

胶结料选用了两种——水泥、矿粉，这两种胶结料有各自特有的物理和化学性能，水化的先后顺序是不一样的。

水泥是由熟料和一定的矿物掺合料磨细而成，有较高的活性，因此它首先水化(也叫一次水化)，生成铝酸盐、铁铝酸盐和大量的硅酸盐凝胶，填充粗、细骨料的空隙，并将粗、细骨料很好的胶结到一起。

矿粉是由炼铁过程中产生的水渣磨细而成，它的主要成分是二氧化硅，本身活性很低，在水中靠自身水化非常缓慢，只有在碱环境中靠碱激发才能很好水化，因此它在混凝土中的水化比水泥慢，必须等水泥水化后生成了一种碱——氢氧化钙后，它才能在氢氧化钙的激发下，与氢氧化钙反应形成硅酸盐凝胶，所以混凝土中矿粉的水化被称为二次水化。由于它比水泥细，填充在水泥颗粒形成的空隙中，更重要的是它与氢氧化钙反应后形成的硅酸盐凝胶体积比其自身体积大，能够产生微膨胀效应，起到很好的填充效应，使混凝土更加致密。

充分利用胶结料的二次水化，充分利用骨料填充效应，就能够生产出密实性非常好的混凝土，从而使混凝土能够达到低渗透性、高弹性模量，应用高性能混凝土达到需要的耐久性。

2.3 消除碱骨料反应的隐患

混凝土中的碱骨料反应被业内人士形象地称作混凝土的癌症，它是由混凝土中的碱与混凝土中的碱活性骨料反应，由于生成物体积比参与反应的物质体积大，因此会产生巨大的膨胀力，造成混凝土开裂，对混凝土有巨大的破坏作用，严重影响混凝土使用寿命。所以，必须消除碱骨料反应的隐患。

严把原材料质量关是极其重要的，必须严格控制混凝土中各种原材料的碱含量，使每种原材料的碱含量均低于相关规范规定值；同时，按相关规范规定将单方混凝土总碱含量严格控制在3kg以内。

众所周知，混凝土中的碱骨料反应的条件是：混凝土各种原材料带入的碱及混凝土的胶结料水化时产生的碱、碱活性骨料。要想消除碱骨料反应的隐患，就必须让混凝土中没有产生碱骨料反应的条件。为此，首先我们对所用骨料进行了严格筛选，选用了非活性骨料；其次，使用大掺量矿粉，并使用双掺技术，使矿粉总量大于混凝土中各种原材料带入的碱及混凝土的胶结料一次、二次水化时产生的碱的总量，将混凝土中的所有碱消耗殆尽。

这样，混凝土中碱骨料反应产生的条件全部消除了，碱骨料反应的隐患也就荡然无存了。

2.4 使用聚羧酸高效减水剂

利用聚羧酸外加剂的高减水性能，大大降低水胶比，提高混凝土早期强度。

2.5 使用防腐阻锈组分

混凝土中钢筋的锈蚀对混凝土的危害也极大，因为钢筋锈蚀后产生的铁锈体积大于钢筋，会产生巨大的膨胀应力，胀裂混凝土，使混凝土产生有害裂缝，造成有害离子从裂缝进一步侵入混凝土，使钢筋锈蚀加剧，最终破坏混凝土，大大影响混凝土耐久性，大大缩短混凝土使用寿命。

因此，在前面采取各种手段，配制低渗透性、高弹性模量的高性能混凝土，并消除碱骨料反应的隐患后，我们设的最后一道防线就是在混凝土中使用了钢筋阻锈剂和防腐剂。

掺阻锈剂，使钢筋表面形成钝化膜和吸附膜，使整个钢筋被一层氧化物钝化膜包裹，有很好的致密性，长期有效地抑制引起钢筋锈蚀的电化学反应，阻止氯离子穿透，阻止有害离子对钢筋的腐蚀，达到阻锈目的。

掺防腐剂，使其在混凝土中形成凝胶体，阻塞混凝土中的毛细孔和所有通道，使环境中的硫酸盐、镁盐、氯盐等有害离子和盐类结晶物无法侵入混凝土，无法腐蚀钢筋，无法分解混凝土中的胶凝物质，达到防腐目的。

依此来提高混凝土的耐久性，从而提高混凝土使用寿命。

3　配合比设计、试配、调整与确定

3.1　配合比设计

3.1.1　配制强度的确定

由于C50、C60混凝土主要用于预制箱梁和现浇箱梁，都要进行预应力张拉，因此不仅要求28d满足混凝土强度的设计要求，而且对混凝土早期强度要求较高，3d强度要求达到90%以上，7d强度要求达到100%，以满足预应力张拉对混凝土强度的要求，保证混凝土质量和工期，并要求满足许多项高性能指标，故混凝土配制强度不能按《普通混凝土配合比设计规程》3.0.1计算，必然要比计算值大许多，只能按经验选定。根据设计要求以及我们以往的经验，确定：

C50配制强度为65MPa。

C60配制强度为75MPa。

3.1.2　水灰比的计算与确定

水泥28d实测值 $f_{ce}=47.8\text{MPa}$，回归系数 $\alpha_a=0.46$、$\alpha_b=0.07$，水灰比计算如下：

C50混凝土水灰比的计算与确定

$$W/C=\alpha_a\times f_{ce}/f_{cu,0}+\alpha_a\times\alpha_b\times f_{ce}=0.46\times47.8/65+0.46\times0.07\times47.8=0.335$$

C60混凝土水灰比的计算与确定

$$W/C=\alpha_a\times f_{ce}/f_{cu,0}+\alpha_a\times\alpha_b\times f_{ce}=0.46\times47.8/75+0.46\times0.07\times47.8=0.287$$

3.1.3　用水量的确定

由于该混凝土为高性能混凝土，设计上要求的水胶比比较低，并要求满足许多项高性能指标，所以该混凝土选定的外加剂为具有高减水、高保塑、早强型聚羧酸高效减水剂，故混凝土用水量不能按《普通混凝土配合比设计规程》表4.0.1-2确定，只能按《普通混凝土配合比设计规程》4.0.1-2）的规定通过试验确定。根据设计要求、聚羧酸高效减水剂的减水率，以及我们以往的经验，经过反复试验，确定该混凝土用水量如下：

C50混凝土用水量为151kg/m^3。

C60混凝土用水量为145kg/m^3。

3.1.4 基准水泥用量的确定

1）C50混凝土基准水泥用量的确定

$W/C=0.335$，$W=151\text{kg/m}^3$，水泥用量$C=151/0.335=450\text{kg/m}^3$

2）C60混凝土基准水泥用量的确定

$W/C=0.287$，$W=145\text{kg/m}^3$，水泥用量$C=145/0.287=505\text{kg/m}^3$

3.1.5 矿粉用量和粉煤灰用量的确定

根据结构耐久性设计要求，本工程混凝土采用高强、高耐久性混凝土，在海水和除冰盐环境下，不宜单独采用硅酸盐水泥或普通硅酸盐作为胶凝材料配制混凝土，应掺加大掺量或较大掺量矿物掺合料。因此，根据我们的配合比设计思路、以往的经验、大量的试验，以及掺合料的情况（矿粉为S95级，7d活性指数大于80%，28d活性指数大于100%），C50矿粉掺量确定为20%，等量取代水泥；C60矿粉掺量确定为16%，等量取代水泥，天津冬季道路结冰后，要撒除冰盐，具体计算过程如下：

1）C50混凝土矿粉用量的确定

$$K=450\times20\%=90\text{kg/m}^3$$

2）C60混凝土基准水泥用量的确定

$$K=505\times16\%=81\text{kg/m}^3$$

3.1.6 掺合料取代后水泥用量的确定

1）C50混凝土掺合料取代后水泥用量的确定

$$C=450-450\times20\%=360\text{kg/m}^3$$

2）C60混凝土掺合料取代后水泥用量的确定

$$C=505-505\times16\%=424\text{kg/m}^3$$

3.1.7 外加剂用量的确定

由于该混凝土为高强、高性能混凝土，要求满足许多项高性能指标，因此仅靠胶凝材料是无法满足要求的，还必须使用具有防腐、阻锈、高保塑、早强型、高效减水等性能的外加剂。为了精确计量、便于施工、便于生产过程控制和控制好质量，我们没有使用多种单一功能的外加剂，而是选用了液态复合型防腐、阻锈、高保塑、早强型的聚羧酸高效减水剂。由于该复合型防腐、阻锈、早强、高效减水剂为液态，所以能够自动精确计量，施工非常方便，而且投料时能先与水混合，这样就能够与混凝土其他材料均匀地拌和在一起，均匀地分散在混凝土中，使其在混凝土中能够均匀地发生物理、化学反应，起到提高混凝土耐久性的作用，满足设计要求的许多项高性能指标。避免了使用单一功能粉状外加剂，人工投料时，计量不准，施工不方便，难以均匀一致地拌入混凝土中，从而造成混凝土质量不稳定的缺陷。

该外加剂的掺量我们是根据混凝土技术要求（到工地坍落度（180±20）mm坍损

20mm/h，和易性好，流动性佳)，并通过听取厂家建议和多次试验确定的，最终确定C50混凝土聚羧酸外加剂掺量为胶凝材料用量的1.5%，C60混凝土聚羧酸外加剂掺量为胶凝材料用量的1.8%，具体计算过程如下：

C50混凝土外加剂用量的确定

$$A=(360+90)\times 1.5\%=6.8\text{kg/m}^3$$

C60混凝土外加剂用量的确定

$$A=(424+81)\times 1.8\%=9.1\text{kg/m}^3$$

3.1.8 砂率的选用及砂石用量的确定

根据砂、石检验数据（砂细度2.8～2.9，级配及其他指标符合规范要求；石子为粒径5～16mm连续粒级石子和粒径为5～25mm连续粒级石子双级配，其他指标也符合规范要求)，以及通过做最佳密度，计算出粒径为5～16mm连续粒级和粒径为5～25mm连续粒级两种石子的最佳配合比例为4：6，还测得按比例混合后石子的孔隙率，再结合我们以往的经验，C50混凝土选用38%的砂率；C60混凝土选用36%的砂率。根据经验，我们确定C50混凝土假定密度为2450kg/m^3；C60混凝土假定密度为2460kg/m^3。C50、C60混凝土砂石用量具体计算过程如下：

1）C50混凝土砂、石用量的确定

$S=(2450-m_w-m_c-m_K-m_F-m_A)\times 38\%=(2450-151-360-90-7)\times 38\%=700\text{kg/m}^3$

$G=(2450-m_w-m_c-m_K-m_F-m_A)/(1-38\%)=(2450-151-360-90-7)/(1-38\%)$

$=1142\ \text{kg/m}^3$

$G_{5\sim16mm}=1142\times 40\%=457\text{kg/m}^3$　　$G_{5-25mm}=1142\times 60\%=685\text{kg/m}^3$

2）C60混凝土砂、石用量的确定

$S=(2460-m_w-m_c-m_K-m_F-m_A)\times 36\%=(2460-145-424-81-9)\times 36\%=648\text{kg/m}^3$

$G=(2460-m_w-m_c-m_K-m_F-m_A)/(1-36\%)=(2460-145-424-81-9)/(1-36\%)$

$=1153\text{kg/m}^3$

$G_{5\sim16mm}=1153\times 40\%=461\text{kg/m}^3$　　$G_{5\sim25mm}=1153\times 60\%=692\text{kg/m}^3$

3.1.9 配合比的确定

经过上述试验、配合比设计和计算，我们确定本工程C50、C60混凝土配合比如表2所示。

表2 C50、C60混凝土配合比

配合比	材料名称	水W	水泥C	矿粉K	砂S	石粒径 5～25mm	石粒径 16～31.5mm	外加剂A
C50	用量（kg/m^3）	151	360	90	700	457	685	6.8
C60	用量（kg/m^3）	145	424	81	648	461	692	9.1

3.2 配合比的试配和调整

配合比设计确定后，我们进行了大量试配和重复性试验。首先解决混凝土的初始状态，使其初始坍落度控制在 200～220mm（路途损失 20～30mm，到现场正好满足(180±20)mm 的设计要求）、不离析、和易性好（有良好的包裹性，无泌浆、无泌水）、流动性好（扩展度控制在 450～500mm，混凝土流速较快），混凝土有较好的匀质性，不分层，骨料能均匀地分布在混凝土中，不沉淀。然后通过调节外加剂中缓凝成分，将初凝时间控制在 7～9h（混凝土箱梁浇筑完毕所需的最长时间），终凝时间控制在 12～15h，以便于混凝土箱梁施工；将坍落度损失控制在 2h 小于 40mm（2h 是每车混凝土浇注完毕所需的最长时间）。最后检验混凝土 3d、7d、14d、28d 强度，氯离子渗透系数、抗冻耐久性指数、最大氯离子含量等力学性能和耐久性性能，完全符合设计要求后，该配合比才用于实际施工。其具体检测结果见表 3。

表 3　混凝土耐久性检测

混凝土耐久性指标	C50 设计要求	检测结果	C60 设计要求	检测结果
环境作用等级	D 级	符合 D 级要求	D 级	符合 D 级要求
最大水胶比	0.36	0.335	0.32	0.287
最小胶凝材料用量（kg/m^3）	380	450	380	505
最大胶凝材料用量（kg/m^3）	450	450	550	505
氯离子扩散系数 DRCM（28d 龄期）$10^{-12}m^2/s$	<7	3.22	<7	2.92
抗冻耐久性指数 DF（%）	>60	80.1	>60	80.1
最大氯离子含量%	<0.06	0.02	<0.06	0.02
最大碱含量（kg/m^3）	<3.0	2.16	<3.0	2.51
设计强度（MPa）	50	3d 45.6	60	3d 53.4
		7d 51.3		7d 62.5
		14d 55.6		14d 64.9
		28d 68.0		28d 78.0

由表 3 可见，用该配合比拌制的混凝土各项力学性能和耐久性性能完全符合设计要求，经施工单位、监理和业主审核后，批准使用。

4 混凝土的施工技术

4.1 原材料

除按 1.2.1 原材料技术要求及选用中提及的原则选用优质的原材料外，实际混凝土生产与施工中还应注意以下问题：

4.1.1 石子必须水洗

石子必须经洗石机用清水清洗干净，石子表面必须清洁，不得裹有石粉、泥等杂物，以免影响砂浆与石子的胶结，从而降低混凝土强度。石子还必须提前洗出、晾干，以防石子含水不稳定，影响混凝土坍落度。

因为C50以上的混凝土强度与普通混凝土的不同，它的强度不像普通混凝土那样仅由水胶比决定，它的强度在很大程度上还要看砂浆与石子的胶结力，石子表面越干净，砂浆与石子的胶结力就越强，混凝土的强度就越高；反之，石子表面如果不干净，有石粉或其他杂质，就会降低砂浆与石子的胶结力，导致混凝土强度大幅下降，甚至不合格，影响工程质量。

4.1.2 用砂调节好混凝土和易性

在实际施工中，砂的品质及用量直接决定混凝土的和易性，和易性好的混凝土才能浇筑出优质混凝土，要用砂的用量来调节好混凝土的和易性。

4.1.3 做好水泥与外加剂的适应性检测

每批水泥必须用留好的外加剂样品测试净浆流动度，净浆流动度必须达到230～250mm，1h损失不大于40mm；同样，每车外加剂必须用留好的水泥样品测试净浆流动度，净浆流动度必须达到230～250mm，1h损失不大于40mm。如果不满足上述要求，及时调整外加剂来满足要求，这样才能保证混凝土各种性能的稳定性。

4.2 混凝土质量控制

施工前一定要测准砂含水、含石、细度，准确出具施工配合比。当细度较大时可适当增加1%～2%砂率，当细度偏小时可适当减1%～2%砂率。

混凝土和易性较差时可适当增加1%～2%砂率，混凝土较粘时可适当减1%～2%砂率。

混凝土坍落度较大时，可适当提高1%～2%含水，混凝土坍落度较小时，可适当降低1%～2%含水。要严禁单纯加水或减水。

在以上措施均不能起明显效果时，再调整外加剂掺量。混凝土坍落度较大，混凝土和易性较差时，可适当减少外加剂掺量0.1%～0.2%，但要以不影响混凝土流动性为底线；混凝土坍落度较小时，混凝土较黏时可适当增加外加剂掺量0.1%～0.2%，但要以不影响混凝土和易性为底线。要严禁单纯加水或减水。

一定要做好开盘鉴定，根据前1～2盘混凝土状态调整好混凝土坍落度和工作性。为了保证混凝土质量，必须加强过程控制。再根据当天的原材料情况（砂含水率、含石率等）出具生产配料单后，在搅拌楼输入配合比时，要求操作手根据配合比准确输入，输入完毕在生产配料单上签字确认；然后当班质检员复核，确认无误后，在生产配料单上签字确认。生产时，先搅拌一盘，检测各种技术指标，要求初始坍落度控制在200～220mm，不离析、和易性好、流动性好，在满足了上述初始技术指标后，再连续生产。

一定要加强混凝土试拌工作，在材料有细微变化时，就及时试拌，找出规律，最终找出最佳的混凝土施工配合比。

4.3 施工与设备

混凝土搅拌前，必须用清水将搅拌机清洗干净，然后再用含少量聚羧酸外加剂的水涮搅拌机，洗、涮完毕后放尽搅拌机中的水。

混凝土罐车接混凝土之前，必须反转，放尽罐车内的水。接完混凝土后，禁止冲洗后料斗，到施工现场放完混凝土后，再冲洗后料斗。冲洗完毕后，必须反转将罐体内的水放尽。

润泵砂浆必须单独运抵现场，不得用装完混凝土的车背砂浆；也不宜在工地用泵车搅砂浆，以防砂浆搅拌不匀，影响泵送。

施工现场必须配备能力、责任心较强的调度员，做好协调工作，保证施工顺畅。同时要配备技术能力较强的质检人员，及时将混凝土现场情况反馈给站里，以便及时调整配合比。

控制好发车速度。由于混凝土箱梁的跨度很大，有 30～50m，每个箱梁的混凝土方量都在 500～700m^3，施工的连贯性非常重要，否则会造施工冷缝等各种质量事故，因此与施工单位多次研究后决定，每次在施工现场准备完毕后，公司开始发车，先连发四车，四车全部到工地后，才允许浇筑，以确保能连续不停的浇筑。在第一车开始浇筑后，现场人员立即通知公司继续发车，每车之间间隔 20min（正好是现场一车混凝土浇筑完毕的时间），这样就既能保证混凝土浇筑的连贯性，又能保证不在现场压车（避免了在现场压车时间过长，造成混凝土坍落度损失过大而引起的浇筑困难等质量事故）。

做好应变准备。实际施工时，我们给每辆罐车都配备了一小桶外加剂（约 3kg，即使全部加入也只能调节混凝土的坍落度不会影响混凝土质量），防备车辆出现故障、交通堵塞、现场施工不顺利等各种意外情况出现时，来调节混凝土坍落度及工作性；同时明确要求司机和施工人员，出现意外情况，造成混凝土坍落度变小，只允许用外加剂调节，绝对禁止加水调节，以确保混凝土质量。另外，我们在每次施工时，在施工现场也配备了一名质检员，由他及时将工地情况和混凝土状态反馈给我公司，公司技术部门据此对混凝土进行微调，公司调度据此控制发车速度，以确保混凝土顺畅浇筑；同时，若出现意外情况，造成混凝土坍落度变小，工作性变差时，质检员可做及时调整。

5 混凝土的实测数据

5.1 C50 混凝土强度实测数据

经过我公司与施工单位的密切配合，精心施工，所浇筑的 13900 多立方米 C50 混凝土箱梁均施工顺利，未出现任何质量事故，混凝土质量达到了优良水平，具体数据如表 4、表 5 所示。

表 4 C50 混凝土强度检验

试块组数 n	139	合格判定系数		统计方法		合格判定条件
强度标准值 $f_{cu,k}$（MPa）	50	λ_1	1.6	$0.9f_{cu,k}$（MPa）	45.0	$m_{f_{cu}}-\lambda_1\times s_{f_{cu}}\geqslant 0.9f_{cu,k}$
平均值 $m_{f_{cu}}$（MPa）	65.2			$m_{f_{cu}}-\lambda_1\times s_{f_{cu}}$（MPa）	59.8	
标准差 $s_{f_{cu}}$（MPa）	3.37	λ_2	0.85	$\lambda_2\times f_{cu,k}$（MPa）	42.5	$f_{cu,min}\geqslant\lambda_2\times f_{cu,k}$
最小值 $f_{cu,min}$（MPa）	53.8			最小值 $f_{cu,min}$（MPa）	53.8	
结论	根据《混凝土强度检验评定标准》（GB/T 50107—2010）评定，该批混凝土合格					

表5 C50混凝土质量控制

<table>
<tr><td colspan="2">生产质量水平</td><td>混凝土生产管理水平优良的判定标准</td><td>本工程混凝土质量情况</td></tr>
<tr><td colspan="2">混凝土强度等级（MPa）</td><td>≥20</td><td>C50</td></tr>
<tr><td>混凝土强度标准差 σ（MPa）</td><td>商品混凝土厂</td><td>≤3.5</td><td>3.37</td></tr>
<tr><td>强度不低于规定强度等级的百分率（%）</td><td>商品混凝土厂</td><td>≥95%</td><td>100%</td></tr>
<tr><td colspan="4">结论：根据《混凝土质量控制标准》（GBJ 50164—1992）评定，该批混凝土合格，生产管理水平优良</td></tr>
</table>

5.2 C60混凝土强度实测数据

经过我公司与施工单位的密切配合，精心施工，所浇筑的2900多立方C60混凝土箱梁均施工顺利，未出现任何质量事故，混凝土质量达到了优良水平，具体数据如表6、表7所示。

表6 C60混凝土强度检验

<table>
<tr><td>试块组数 n</td><td>29</td><td colspan="2">合格判定系数</td><td colspan="2">统计方法</td><td>合格判定条件</td></tr>
<tr><td>强度标准值 $f_{cu,k}$（MPa）</td><td>60</td><td rowspan="2">λ_1</td><td rowspan="2">1.6</td><td>$0.9f_{cu,k}$（MPa）</td><td>54</td><td rowspan="2">$m_{f_{cu}}-\lambda_1\times s_{f_{cu}}\geq0.9f_{cu,k}$</td></tr>
<tr><td>平均值 $m_{f_{cu}}$（MPa）</td><td>70.5</td><td>$m_{f_{cu}}-\lambda_1\times s_{f_{cu}}$（MPa）</td><td>65.0</td></tr>
<tr><td>标准差 $s_{f_{cu}}$（MPa）</td><td>3.45</td><td rowspan="2">λ_2</td><td rowspan="2">0.85</td><td>$\lambda_2\times f_{cu,k}$（MPa）</td><td>51</td><td rowspan="2">$f_{cu,min}\geq\lambda_2\times f_{cu,k}$</td></tr>
<tr><td>最小值 $f_{cu,min}$（MPa）</td><td>64.9</td><td>最小值 $f_{cu,min}$（MPa）</td><td>64.9</td></tr>
<tr><td>结论</td><td colspan="6">根据《混凝土强度检验评定标准》（GB/T 50107—2010）评定，该批混凝土合格</td></tr>
</table>

表7 C60混凝土质量控制

<table>
<tr><td colspan="2">生产质量水平</td><td>混凝土生产管理水平优良的判定标准</td><td>本工程混凝土质量情况</td></tr>
<tr><td colspan="2">混凝土强度等级（MPa）</td><td>≥20</td><td>C50</td></tr>
<tr><td>混凝土强度标准差 σ（MPa）</td><td>商品混凝土厂</td><td>≤3.5</td><td>3.45</td></tr>
<tr><td>强度不低于规定强度等级的百分率（%）</td><td>商品混凝土厂</td><td>≥95%</td><td>100%</td></tr>
<tr><td colspan="4">结论：根据《混凝土质量控制标准》（GBJ 50164—1992）评定，该批混凝土合格，生产管理水平优良</td></tr>
</table>

6 结语

用于浇筑箱梁的C50、C60混凝土必须具有很好的耐久性，能够抵抗氯离子等有害离子的渗透腐蚀，根本的方法就是提高混凝土的密实性，从而使混凝土能够达到低渗透性、高弹性模量，也就是应用高性能混凝土；另外，由于箱梁施工既要求混凝土早期强度要高、坍落度损失要小，又要求缓凝时间要短，以便于箱梁底板与腹板的施工，因此使用萘系减水剂很难达到技术要求，必须使用先进的聚羧酸外加剂。在实际施工中，首先要根据设计要求、原材料情况设计出符合设计要求的混凝土配合比；其次施工时要加强过程控制，确保施工质量。这样，才能创造出优质的产品和优质的工程。

注：《高强高性能混凝土在中央大道永定新河特大桥中的应用》发表于《商品混凝土》2010 年第 01 期。

商品混凝土生产与施工过程中易发生的问题及解决方案

黄振兴　任庆伟

天津振华商品混凝土有限公司　天津　300456

摘　要　作者通过多年施工经验的积累，以及丰富的实际案例，阐述了商品混凝土生产与施工过程中易发生的问题及解决方案。

关键词　商品混凝土；生产；施工；问题；解决方案

1　引言

随着入世，申奥成功，申博再赢，我国正以前所未有的力度加快改革开放的步伐，经济得到了飞速发展，建筑市场也日益扩大。优质、高效、环保的商品混凝土生逢其时，借着改革开放的劲风迅速发展壮大，深受广大施工企业的欢迎，应用也日趋普及。因而，商品混凝土已渐渐成为决定工程质量优劣的决定性因素之一。由于商品混凝土是由水泥、砂、石、掺合料、外加剂、水等多种材料按一定比例配制而成，每一种原材料质量发生波动均会直接影响到混凝土的性能。另外，其他诸如天气、施工方法、时间等均会对混凝土产生各种影响。所以混凝土生产和施工中会遇到许许多多各种各样的问题。经过多年积累，在本文中列举了一些我们及同行在生产及施工中曾遇到的问题，如何进行分析、解析这些问题的方案。若能给同行些许参考，我们则深感欣慰。

2　生产过程中易发生的问题及解决方案

新拌出来的混凝土是否满足设计强度要求，在浇筑时是无法测定的，只有等到标准养护 28d 后才能得到。因而混凝土质量好坏的信息反馈是十分滞后的。在做好质量预控、试验室试配强度满足要求的前提下，唯一有效监控混凝土质量的指标就是坍落度。无论混凝土质量有什么异常，均会首先从坍落度这个指标上反映出来。而且坍落度不正常，波动太大还会影响到泵送施工，进而影响到施工质量。所以只有紧紧抓住坍落度这个重要的质量控制点，才能控制好混凝土质量这个面。

2.1　坍落度突然变小（见表 1）

坍落度突然变小的原因及解决方案如表 1 所示。

表1 坍落度突然变小的原因及解决方案

序号	产生的原因	解决方案
1	砂含水率减少。由于大部分厂家砂均为露天堆放，表层及堆放时间过久的砂含水率会偏低，造成坍落度变小	及时测准砂含水率，增加用水量，相应地减少砂用量
2	遇到砂偏细。由于砂表面积相对增大，砂用水量增多，导致坍落度变小	适当减少砂率
3	碎石中石粉含量偏高。尤其是使用拉铲上料的工艺，时间一长后，石粉会逐渐积累在料堆下方。若上料不及时，拉上来的石粉就偏多，石粉吸走大量水，造成坍落度变小	定期将石粉偏多的碎石清理掉
4	水泥温度偏高。尤其是进行大方量混凝土施工时，由于水泥用量较大存放时间较短，水泥温度偏高。有些单位曾遇到温度高达103℃的水泥。由于刚生产出的水泥活性较高，再加上偏高的温度加速了水化，造成坍落度变小	首先要求水泥厂要有一定储量，生产出的水泥要按规定停放一段时间。其次，若在生产中遇到该问题，可适当掺些缓凝剂
5	外加剂浓度发生变化。由于下雨、洗机等，水进入外加剂罐，使外加剂浓度降低，影响减水效果，造成坍落度变小	首先，外加剂罐要做好防水渗入。其次，如在施工中发现外加剂浓度已变小，则及时增加掺量
6	计量出错。在排除了上述可能性后，立即检查计量系统，若计量体系失控，如外加剂少加，水泥、粉煤灰、骨料多加，均会造成坍落度变小	若确实为计量失控，则已拌混凝土作废。待计量系统正常，并经检定合格后方可生产
7	冬施水温偏高。冬期施工时拌合水水温若过高，尤其是先与水泥相遇，会使水化过快造成坍落度变小，甚至出现假凝	一般气温在0～5℃时，水温控制在20～30℃即可。－10～－5℃时，水温控制在30 ～ 40℃即可，当水温大于40℃时，应使水与骨料拌和，再投入水泥

2.2 坍落度突然变大

在生产时应十分注意坍落度这一指标发出的警示，每当坍落度出现异常时，就必须立刻意识到在某个生产环节上出了问题（见表2）。应该及时找出原因，排除影响混凝土质量的隐患，把质量事故消灭在萌芽之中。

表2 坍落度突然变大的原因及解决方案

序号	产生的原因	解决方案
1	砂含水增大。由于大部分厂家砂均为露天堆放，里层及料堆底部砂含水率偏高，造成坍落度增大	及时测准砂含水率，减少用水量，相应地增加砂用量
2	遇到砂偏粗，由于砂表面积相对减小，砂用水量减少，导致坍落度增大	适当增加砂率
3	计量失控。水、外加剂多加或水泥、粉煤灰、骨料少加均会造成坍落度增大	若确定为计量失控，已拌混凝土作废处理。待计量系统正常，并经检定合格后方可生产
4	降雨。砂含水不断增大，若不及时调整，会造成坍落度增大	连续测定砂含水率，根据情况减少用水量，增加砂用量，并加强坍落度测试，雨大时一车一测，及时调整
5	冬期施工时，骨料中混入冰块和雪造成坍落度增大	根据情况减少用水量、增加砂率

3　施工中易发生的问题及解决方案

3.1　可泵性差

商品混凝土的可泵性与其质量密切相关。一种混凝土质量再好，强度再高，如果可泵性不好，无法顺利浇筑到位，那么其质量好，强度高是毫无意义，完全是一纸空谈。混凝土可泵性差，现场施工人员为了将其泵出去，势必要加水，但这无疑是雪上加霜，火上浇油，进一步恶化了混凝土质量，为质量事故的出现埋下了重大隐患。因此，充分了解影响混凝土可泵性的各种因素，及时调整级配，保证混凝土的可泵性是十分必要的。只有保证混凝土有良好的可泵性，才能保证混凝土质量（见表3）。

表3　影响混凝土可泵性的因素及解决方案

序号	影响混凝土可泵性的因素	解决方案
1	砂对混凝土的可泵性影响十分巨大。混凝土中砂率不适宜，砂的颗粒级配不好，粒径为0.315mm以下筛余小于15%均会严重影响混凝土可泵性	首先，设计试拌混凝土级配时应根据原材料情况，选定适宜砂率；其次，砂应选用细度为2.4～2.7的Ⅱ区中砂；最后，还可以掺入适当粉煤灰以补偿砂中粒径为0.315mm以下筛余中细部颗粒的不足
2	碎石的颗粒级配对混凝土的可泵性影响也非常大，最大粒径大于输送管径的1/3，不是连续粒级均会影响混凝土可泵性	选择粒径适宜，连续粒级，且颗粒级配良好的碎石
3	混凝土到现场坍落度太小，造成泵送困难	首先，混凝土出站时坍落度要根据坍落度经时损失值（由运距而确定一个适宜值）；其次，每台罐车上应用小桶准备若干桶缓凝减水剂，当出现意外情况，不能及时浇筑时，作调整坍落度用
4	现场施工太慢，压车时间偏长，导致坍落度损失过大，造成泵送困难	首先与施工单位协商尽量加快施工速度；其次，加强车辆调度避免压车；另外，减少车辆装载混凝土的量；随车带些小桶的缓凝减水剂，在坍落度损失过大时作调整用
5	胶结料黏聚性不好，引起的混凝土和易性差，导致泵送困难。例如，使用矿渣水泥或使用的粉煤灰品质较差	适当加入一些引气剂，可大大改善混凝土和易性，提高可泵性
6	由于坍落度过大，高效减水剂掺加过多，混凝土级配不合理等造成混凝土离析，造成可泵性差	控制好坍落度，在保证混凝土强度的前提下适当减少高效减水剂用量，增加磁盘率或调整混凝土级配直至和易性良好
7	泵送管道布设不合理，弯管过多；垂直向上泵送时，水平管距离太短	科学合理地布设泵送管道，尽量减少弯管；垂直向上泵送时，水平管距离应适宜

3.2　混凝土出现质量缺陷

商品混凝土与普通混凝土性能有较大的不同。由于混凝土技术的飞速发展，双掺（掺高效减水剂、掺粉煤灰）技术的普遍采用，商品混凝土比普通混凝土和易性、工作性、流动性更好，坍落度也往往更大。但是施工人员往往对新事物、新技术接受较慢，再加上一些单位不重视对员工的知识及时更新，常常导致在施工中错误使用外加剂或施工方法不对而造成混凝土出现如凝结时间过长、凝结时间过短、表面起一层硬皮而硬皮下混凝土尚未凝结、表面出现蜂窝麻面、过振、出现裂缝等问题。混凝土裂缝问题，同行们已有许多详尽精辟的论述，本文不再赘述。本文主要讨论前几种质量缺陷及其解决方案（见表4）。

表4 质量缺陷及解决方案

序号	曾出现过的质量缺陷及原因	解决方案
1	某工程混凝土供应接近尾声时，负责掺加缓凝剂的工人将散落在地面的外加剂扫到一起，一并加入最后一盘混凝土中。他这样的“节约”直接导致最后一车混凝土不凝结	凝结时间在2d内对强度影响不大，3d以上则影响很大，甚至没有强度，故平常一定要加强对员工的培训，要让员工认识到按级配操作的重要性
2	某工程施工时选用外加剂不当，造成混凝土凝结过快，柱、墙面等出现蜂窝麻面	在施工前一定要根据混凝土运距、施工速度、天气情况来确定混凝土凝结时间，不能打无准备之仗
3	某工程施工时，发现混凝土表面出现1cm左右硬皮，而硬皮下混凝土还是软的（未到初凝）。经分析当时气温较高，烈日曝晒造成混凝土表层中的水还未参与水化反应就蒸发了。而且混凝土缓凝时间偏长，水化太慢，未能留住混凝土表层的水分	施工时混凝土抹平后应立即覆盖塑料薄膜来阻止水分蒸发；同时，混凝土凝结时间也不宜过长，应根据实际施工速度选一适宜值
4	某工程柱拆模后，发现下部石子偏多，上部砂浆偏多，混凝土分层。经分析发现施工人员对大坍落度、流动性好的混凝土振捣时按普通混凝土施工，振捣时间过长，造成过振	施工前和施工时，商品混凝土供应方应提醒施工单位采用正确的振捣方式
5	某工程拆侧模后发现粘模。大大影响了混凝土的外观。经分析拆模时间偏早，混凝土凝结时间偏长	推迟拆模时间，适当缩短混凝土凝结时间
6	某工程向混凝土供应商购掺UEA膨胀剂的抗裂混凝土。该工程施工人员错误地认为掺了UEA膨胀剂混凝土就不裂了，不用养护了。施工完几天后，发现混凝土多处开裂	UEA膨胀剂水化后的硫铝酸钙要带32个结晶水，故水化时需要大量水。只有在湿养护的情况下，UEA膨胀剂才能充分发挥作用。因此，混凝土供应商在供应这种特种混凝土时应向施工单位作技术交底，而施工单位应严格执行

由上述可见，如果加强对施工人员的技术培训，加快知识更新换代，采用正确的施工方法，许多质量缺陷是可以避免的。

3.3 商品混凝土公司留置的试件强度与施工单位留置的试件强度有差异

商品混凝土公司与施工单位常常会因为各自留置的试件强度有差异而发生争议，通常是施工单位留置的试件强度偏低。经分析发现，绝大部分商品混凝土公司有严格的行之有效的管理手段，比较先进的、现代化的施工技术，人员素质较高。故其试件的强度值一般都真实可靠。问题往往都出在施工单位。由于施工单位管理不严，人员素质不高，留置的试件由于养护不当、拆模过早、受冻、失水等造成强度偏低，无法反映混凝土真实情况（见表5）。

表 5　留置试件强度差异原因及解决方案

序号	产生差异的原因	解决方案
1	施工现场无养护条件，试件在早期得不到适当养护，使得混凝土强度大大降低，无法真实可靠地反映混凝土真实强度	商品混凝土供应商在与施工单位签订供货合同时应明确要求对方在施工现场具备养护条件。若不能具备的应委托第三方制作留置试件
2	某工程使用的混凝土凝结时间较长，但施工单位试验人员按普通混凝土对待，第二天就拆了试件的模子，造成试件受损，影响强度	商品混凝土供应商在供应凝结时间较长的混凝土时应及时提醒施工单位试件人员适当推迟试件拆模时间，以免试件受损，影响强度
3	某工程施工单位试验员错误地认为掺了防冻剂混凝土就不怕冻了，不用保温养护。造成试件受冻破坏几乎没有强度	商品混凝土供应商在冬期施工供应混凝土时，应派本公司试验人员与施工单位试验人员协商，严格按规定要求留置试件，尤其要在试件标养前避免受冻
4	某工程施工单位施工人员在冬期施工时，怕留置的试件受冻，就都搬到了炉子旁边，结果造成试件失水，水化停止，试件强度大大降低	商品混凝土公司在冬期施工时，应要求施工单位严格按规范留置好试件。除了要做好保温，更应做好保湿工作
5	某工程施工时，商品混凝土公司试验人员到施工场地发现施工单位一民工正在制作试件，并在反复用钢筋插捣试件，并说已插捣了一百多下，再一看试件中的砂浆已所得无几，全是石子，这样的试件怎么会有代表性呢	商品混凝土公司在供应混凝土时，应要求施工单位派有上岗证的合格试验人员制作试件，并双方共同见证取样

4　结语

总之，由于商品混凝土是由多种组分组成，且天气、运距、施工速度等多种因素均会影响混凝土性能。另外，随着商品混凝土技术的发展混凝土科技含量也不断提高，这就要求生产和施工人员要不断提高自身素质，加速知识更新换代；在实践中不断丰富积累自己的经验；在生产和施工中要综合、系统、全面地考虑影响混凝土的各种因素，防患于未然。在生产和施工中遇到问题时，要仔细分析及时找出原因对症下药，准确、有效、及时地排除各种不利影响因素，确保优质、高效的生产和施工。

注：《商品混凝土生产与施工过程中易发生的问题及解决方案》发表于国家核心学术期刊《混凝土》2003 年第 12 期。

粉煤灰细度测试试验的正交分析

陶子山　黄振兴

天津振华商品混凝土有限公司　天津　300456

摘　要　笔者按照《用于水泥和混凝土中的粉煤灰》(GB/T 1596—1991)[1]标准，利用负压筛法做粉煤灰细度试验时，发现规范规定试样量偏大，若选取较小试样量，则精确度大大提高。

关键词　负压值；试样量；细度；筛析时间；正交设计

［中图分类号］　TU528.041　［文献标识码］　A　［文章编号］1002-3550（2002）10-0041-02

1　引言

随着人们对粉煤灰的大量应用，粉煤灰的质量也成了人们重视的环节。国家按照粉煤灰质量不同将粉煤灰分成三个等级（表1）。在混凝土中，不同等级的粉煤灰其用途不同。然而，笔者在做了大量粉煤灰的细度试验后，发现规范中存在一些可探讨之处，现在提出来与大家共同探讨。

表1　粉煤灰等级指标

序号	指标	级别		
		Ⅰ	Ⅱ	Ⅲ
1	细度（0.045mm方孔筛筛余）（%<）	12	20	45
2	需水量比（%<）	95	105	115
3	烧失量（%<）	5	8	15
4	含水量（%<）	1	1	不规定
5	三氧化硫（%<）	3	3	3

2　粉煤灰的细度试验

2.1　试验用原材

粉煤灰：天津军粮城发电厂生产的Ⅱ级灰。

2.2　采标

GB/T 1596—1991附录A粉煤灰的测定方法（补充件）。

2.3　试验仪器及原理

负压筛析仪功率600W，负压筛析仪由筛座、负压筛、负压源及收尘器组成，其中筛座由转速为 30+2r/min 喷气嘴、负压表、控制仪、微电机及壳体等构成，工作原理：利用气流作为筛分的动力和介质通过旋转的喷气嘴喷出气流作用使筛网上的待测粉状物料成流态化，并在整个系统负压的作用下将细颗粒通过筛网抽走，从而达到筛分的目的。

2.4 规范规定的试验步骤

1）称取试样 50g，精确至 0.1g。倒入 0.045mm 方孔筛筛网上，将筛子置于筛座上，盖上筛盖。

2）接通电源，将定时开关开到 3min，开始筛析。

3）开始工作后，观察负压表，负压大于 2000Pa 时，表示工作正常，若负压小于 2000Pa，则应停机，清理收尘器中的积灰后再进行筛析。

4）在筛析过程中，可用轻质木棒或硬橡胶棒轻轻敲打筛盖，以防吸附。

5）3min 后筛析自动停止，停机后将筛网内的筛余物收集并称量，精确至 0.1g。

2.5 试验过程

针对 3）中要求负压大于 2000Pa，对同批粉煤灰试样做 4 个编号，分别进行试验，结果如表 2 所示。

表 2 粉煤灰试样对比

试验编号	负压值（Pa）	试样量（g）	筛析时间（min）	筛余量（g）	细度（%）
F01	2500	50	3	9.2	18.4
F02	3500	50	3	8.9	17.8
F03	4500	50	3	8.3	16.6
F04	5500	50	3	8.1	16.2

以上试验均符合 GB/T 1596—1991 标准要求，却得到了截然不同的结果。在试验 F01、F02 筛析过程中，有不同程度的粉煤灰在筛子边缘淤积。观察筛余物，颜色为灰色，显然没有被充分筛析。笔者把试样量、负压值、筛析时间作为三个因素，利用正交设计的方法，对粉煤灰细度进行下面试验。

3 正交设计试验

3.1 因素水平表（见表 3）

表 3 因素水平表

水平	因素		
	A 试样量（g）	B 负压值（Pa）	C 筛析时间（min）
1	50	2500	2
2	40	3500	3
3	25	4500	4
4	10	5500	5

3.2 正交试验方案结果与极差分析

由各列极差 R 的大小，可以判定本试验中因素的主次顺序为：A－B－C，即试样量是影响细度值的主要因素，负压值是次要因素，而筛析时间对细度值影响较小。

3.3 方差分析

L16（4^4）试验方案与极差计算结果如表4所示。

方差分析如表5所示。

表4 L16（4^4）试验方案与极差计算结果

因素	A试验量（g）	B负压值（Pa）	C筛析时间（min）	4	细度（%）
序号	1	2	3		
F1	1（50）	1（2500）	1（2）	1	19.6
F2	1（50）	2（3500）	2（3）	2	17.8
F3	1（50）	3（4500）	3（4）	3	16.2
F4	1（50）	4（5500）	4（5）	4	15.8
F5	2（40）	1（2500）	2（3）	4	17.0
F6	2（40）	2（3500）	3（4）	1	16.6
F7	2（40）	3（4500）	4（5）	2	16.0
F8	2（40）	4（5500）	1（2）	3	16.4
F9	3（25）	1（2500）	3（4）	2	15.4
F10	3（25）	2（3500）	4（5）	3	15.4
F11	3（25）	3（4500）	1（2）	4	15.5
F12	3（25）	4（5500）	2（3）	1	15.4
F13	4（10）	1（2500）	4（5）	2	15.4
F14	4（10）	2（3500）	1（2）	3	15.4
F15	4（10）	3（4500）	2（3）	4	15.3
F16	4（10）	4（5500）	3（4）	1	15.4
K1	69.4	67.4	66.9	67.1	258.6
K2	66.0	65.2	65.5	64.6	
K3	61.7	63.0	63.6	63.4	
K4	61.5	63.0	62.6	63.5	
R	2.0	1.1	1.0	0.9	

说明：1. 试样量选取50g，40g，25g，10g是为了便于计算结果，不会出现除不尽的小数；
2. 因选用10g试样量，称量精度相应使用0.02g，本试验中采用称量精度为0.01g。

表5 方差分析

方差来源	平方和	自由度	均方	F值	临界值
A	10.7525	3	3.5842	5.205	$F_{0.01}$（3，9）=7.0
B	3.3275	3	1.1092	1.611	$F_{0.05}$（3，9）=3.9
C	2.7725	3（合计9）			$F_{0.1}$（3，9）=2.8
空列	2.2225	3	0.6886		$F_{0.2}$（3，9）=1.9
不饱和	1.2025	3			
总和	20.2775	15			

由表5的方差分析可知负压值（B）和筛析时间（C）这两个因素已被误差淹没，

可以说，已对细度试验结果无影响，我们看到的只是试验误差。只有试样量（A）对细度试验结果影响显著。

3.4 最佳方案的确定

由以上试验直接看出较经济的方案为A3B1C1，但仔细分析可以发现，当试样量为25g，筛析时间为3min时，细度结果已经趋于稳定。因此，笔者认为细度试验的最佳方案为A3B1C2。

3.4.1 验证试验

用同一试样，利用四分法分别取粉煤灰25g，作平行试验（见表6），结果相同。

表6 验证试验结果

编号	试样量（g）	负压值（Pa）	筛析时间（min）	细度（%）
1	25	2500	5	15.4
2	25	2500	3	15.4

3.4.2 最佳方案

通过验证试验可以判定，采用A3B1C2方案（即试样量为25g、负压值为2500Pa、筛析时间3min），能够准确、高效地做出粉煤灰的细度值。

4 原因分析

如果同水泥细度试验《硅酸盐水泥、普通硅酸盐水泥》（GB 175—1999）[2]标准对比可以发现：

1）水泥细度试验（负压筛法）用的是0.08mm的方孔筛。而在粉煤灰细度试验中用的是0.045mm的方孔筛。筛孔的减小相应增大了粉煤灰下流时的阻力。

2）一般普通硅酸盐水泥的表观密度为3.1g/cm³，一般粉煤灰的表观密度为2.2g/cm³，同样质量的水泥和粉煤灰体积比约为1：1.41。在水泥的细度试验（负压筛法）中所用试样质量为25g。粉煤灰细度试验所用50g试样的体积约为水泥试样体积的2.8倍。

3）在水泥细度试验中规定：调节负压至4000～6000Pa范围内，而粉煤灰细度试验中规定负压大于2000Pa时，表示工作正常，范围偏宽。

5 结语

通过以上试验，笔者认为，GB/T 1596—1991附录A粉煤灰的测定方法（补充件）部分条文不够详细，不能准确地指导试验，使得不同人员操作，所得结果不同。笔者建议，将其中的试样量减至25g，负压值设定在2500Pa，筛析时间设定为3min。这样才能够有效地解决以上问题。

参考文献

[1] 用于水泥和混凝土中的粉煤灰：GB/T 1596—1991 [S].
[2] 硅酸盐水泥、普通硅酸盐水泥：GB 175—1999 [S].

注：《粉煤灰细度测试试验的正交分析》发表于国家核心学术期刊《混凝土》2002年第10期。

塘沽海河大桥主塔混凝土质量回顾

黄振兴

天津振华商品混凝土有限公司　天津　300456

1　引言

塘沽海河大桥建成后将成为亚洲第一、世界第三的独塔斜拉桥。它全长 2650m，桥面宽 23m，双向四车道。其北引桥与新港二号路相连，并连接临港立交桥，通海防路。其南引桥与南疆大桥相连，直通南疆码头。其主塔高 168m，主桥跨度 310m，桥面与水面之间的距离为 37.5m，可通航万吨巨轮。

它建成后将彻底改变塘沽地区南北交通不畅的状况，对改善滨海地区的投资环境、加快货物周转、实现本市工业战略东移有着重要意义。

其中主塔为质量要求最高、最关键的工程，它能否如期、高质量的完成，将直接影响到整个工期。为了确保主塔施工能保质、保量、按期完成，业主特意选择了素有“铁军”美称的、曾参加过上海南浦大桥施工的上海基础公司和上海三建。混凝土由我公司供应，其技术要求为 C50、P6、F150。

2　原材料

水泥：唐山第三水泥厂生产的岗岩牌 P·O 52.5 级水泥（其主要技术指标如表 1 所示），河北太行山水泥厂生产的 P·O 42.5R 水泥（其技术指标如表 2 所示）。

表 1　水泥指标（唐山第三水泥厂）

	初凝时间	终凝时间	安定性	抗压强度（MPa）		抗折强度（MPa）		碱含量
				3d	28d	3d	28d	
GB 175—1999 要求	≥45min	≤10h	合格	≥22	≥52.5	≥4.0	≥7.0	—
岗岩牌 P·O 52.5	2h 10min	4h 10min	合格	38.3	58.6	6.4	8.5	0.56%

表 2　水泥指标（河北太行山水泥厂）

	初凝时间	终凝时间	安定性	抗压强度（MPa）		抗折强度（MPa）		碱含量
				3d	28d	3d	28d	
GB 175—1999 要求	≥45min	≤10h	合格	≥21	≥42.5	≥4.0	≥6.5	—
太行山 P·O 42.5R	2h 15min	4h 10min	合格	30.7	52.9	5.8	8.1	0.41%

砂：福建马尾港产的河中砂（其技术指标如表 3 所示），细度模数 2.4～2.6。

表3　河砂技术指标

	筛分析							含泥量（%）	泥块含量（%）
	筛孔尺寸（mm）	5.00	2.50	1.25	0.63	0.315	0.16		
JGJ 52—1992 要求	Ⅱ区中砂	10～0	25～0	50～10	70～41	92～70	100～90	≤3.0	≤1.0
马尾港河中砂	累积筛余（%）	2	6	13	41	90	98	0.2	0.0

碎石：蓟县5～20mm连续粒级（其技术指标如表4所示）。

表4　蓟县5～20mm连续粒级碎石指标

	筛分析						含泥量（%）	泥块含量（%）	针片状含量（%）
	筛孔尺寸（mm）	20.0	16.00	10.0	2.50	2.50			
JGJ 53—1992 要求	标准要求	0～10	—	40～70	90～100	95～100	≤1.0	≤0.50	≤15
蓟县碎石	累积筛余（100%）	6	22	57	96	98	0.5	0.1	5.2

粉煤灰：军粮城发电厂生产的二级原状粉煤灰（其技术指标如表5所示）。

表5　二级原状粉煤灰技术指标

	细度（%）	需水量比（%）	烧失量（%）	备注
GB 1596—1991 要求	≤20	≤105	≤8	—
军粮城Ⅱ级粉煤灰	6.4	98.6	3.37	—

外加剂：天津市玻利土建技术开发中心生产的TH高效减水剂，天津市雍阳减水剂厂生产的UNF—5高效减水剂（其技术指标如表6所示）。

表6　减水剂技术指标

检测项目		GB 8076—1997 对高效减水剂性能指标的要求		TH 高效减水剂	UNF—5 高效减水剂
		一等品	合格品		
减水率不小于（%）		12	10	21.1	22.7
泌水率比不大于（%）		90	95	0.0	24.5
含气量不大于（%）		3.0	4.0	1.9	2.0
凝结时间之差（min）	初凝	−90～+120		+110	+90
	终凝			+45	+35
抗压强度不小于（%）	1d	140	130	166	176
	3d	130	120	158	180
	7d	125	115	167	176
	28d	120	110	143	168
抗压强度不大于（%）	28d	135		107	91

续表

检测项目	GB 8076—199 对高效减水剂性能指标的要求		TH 高效减水剂	UNF—5 高效减水剂
	一等品	合格品		
对钢筋锈蚀作用	应说明对钢筋无锈蚀作用		无锈蚀	无锈蚀
总碱量（%）	——		5.87	5.63
氯离子含量（%）	——		0.03	0.67

3 技术准备

我公司试验室根据原材料情况，以及该混凝土的技术要求，进行了精心准备，设计试拌混凝土几十组，确定了最佳配合比；并进行了大量重复性试验，以验证其稳定性和可靠性。该配合比试验结果如表 7 所示。

表 7 配合比试验结果

水泥品种	抗压强度（MPa）			碱含量（%）	初凝时间	坍落度（mm）	坍落度经时损值（mm/h）
	3d	7d	28d				
岗岩牌 P·O 52.5	37.1	47.5	60.5	2.66	10h	220	20
太行山 P·O 42.5	38.5	54.2	64.5	2.93	12h	220	15

4 混凝土质量回顾

结构各部位混凝土抗压强度如表 8 所示。

表 8 混凝土强度

序号	检验编号	部位	抗压强度（MPa）	序号	部位	检验编号	抗压强度（MPa）
1	0-816	下塔柱第一节	59.1	14	0-982	下塔柱第五节	64.6
2	0-817	下塔柱第一节	63.0	15	0-983	下塔柱第五节	59.5
3	0-818	下塔柱第一节	64.4	16	0-984	下塔柱第五节	72.8
4	0-819	下塔柱第一节	62.4	17	0-1023	下塔柱第六节	68.7
5	0-865	下塔柱第二节	62.7	18	0-1024	下塔柱第六节	64.3
6	0-866	下塔柱第二节	56.8	19	0-1025	下塔柱第六节	64.8
7	0-867	下塔柱第二节	55.9	20	0-1102	下横梁下半部	66.5
8	0-909	下塔柱第三节	59.2	21	0-1103	下横梁下半部	66.5
9	0-910	下塔柱第三节	60.5	22	0-1104	下横梁下半部	71.7
10	0-911	下塔柱第三节	59.4	23	0-1105	下横梁下半部	69.8
11	0-938	下塔柱第四节	60.6	24	0-1106	下横梁下半部	68.2
12	0-939	下塔柱第四节	58.6	25	0-1107	下横梁下半部	68.1
13	0-940	下塔柱第四节	58.3	26	0-1162	下横梁上半部	61.0

续表

序号	检验编号	部位	抗压强度（MPa）	序号	部位	检验编号	抗压强度（MPa）
27	0-1163	下横梁上半部	60.6	58	1-93	中塔柱第十三节	67.1
28	0-1164	下横梁上半部	61.6	59	1-120	上横梁第一次	68.4
29	0-1165	下横梁上半部	60.5	60	1-121	上横梁第一次	68.6
30	0-1166	下横梁上半部	63.8	61	1-122	上横梁第一次	67.4
31	0-1167	下横梁上半部	61.6	62	1-162	上横梁第二次	60.8
32	0-1221	中塔柱第一节	62.1	63	1-163	上横梁第二次	62.4
33	0-1222	中塔柱第一节	66.3	64	1-204	上塔柱第一节	66.2
34	0-1223	中塔柱第一节	63.3	65	1-205	上塔柱第一节	68.2
35	0-1247	中塔柱第二节	72.4	66	1-206	上塔柱第一节	66.7
36	0-1248	中塔柱第二节	63.8	67	1-231	上塔柱第二节	63.8
37	0-1259	中塔柱第三节	67.1	68	1-232	上塔柱第二节	65.6
38	0-1260	中塔柱第三节	67.4	69	1-265	上塔柱第三节	62.1
39	0-1297	中塔柱第四节	66.8	70	1-266	上塔柱第三节	65.2
40	0-1298	中塔柱第四节	66.7	71	1-286	上塔柱第四节	61.9
41	0-1317	中塔柱第五节	69.7	72	1-287	上塔柱第四节	61.1
42	0-1318	中塔柱第五节	68.6	73	1-326	上塔柱第五节	64.0
43	0-1332	中塔柱第六节	67.1	74	1-327	上塔柱第五节	66.0
44	0-1333	中塔柱第六节	65.9	75	1-357	上塔柱第六节	62.2
45	0-1349	中塔柱第七节	67.0	76	1-358	上塔柱第六节	60.5
46	0-1350	中塔柱第七节	67.6	77	1-386	上塔柱第七节	62.4
47	0-1392	中塔柱第八节	58.9	78	1-387	上塔柱第七节	62.7
48	0-1393	中塔柱第八节	58.1	79	1-426	上塔柱第八节	60.8
49	0-1416	中塔柱第九节	61.9	80	1-427	上塔柱第八节	65.2
50	0-1417	中塔柱第九节	64.1	81	1-463	上塔柱第九节	66.2
51	0-1435	中塔柱第十节	60.5	82	1-464	上塔柱第九节	62.7
52	0-1436	中塔柱第十节	60.5	83	1-543	上塔柱第十节	58.1
53	0-1454	中塔柱第十一节	60.3	84	1-544	上塔柱第十节	59.4
54	0-1455	中塔柱第十一节	61.8	85	1-577	上塔柱第十一节	60.3
55	1-19	中塔柱第十二节	58.7	86	1-578	上塔柱第十一节	62.1
56	1-20	中塔柱第十二节	59.1	87	1-621	上塔柱第十二节	66.5
57	1-92	中塔柱第十三节	63.5	88	1-622	上塔柱第二节	66.0

混凝土抗压强度评定结果如表9所示。

表9 混凝土抗压强度评定

试验结果	平均强度（MPa）	混凝土强度标准差（MPa）	强度不低于规定强度的百分率（%）	评定结果
GB 50164—92标准	63.8	≤3.5	≥95	该批混凝土为优良混凝土
土塔混凝土		3.44	100	

混凝土抗渗性能如表10所示。

表10 混凝土抗渗性能

序号	渗水压力（MPa）	渗水高度（cm）						结果
1	0.8	0.9	1.0	0.8	1.2	1.3	0.9	>P6
2	0.8	1.0	0.8	1.2	1.1	0.9	0.9	>P6
备注	试验时从水压0.1MPa开始，每隔8小时增加0.1MPa，加压至0.8MPa，然后将试件劈裂，观察渗透情况（依据国际CBJ 82—85）							

混凝土抗冻性能如表11所示。

表11 混凝土抗冻性

冻融循环次数（次）	50	100	150	标准JTJ 270—1998要求
质量损失率（%）	0.7	1.5	2.1	≤5%
相对动态模量（%）	96.9	94.6	91.7	≥60%
结论	满足设计F150要求			

5 结语

从以上数据可以看出，我公司首先通过严把原材料质量关，精心选择了优质的原材；其次根据原材情况认真仔细地做好了技术准备工作，使设计出的混凝土施工配合比充分满足了技术要求；最后在施工单位的密切配合下，精心组织施工，严格控制混凝土质量，使混凝土的质量达到了优良。终于提前一个月，于2001年5月18日成功封顶，受到了施工单位、业主的好评，为塘沽海河大桥的建设做出了贡献。

注：《塘沽海河大桥主塔混凝土质量回顾》发表于《天津混凝土》2002年第4期。

TH 高效减水剂的性能和在泵送混凝土中的应用

黄振兴　周易谋　陈亚君
天津振华商品混凝土有限公司　天津　300456

摘　要　文中主要介绍了 TH 高效减水剂性能；TH 高效减水剂同其他减水剂对比试验的结果及其在泵送混凝土中的应用。
关键词　高效减水剂；泵送混凝土；减水率；强度

Abstract　The performance of TH high-effective water reducing agent, the comparative test results of TH high-effective water reducing agent and other types of water reducing admixtures, and the application of TH high-effective water reducing agent are introduced in the paper .
Keywords　High-effective water reducing agent; Pumping concrete; Water reducing rate; Concrete strength

1　引言

泵送混凝土除了要满足普通混凝土技术要求，例如，强度等级、耐久性指标外，还必须满足可泵性、流动性好和坍落度大、坍落度损失小等特殊要求。作为商品混凝土，又必须成本低廉才更具有竞争力。为了达到上述目的，显然仅靠调整水泥、砂、石、水四种原材料的配比是远远不够的，于是我们把调整的重点放在了混凝土第五种原材料——外加剂上。我们所选的外加剂必须具备如下特性：即能在不影响混凝土强度和耐久性的原则下，不需采用特种原材料，在不改变常规施工工艺的前提下，能增大流动性，保证和易性，而同时又能较大幅度降低水泥用量和拌合水用量，从而满足泵送混凝土的特殊要求。

通过对市售十几种减水剂的大量对比试验，我们选用了中港一航局天津港湾工程研究所研制，天津波利土建新技术开发中心生产的 TH 高效减水剂。

2　TH 高效减水剂的性能

TH 高效减水剂为棕褐色液体，属萘系减水剂，高浓型产品。其硫酸钠含量小 2%，固体含量 42%，密度 1220kg/m^3，掺量（按固形物计）为水泥用量 0.5%～0.8%，减水率可达 25%～30%，在掺量适宜时，可使混凝土 3d 强度提高 70%～80%，28d 抗压强度提高 60%～70%，按国标 GB 8076—1997 检测，符合高效减水剂一等品要求（表 1）。

表1　TH高效减水剂检测结果

检测项目		高效减水剂		检测结果
		一等品	合格品	
减水率（%）		≥12	≥10	28.9
减水率比（%）		≤90	≤95	0
含水量（%）		≤3.0	≤4.0	1.8
凝结时间差（min）	初凝	−90～+120		−70
	终凝			−85
抗压强度比（%）	1d	≥140	≥130	216
	3d	≥130	≥120	203
	7d	≥125	≥115	205
	28d	≥120	≥110	177
收缩率比（%）	28d	≤135		—
对钢筋锈蚀作用		应说明对钢筋无锈蚀危害		无锈蚀
Na_2SO_4（%）		—		1.69

3　对比试验结果

3.1　具有显著的减水和增强效果在保持混凝土坍落度（180mm）和水泥用量（400kg）不变的前提下，我们把TH高效减水剂同市售十几种减水剂作了强度对比试验（表2）。

表2　混凝土强度对比试验

外加剂名称	掺量（水泥量%）	减水率（%）	用水量（kg/m^3）	抗压强度（MPa）/抗压强度比（%）		
				1d	3d	28d
—	0	0	231	17.1 100	26.8 100	38.3 100
木钙	0.25	9	210	24.1 141	29.5 110	41.3 108
AF	0.5	11	205	24.7 144	29.9 112	42.1 110
SM−1	1.0	13	200	24.6 123	34.7 118	45.5 119
RS-C	0.4	13	200	20.4 119	29.1 109	41.8 109
RH−5	1.5	15	196	18.6 109	34.4 117	49.7 105

续表

外加剂名称	掺量（水泥量%）	减水率（%）	用水量（kg/m³）	抗压强度（MPa）/抗压强度比（%）		
				1d	3d	28d
UNF-5	0.5	19	188	20.7 121	31.3 117	42.4 111
TM-20	3.0	9	210	25.2 147	34.7 129	39.9 104
1050	0.4	18	190	23.8 139	33.1 124	48.5 127
RH561－C	0.4	22	180	24.8 145	32.8 122	53.0 138
622-C	0.4	13	200	21.8 127	30.4 117	42.8 112
RH－1100	0.4	22	180	25.5 149	32.6 122	50.2 131
TH	0.4	25	173	28.1 164	34.5 129	54.9 143

注：水泥品种为岗岩牌 425 普通硅酸盐水泥。

由表 2 可知 TH 高效减水剂的掺量为水泥质量的 0.4%，与市售十几种减水剂相比，减水率最大，为 25%；其 3d、7d、28d 强度比不掺外加剂分别提高 64%、29%、43%，与其他减水剂相比都是最高的。

3.2 可大幅度降低水泥用量

在保持混凝土坍落度（180mm）和强度基本相同的前提下，我们把 TH 高效减水剂同市售十几种减水剂作了水泥用量对比试验（表 3）。由表 3 可知在坍落度和强度基本相同时，使用 TH 高效减水剂可减少水泥用量高达 30%，这就可以在保证混凝土质量的前提下，大大降低商品混凝土成本，从而给使用者带来可观的经济效益。

表 3 水泥用量对比试验结果

外加剂名称	—	木钙	AF	SM-1	RS-5	RH-5	UNF-5	TM-20	1050	H561-C	622-C	RH1100	TH
掺量（水泥量%）	0	0.25	0.5	1.0	0.4	1.5	0.5	3.0	0.4	0.4	0.4	0.4	0.4
水泥用量（kg/m³）	550	538	512	515	535	525	500	520	453	400	500	420	385
28d 抗压强度（MPa）	48.0	49.8	48.1	48.6	47.8	47.0	48.5	44.4	50.4	49.5	50.5	50.2	50.9

注：水泥品种为岗岩牌 425 普通硅酸盐水泥。

3.3 超塑化功能

在保持混凝土水泥用量、用水量与和易性基本相同的前提下，我们将 TH 高效减水剂与市售的十几种减水剂作了对比试验（表 4）。由表 4 可知，在用水量、水泥用量、和易性基本相同的条件下，TH 高效减水剂较其他减水剂能更显著地提高混凝土的坍落度，而且坍落度损失小、可泵性好，非常适宜配制泵送混凝土。

表 4 泵送性能对比试验结果

外加剂名称		—	木钙	AF	SM-1	RS-1	RH-5	UNF-5	TM-20	1050	RH561-C	622-C	RH1100	TH
掺量（水泥量%）		0	0.25	0.5	1.0	0.4	1.5	0.5	3.0	0.4	0.4	0.4	0.4	0.4
坍落度 mm	0	30	60	160	150	120	140	160	100	150	180	120	190	200
	0.5h	—	—	140	130	—	100	130	—	130	160	110	170	190
	1.0h	—	—	110	100	—	—	100	—	120	140	100	150	180
	1.5h	—	—	—	—	—	—	—	—	—	100	—	130	160
可泵性		不能泵	不能泵	一般	一般	不能泵	差	一般	差	好	好	一般	好	好

注：水泥品种为岗岩牌 425 普通硅酸盐水泥。

3.4 良好的水泥适应性

目前在近百项工程上，TH 高效减水剂已与十几种牌号的水泥配合使用，适应性很好，均未出现不正常现象（表 5）。

表 5 TH 减水剂的水泥适应性

水泥品种、标号	天化牌 P·O 425 P·S 425	岗岩牌 P·O 425 P·S 425	六九牌 P·O 425	新桥牌 P·S 425	大占牌 P·O 425 P·S 425	灯塔牌 P·O 425 P·S 425	启新马牌 P·O 425 P·S 425	盾石牌 P·O 425
适应性	好							

4 在工程上的应用

近两年中，TH 高效减水剂已在天津经济技术开发区和塘沽区近百个工程上得到了成功应用，取得了可观的经济效益。表 6 摘录了在几项重点工程中的应用情况，以及仅节约水泥一项所带来的可观经济效益（已减去外加剂成本）。

表 6 TH 高效减水剂的工程实际应用及经济效益

工程名称	TH 掺量（占水泥%）	设计强度等级	方量（m^3）	组数	坍落度（mm）	水泥用量（kg/m^3）	最大值（MPa）	最小值（MPa）	平均值（MPa）	均方值（MPa）	节约额（万元）
诺和诺德生物工程有限公司	0.4	C40	20000	214	180～200	420	60.8	48.2	53.6	3.26	30
金利大厦	0.4	C35	4000	41	160～180	404	56.3	44.0	49.1	3.85	6
滨海大厦	0.4	C40/P8	5000	53	180～200	448	55.9	45.1	50.0	3.92	7.5

续表

工程名称	TH 掺量（占水泥%）	设计强度等级	方量（m^3）	组数	坍落度（mm）	水泥用量（kg/m^3）	最大值（MPa）	最小值（MPa）	平均值（MPa）	均方值（MPa）	节约额（万元）
中盈大酒店	0.4	C30/P8	8500	90	160～180	381	51.5	41.6	45.2	1.99	12.8
中盈大酒店	0.55	C45	2000	21	160～180	410	55.6	50.1	53.6	2.11	3
向阳公寓	0.3	C30	2000	20	150～170	367	47.4	39.3	42.5	3.44	3
开发区住宅小区道路	0.3	C25	2000	20	120～140	277	38.5	30.6	33.7	2.50	3
标准国际建材	0.2	C20	10000	100	15～180	306	36.1	23.0	29.2	3.58	15
誉达堆场	0.4	C30	1500	15	120～140	312	45.0	35.2	40.6	2.77	2.2
壳牌化工库	0.25	C25	2000	210	160～180	334	40.7	31.3	35.2	2.74	3
燕青沥青工程、水科所	0.25	C25/P6	4000	43	160～180	336	46.2	31.1	38.6	3.18	6
开发区水下工程基础	0.2	C20	3000	31	160～180	290	31.7	25.1	28.6	2.26	4.5

注：水泥 P·O 425。

TH 高效减水剂在近两年工程中的成功应用表明，使用 TH 高效减水剂，不需采用特种原材料，不改变常规施工，即可配制出水泥用量低，外加剂掺量少、和易性好、坍落度大、坍落度损失小，同时具有强度高、流动性好的混凝土，并能取得可观的经济效益。目前我们已使用 425 普通硅酸盐水泥 410kg/m³配制出了流动性很好的 C45 混凝土，并在工程中得到了成功应用；我们在试验室使用 425 普通硅酸盐水泥450kg/m³和适量 TH 减水剂配制成功 C50 混凝土。由此充分说明 TH 高效减水剂有着很高的应用价值和广阔的应用前景。

5　使用 TH 高效减水剂应注意的问题

由于 TH 高效减水剂有着优异的减水性能和对水泥的分散能力，所以对水十分敏感，如水计量不准、外加剂超掺或骨料含水量测得不准，均会导致混凝土离析、和易性变差或 TH 不能充分发挥作用，从而造成施工困难，因此实际施工时必须注意以下几点：

1）搅拌系统水计量必须准确无误。

2）搅拌系统外加剂计量必须准确无误。

3）骨料含水量必须准确测定，以保证实际拌和用水量准确。

4）遇雨雪天气，必须严密监测坍落度和骨料含水量，并及时根据具体情况进行调整。

5）夏期施工 TH 与缓凝剂 GS 复合时，必须精确计算、准确配制、搅拌均匀，以保证外加剂掺量准确无误。

6 结语

我公司使用TH高效减水剂已近三年了，实践中深深体会到，TH高效减水剂与国内同类减水剂相比，其减水、增强效果显著，能在保证强度的前提下大幅度降低水泥用量，同时能显著提高混凝土的和易性和流动性，尤其适用于商品混凝土公司配制大坍落度混凝土。因此可认为TH高效减水剂是目前国内质量优良的高效减水剂，TH高效减水剂的广泛推广应用，必将给使用者带来可观的经济效益，也必将给社会带来可观的社会效益。

注：《TH高效减水剂的性能和在泵送混凝土中的应用》发表于《中国港湾建设》，1999年第6期。

大方量混凝土浇注的施工技术

黄振兴　周易谋　陈亚君
天津振华商品混凝土有限公司　天津　300456

摘　要　本文介绍了大方量混凝土一次浇注成型的施工工艺和技术保证，以及工程实例。
关键词　技术保证；施工工艺；大方量混凝土

Abstract　In this paper，a construction techniology assurance of technology and an engineering case in the formation of an integral massive concrete is introduced.
Keywords　Assurance of technology；Construction techniology；Massive concrete

1　引言

1997 年 11 月我公司负责为中盈酒店供应商品混凝土。该酒店的基础底板混凝土量 $8400m^3$，设计强度 C30，抗渗等级 P8。要求一次浇注成型，不留施工缝。除了要达到设计强度外，还要求做到不渗、不裂。

2　技术保证措施

1）延长混凝土的初凝时间

由于受泵车臂杆可及宽度和混凝土生产能力的限制，浇注完一层混凝土约需 15h 以上。为了保证浇注第二层混凝土时，第一层混凝土未到初凝，不出现冷缝，要求混凝土初凝时间必须大于 15h。

另外延长混凝土初凝时间，能延缓水泥水化热的释放速度，推迟热峰出现的时间，使早期放热量减少，有助于防止大体积混凝土的开裂。为此我们选用了天津港湾工程研究所研制、天津波利土建新技术开发中心生产的 GS 缓凝剂，初凝时间调整至 20h 左右，满足了施工需要。

2）减少水泥用量

混凝土中的水泥用量不仅影响其入模温度，而且影响混凝土的绝热温升值。式（1)为混凝土的绝热温升值与水泥用量关系式。

$$T_{\tau}=\frac{CH}{C_cU}\left(1-e^{-m\tau}\right)^{[1]} \tag{1}$$

式中　T_{τ}——在 t 龄期时混凝土的绝热温升（℃）；

C——混凝土的水泥用量（kg/m^3）；

H——水泥的水化热（kJ/kg）；

C_c——混凝土的平均比热容［J/（kg·K)］；

U——混凝土的密度（kg/m^3）；

m——随水泥品种及浇注温度而变化；

$\tilde{\tau}$——龄期（d）。

由式（1）可见，水泥用量和混凝土绝热温升值成正比，随着水泥用量的减少，混凝土的入模温度将随之降低，混凝土的绝热温升值也将随之降低。对于大体积混凝土，在保证强度的前提下，尽可能减少水泥用量，就能减少水化热产生，从而降低混凝土的绝热温升，减少温差应力，防止产生裂缝。

为此，在混凝土中加入了TH高效减水剂，其减水率可高达25%以上，这样在水灰比不变，保证强度的前提下，随着用水量的大大降低，水泥用量可以大大降低，对保证大体积混凝土的抗裂非常有利。

3）抗渗和防裂

由于大体积混凝土中水泥水化热不易散发，热量积聚可以使混凝土内部温度比外部温度高几十摄氏度，当外部混凝土被空气冷却产生收缩，而内部混凝土不能同时冷却收缩而产生约束时，混凝土内部便会产生拉应力，当拉应力大于混凝土的抗拉强度，便会引起开裂。

此次混凝土设计的抗渗等级是P8，为防止大体积混凝土因收缩和温差而产生裂缝，在混凝土中加入UEA膨胀剂。掺入UEA后，混凝土可产生微膨胀，在约束的情况下导入压应力，可抵消混凝土干缩和温差引起的拉应力，起到良好的补偿收缩作用，可提高混凝土的抗裂能力。同时产生大量钙矾石，能使混凝土变得密实，从而降低混凝土的透水性，使抗渗能力大大提高。

4）保证可泵性

为了保证混凝土有良好的可泵性，我们首先在高效减水剂中复合了一些引气成分，增加了混凝土拌合物的稳定性和黏性，减少了泌水和离析；其次，设计在混凝土中掺入一些粉煤灰，粉煤灰是一种表面圆滑的微细颗粒，掺入粉煤灰后，混凝土的流动性、和易性显著增强，可明显改善泵送性能，据有关资料[1]介绍，粉煤灰改善泵送性能等于同质量水泥的两倍。

5）级配的优选

在综合考虑各方面因素和要求后，依据《普通混凝土配合比设计规程》（JGJ/T 55—1996）设计了十几个配合比。在进行了各方面试验后，优选出了此次施工的配合比，具体数据如表1所示。

表1　施工配合比

配合比(kg)								抗压强度(MPa)			坍落度保持情况（mm）			初凝时间(h)	可泵性	抗渗
水泥	砂	石	水	TH	GS	粉煤灰	UEA	3d	7d	28d	0min	30min	1h			
346	734	1055	173	1.56	0.31	35	35	17	31	42	190	180	170	21	好	>10

6）严格控制原材料质量

（1）水泥

由于水泥是影响混凝土质量的重要因素之一，所以根据国标要求，选用了唐山第三水泥厂生产的岗岩牌矿渣 425 水泥，并按批量对水泥封样，一则督促厂家重视质量，二则以备质量出现间题时找出原因，分清责任。共抽测了六批水泥，其各项物理性能指标与国标要求的对比如表 2 所示。

由表 2 可见水泥完全符合国标要求，质量稳定可靠，这使得混凝土质量得到了有力保证。

表 2　岗岩牌矿渣 425 水泥性能指标

	初凝时间	终凝时间	安定性	抗压强度（MPa）		抗折强度（MPa）	
				7d	28d	7d	28d
国标要求	≥45min	≤10h	合格	21.0	42.5	4.0	6.5
试件 1 组	3h35min	5h	合格	30.7	44.6	5.8	7.8
试件 2 组	3h07min	5h02min	合格	28.2	45.2	5.2	7.5
试件 3 组	2h40min	4h15min	合格	34.6	49.6	5.8	7.9
试件 4 组	2h50min	4h10min	合格	29.2	45.0	5.3	7.0
试件 5 组	3h40min	5h20min	合格	30.4	44.0	5.5	6.7
试件 6 组	3h55min	5h45min	合格	30.9	44.3	5.2	7.1

（2）砂

选用的龙口海砂，为Ⅱ区中砂，它颗粒级配合理，孔隙率小，含泥量、泥块含量低，氯离子含量少；通过 0.315mm 筛孔的细骨料大于 15%，有利于泵送。而且级配曲线同美国混凝土学会（A.C.I.）推荐的泵送混凝土细骨料级配曲线[1]基本符合（图 1）。

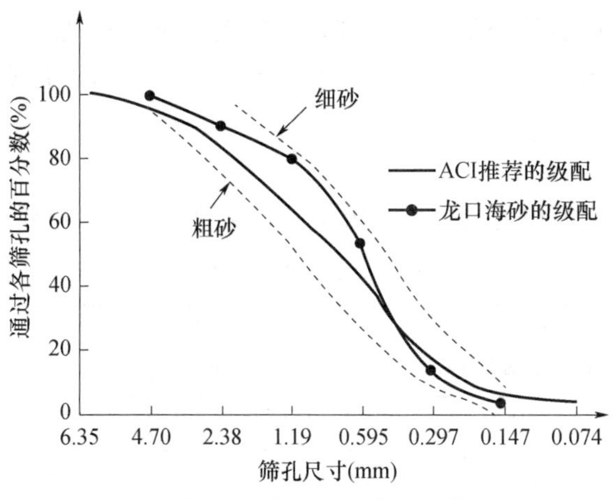

图 1　泵送混凝土细骨料级配曲线

表 3 是所用砂的必试指标与国标要求的对比。

表 3　龙口海砂的必试指标

累计筛余（%）								细度模数	含泥量（%）	泥块含量（%）	氯离子含量（%）
筛孔尺寸（mm）	10.0	5.00	2.5	1.25	0.630	0.315	0.160				
国标要求	0	10～0	25～0	50～10	70～41	92～70	100～90	3.0～2.3	≤3	≤1	≤0.06
龙口海砂	0	1	8	20	47	82	96	2.5	1.1	0.5	0.008

由表3和图1可见龙口海砂各项必试指标完全符合国标要求，并且能满足泵送要求。

（3）碎石

选用的蓟县碎石，颗粒级配良好，孔隙率小，含泥量低，针片状含量少，为5～20mm自然连续粒级。表4为所用碎石的必试指标与国标要求的对比。由表4可见碎石的必试指标完全符合国标要求。

表4 蓟县碎石的必试指标

累计筛余（%）							含泥量（%）	泥块含量（%）	针片状含量（%）
筛孔尺寸（mm）	2.50	5.00	10.0	16.0	20.0	25.0			
国标要求	95～100	90～100	40～80	/	0～10	0	≤1.0	≤0.5	≤15.0
蓟县碎石	99	92	65	/	3	0	0.2	0	4.0

（4）水

所选用的水是饮用水，完全符合混凝土拌和用水质量标准。

（5）外加剂

高效减水剂和缓凝剂选用天津港湾工程研究所研制、天津波利土建新技术开发中心生产的TH高效减水剂和GS缓凝剂。膨胀剂选用中国建筑材料科学研究院研制，科龙抗裂防渗工程技术公司监制，天津市雍阳新型建筑材料总厂生产的UEA膨胀剂。所有外加剂的质量具有可靠的保证。外加剂是影响混凝土质量的重要因素，我们按国标要求，按批量对外加剂封样，一则督促厂家重视质量，二则以备质量出现问题时，找出原因，分清责任。

（6）粉煤灰

粉煤灰为天津军粮城电厂的干排Ⅱ级灰，其质量指标与国标要求对比见表5。

表5 军粮城电厂粉煤灰必试指标

	细度（45μm方孔筛筛余%）	烧失量（%）	需水量比	三氧化硫（%）
国标要求	≤25	≤8.0	≤105	≤3.0
军粮城粉煤灰	15	3.78	105	0.54

由表5可见Ⅱ级粉煤灰各项必试指标也完全符合国标要求。

7）严格控制施工质量

（1）坍落度

当坍落度发生波动时，就意味着计量出现了问题，要想控制好混凝土质量，必须控制好坍落度。因此在生产中每2h测一次坍落度，严密监控其变化，从而使得混凝土质量得到了有效控制。图2是此次生产中的坍落度控制图。

（2）外加剂浓度

外加剂虽用量小，但对混凝土质量影响非常大。在这个易出问题的质量控制点上，派专职试验员检查外加剂浓度，确认无误后再通知搅拌机操作人员使用。

（3）原材料计量

混凝土搅拌站的计量系统必须准确可靠。按国标要求，请市计量检定部门定期对搅拌站的计量系统进行检定。施工时每旬做一次静态荷载校验，每月做一次动态荷载校验。

每日进行集料含水率测定，配料时扣除，增加相应的集料用量。

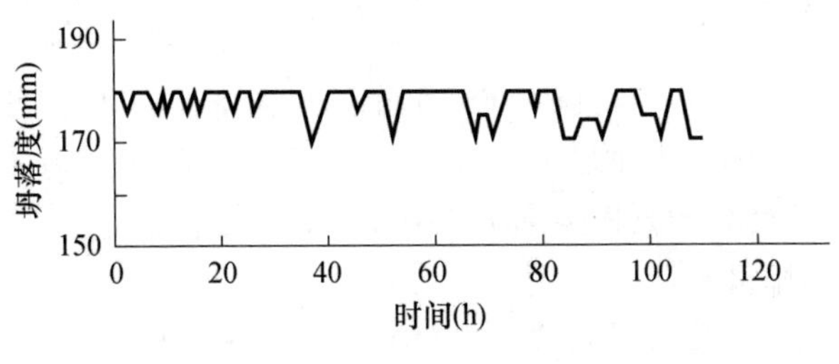

图 2　坍落度控制图

3　施工组织

1）备料

大方量混凝土的生产，各种原材料的准备必须非常充足，根据施工需要计算各种原材料的总量和每天的用量（表 6）。

表 6　原材料用量

	水泥	砂	石	水	TH	GS	粉煤灰	UEA
配合比（kg）	346	734	1055	173	1.56	0.31	35	35
每天用量（t）	665	1410	2026	332	3.0	0.6	67	67
总用量（t）	2907	6166	8862	1453	13.1	2.6	294	294

2）施工设备

（1）搅拌系统

搅拌系统选用两条生产线，满足 $80m^3/h$ 生产要求。

（2）泵车的选定

一般要先算出泵的平均排量，再确定所需台数。具体计算公式和过程如下：

$$Q_m = Q_{max} \cdot \alpha \cdot E_t$$

式中　Q_m——混凝土泵或泵车的平均排量（m^3/h）；

Q_{max}——混凝土泵或泵车的最大排量（m^3/h）；

α——条件系数（表 7）；

E_t——作业效率，一般为 0.4～0.8。

表 7　条件系数（即泵送距离对排量的影响）

水平换算的泵送距离（m）	条件系数
0～49	1.0
50～99	0.9～0.8

续表

水平换算的泵送距离（m）	条件系数
100～149	0.8～0.7
150～179	0.7～0.6
180～199	0.6～0.5
200～249	0.5～0.4

选用两台车泵，一台地泵。其中 36m 泵车的最大排量为 94m^3/h，水平换算的泵送距离为 56m；32m 泵车的最大排量为 94m^3/h，水平换算的泵送距离为 52m；地泵最大排量为 56m^3/h，水平换算的泵送距离为 120m。作业效率取 0.50。

36m 泵车的平均排量为：

$$Q_{m1}=94\times0.85\times0.5=40\ (m^3/h)$$

32m 泵车的平均排量为：

$$Q_{m2}=94\times0.9\times0.5=42\ (m^3/h)$$

地泵的平均排量为：

$$Q_{m3}=56\times0.75\times0.5=21\ (m^3/h)$$

三台泵平均排量之和为：

$$Q_m=103\ (m^3/h)$$

大于计划的每小时浇注量（80m^3/h），完全可以满足施工要求。

（3）泵车的布置

泵车布置要遵循以下原则[2]：

力求距离浇筑地点近，便于配管，便于混凝土输送；每台泵的料斗周围最好能同时停两辆混凝土搅拌车，或者能使其快速交替，以保证混凝土泵连续工作；多台泵同时浇筑时，选定的位置要使其各自承担的浇筑量相接近，最好能同时浇筑完毕；为了便于混凝土泵的清洗，其位置最好接近供水和排水设施。

3）设备的维护与保养

（1）搅拌系统维修与保养

输送水泥、粉煤灰的绞笼拆开进检修，清除管壁、绞刀上沉积的水泥，更换磨损严重的滑轮，并在传动部分加黄油、密封。更换拉铲上磨损严重的滑轮和钢丝绳，检修所有主气泵和主水泵，以及备用气泵和水泵。并且将所有气路、水路连通，这样即使有个别气泵和水泵出现故障也不会影响生产。更换不能正常工作的电器开关，施工中随时检查，发现过热的提前更换和调整。检修备用发电机，使其处于最佳待命状态。将主机磨损较严重的刀片和衬板全部更换，传动部分加油，并在施工时每隔 3～4h 加一次黄油，使其处于最佳工作状态。

（2）泵车的维修与保养

更换耐磨环、S 板、汽缸、活塞等磨损较严重的部件；更换全部液压油和滤芯，清洗干净油路，以确保油路畅通；检查所有泵送管道，凡磨损较严重的一律更换。

4）现场车辆的调度

为了保证三台泵均能有效工作，避免某台泵压车，而同时其他泵无车的现象出现，在施工现场设了现场调度员，用车载电话指挥混凝土搅拌运输正常运行，使工作效率大大提高。

4　实际效果

1）科学的施工组织与管理，合理的混凝土级配，充足的准备工作，设备良好的工作状态，确保了高速度地完成了大方量混凝土的浇筑任务，创下了一个混凝土供应公司连续 108h 浇筑 $8400m^3$ 的纪录，比原计划提前了 36h。

2）强度（表 8）

表 8　混凝土强度值（强度等级：C30，部位：基础底板）　　单位：兆帕

i	1	2	3	4	5	6	7	8	9	10	11	12	13	14	15	16	17
$f_{cu_1}i$	51.5	44.8	45.7	41.6	46.2	45.6	44.9	45.3	42.8	46.4	44.5	43.2	46.2	43.2	47.5	46.6	45.0
i	18	19	20	21	22	23	24	25	26	27	28	29	30	31	32	33	34
$f_{cu_1}i$	46.2	41.8	44.0	41.9	44.3	48.0	48.0	47.1	44.2	45.3	44.8	45.6	44.5	45.8	49.1	46.4	45.3
i	35	36	37	38	39	40	41	42									
$f_{cu_1}i$	44.2	46.9	44.3	44.8	43.6	43.2	42.3	44.1									

由表 8 可知强度平均值为 45.2MPa，强度标准差 σ 为 1.99MPa，强度保证率 P 为 100%，评定结果为优良，满足设计要求。

表 9　渗透情况表（抗渗等级：P8，部位：基础底板）

i	渗透情况	结果
1	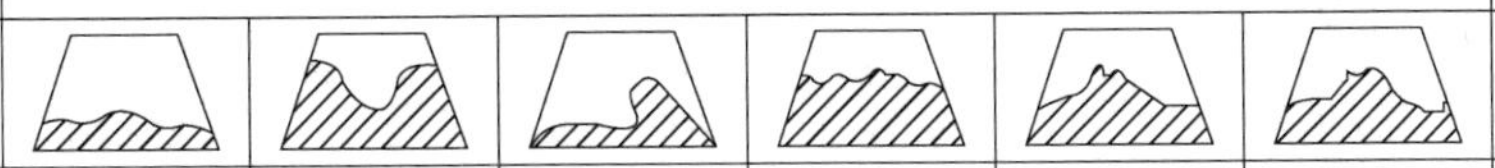	>P8
2	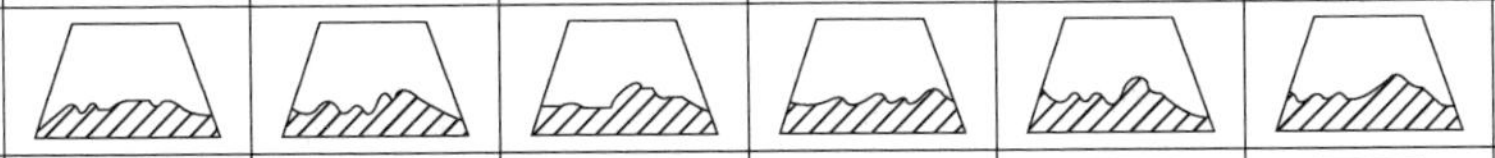	>P8
3	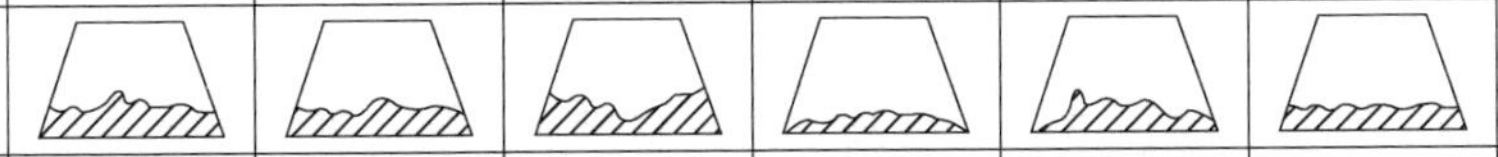	>P8
4	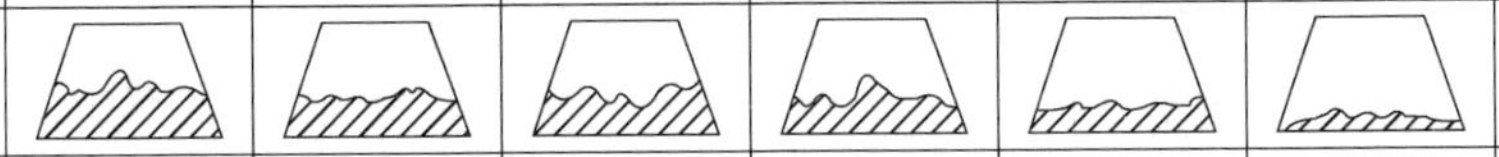	>P8
5	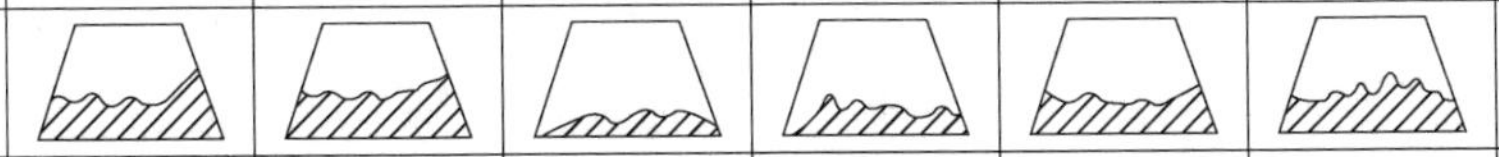	>P8
6	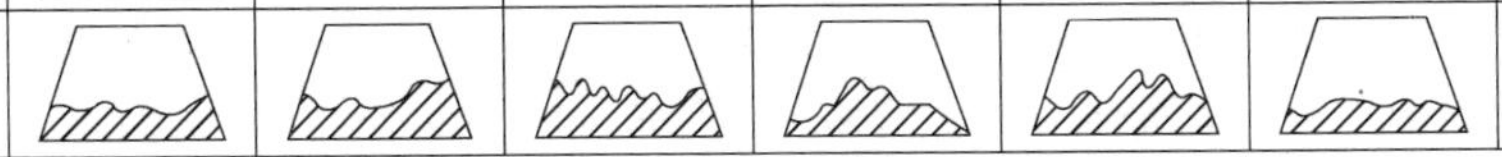	>P8
备注	试验时从水压 0.1MPa 开始，每隔 8h 增加水压 0.1MPa，加压至 0.9MPa，然后将试件劈裂，观察渗透情况。	

3）抗渗（表 9），满足设计要求。

4）混凝土内部绝热温升，由于混凝土入模温度控制为 18～19℃，大大低于规范[3]规定的不宜超过 28℃的要求，以及采用了矿渣水泥，并且水泥用量较低，又掺加了缓凝剂，因而混凝土内部绝热温升较慢，且绝热温升值较低，三天混凝土中心温度最高

值才达到 55℃。由于现场保温工作做得较好，几十个测温点中最大温差值仅为 17℃，也大大低于规范温差不宜超过 25℃的要求，有效地防止了裂缝产生。

参考文献

[1] 交通部航务工程职工教育研究会．试验工工艺学 [M]．1993.
[2] 赵志绪．泵送混凝土 [M]．北京：中国建筑工业出版社，1985.
[3] 混凝土结构工程施工及验收规范：GB 50204—1992.

注：《大方量混凝土浇注的施工技术》发表于《港口工程》1998 年第 6 期。

大体积抗渗泵送混凝土的配合比设计

黄振兴

一航局航保混凝土供应公司　天津

摘　要　泵送混凝土除对水泥，粗、细骨料的质量与规格有严格要求外，配合比设计是保证混凝土质量的关键。文中对用绝对体积法进行配合比设计的方法做了实例介绍，文中所述方法的泵送混凝土，均可达到不渗、不裂，保证强度，且泵送顺利。

关键词　泵送混凝土；大体积；抗渗配合比

Abstract　In addition to the requirement of quality and specification for the cement, coarse and fine aggregate of pumping concrete, the design of mix proportion is the key point to control concrete quality. This paper introduces a case history of the design of the mix proportion using absolute volume method. The pumping concrete designed by the method expounded in this paper has no permeability, no cracking, ensuring strength and smooth pumping.

Keywords　Pumping concrete; Mass concrete; Permeability resistance mix proportion

1　引言

随着商品混凝土在我国大城市的迅速发展，一些高层建筑的箱形基础越来越多地使用施工迅速、及时，又能保证质量和降低劳动消耗的商品混凝土。这些箱形基础的特点是体积大、厚度大，一般都在几千立方米，厚度达 1～3m，而且都有抗渗要求。因而要求技术人员在设计配合比时除了考虑混凝土的强度等级、和易性和可泵性外，还必须考虑使混凝土凝结时间长，水化温升慢，坍落度损失少，泌水率小，能缓解碱-骨料反应。这样才能保证混凝土的质量，防止温差裂缝，从而保证工程质量。

2　原材料的选用

2.1　水泥

应选用活性好、水化热低、对外加剂适应能力强的矿渣硅酸盐水泥。

2.2　粉煤灰

应选用质量稳定、烧失量小、细度较细的干排粉煤灰。粉煤灰是一种表面圆滑的微细颗粒，掺入混凝土拌合物后，混凝土的流动性、和易性显著增加，明显地改善泵送性能；能弥补矿渣水泥保水性差、泌水性大的不足；可以降低大体积混凝土内部的水化温升，延长混凝土的凝结时间，使水泥水化热缓慢地释放出来，有利于裂缝的控制；能缓解碱-骨料反应，对混凝土耐久性非常有利。我们所采用的粉煤灰为天津军粮城电厂的干排三级灰，掺量10%，超量系数1.50。

2.3 石子

石子应级配良好，密度高，孔隙率小，含泥量低于1%，且碱活性小。碎石最好是粒径为5～40mm自然连续级配的（用于管径125mm和150mm的输送管）。如无自然连续级配的碎石，可用粒径为20～40mm和10～20mm双级配碎石，具体配合比例可经试验确定。

2.4 砂子

同石子一样，颗粒级配应合理，密度高，孔隙率小，含泥量低于3%，通过0.315mm筛孔的细骨料应不多于15%，以利于泵送，细度模数在2.5～2.8之间。

2.5 外加剂

为了满足概述中所提到的大体积抗渗泵送混凝土的各项性能，对于C40以下混凝土，外加剂一般选用木钙和UEA膨胀剂。

在混凝土中掺入0.25%缓凝减水剂木钙，可明显改善其和易性，且能起到减水作用，还可以减少泌水，提高可泵性，同时，还可以延长混凝土凝结时间，尤其是与粉煤灰配合使用后，将使混凝土凝结时间大为延长。它还能延缓水泥水化的放热速度，推迟热峰出现的时间，使其早期放热量减少，这对大体积混凝土和热天施工是非常有利的，有助于降低大体积混凝土的开裂风险。

为了防止大体积混凝土的温差裂缝，达到抗渗要求，我们在混凝土中加入了12%的UEA膨胀剂，掺入UEA后，混凝土体积膨胀，在约束的情况下，导入的压应力可抵消干缩或温度降低引起的拉应力，起到很好的补偿收缩作用，可提高混凝土的抗裂能力。同时，生成的大量钙矾石，能使混凝土变得密实，从而降低混凝土的透水性，使得抗渗等级成倍提高。

3 配合比的计算步骤及实例

用42.5强度等级的矿渣水泥（f_c=50.9MPa，表观密度3000kg/m^3）；粒径为10～20mm和20～40mm双级配碎石（表观密度均为2829kg/m^3，配合比例为5：5）；海砂（表观密度2610kg/m^3，细度模数2.5）；Ⅲ级干排粉煤灰（表观密度2200kg/m^3）；UEA膨胀剂（表观密度2880kg/m^3），配制C30/S8混凝土。施工部位，某高层建筑箱形基础底板，方量为4000m^3，厚1.7m，坍落度要求90～130mm。

在一般情况下我们采用绝对体积法设计配合比。

3.1 按《混凝土结构工程施工及验收规范》（GB 50204—1992）规定，计算混凝土的施工配制强度：

$$f_{cu,0}=f_{cu,k}+1.645\delta$$

式中 $f_{uc,0}$——混凝土的施工配制强度（N/mm^2）；

$f_{uc,k}$——设计的混凝土强度标准值（N/mm^2）；

δ——施工单位的混凝土强度标准差（N/mm^2）。

如是施工单位不具有近期同一品种混凝土强度资料时，则低于 C20 时，$\delta=4.0$；C20～C35 时，$\delta=5.0$；高于 C35 时，$\delta=6.0$。

故：$f_{cu,0}=30+1.645\times5.0=38.2$（MPa）

3.2　根据试配强度 $f_{uc,0}$ 按下式计算水灰比 W/C：

$$f_{cu,0}=Af_c(C/W-B)$$

采用碎石时 $A=0.48$，$B=0.52$

故：$38.2=0.48\times50.9\times(C/W-0.52)$

$C/W=2.08$；$W/C=0.48$

3.3　用水量 m_{wo} 根据骨料最大粒径、混凝土坍落度及施工经验选择。本例选 $m_{wo}=215$kg。

3.4　按下式确定水泥用量及木钙用量：

$$m_{co}=(C/W)\times m_{wo},\ m=m_{co}\times0.25\%$$

式中　m_{co}——基准混凝土每立方中水泥用量；

m——基准混凝土每立方中木钙用量。

故：$m_{co}=215\times1/0.48=448$（kg）

$m=448\times0.25\%=1.12$（kg）

3.5　按粉煤灰掺量（$f\%$）及超量系数 k 确定粉煤灰取代水泥用量 m_{fo} 以及粉煤灰总用量 m_f：

$$m_{fo}=m_{co}\times f\%$$

$$m_f=k\times m_{fo}$$

$$m_c=m_{co}-m_{fo}$$

式中　$f\%$——粉煤灰掺量，本例 $f\%=10\%$；

k——超量系数，本例 $k=1.5$；

m_o——粉煤灰取代水泥量；

m_f——粉煤灰总用量；

m_c——掺粉煤灰后水泥用量。

故

$$m_{fo}=448\times10\%=44.8\ (\text{kg})$$

$$m_f=1.5\times44.8=67.2\ (\text{kg})\approx67\ (\text{kg})$$

$$m_c=448-44.8=403.2\ (\text{kg})\approx403\ (\text{kg})$$

3.6　按 UEA 膨胀剂的掺量（$u\%$）确定 UEA 膨胀剂用量 m_u：

$$m_u=m_c\times u\%;\ m_c'=m_c-m_u$$

式中　m_u——UEA 膨胀剂用量；

u（%）——UEA 膨胀剂掺量，12%；

m_c'——水泥最终用量。

故：$m_u=403\times12\%=48.4$（kg）≈48（kg）

$m_c'=403-48=355$（kg）

3.7　计算砂、石总体积（V_A）

$$V_A=1000-\left(\frac{m_{wo}}{\gamma_{wo}}+\frac{m_{co}-m_u}{\gamma_c}+\frac{m_u}{\gamma_u}-10a\right)$$

式中 a——混凝土含气量百分数，在不使用引气型外加剂时 a 可取 1；

V_A——砂、石总体积；

γ_w——水的表观密度；

γ_c——水泥的表观密度；

γ_u——膨胀剂的表观密度。

故：$V_A = 1000 - (\frac{215}{1.0} + \frac{448-48}{3.0} + \frac{48}{2.88} - 10) \approx 645(L)$

3.8 根据施工要求及经验，选择合理砂率值（$S_p\%$），本例选 $S_p\%=41\%$，按下式计算出砂料体积（V_s）：

$$V_s = V_A \times S_p\%$$

式中 V_s——砂料体积；

$S_p\%$——砂率；

故 $V_s=645\times41\%=264$（L）。

3.9 按下式计算出砂料用量：

$$m_s = \left[V_s - \left(\frac{m_c}{\gamma_c} + \frac{m_f}{\gamma_f} - \frac{m_{co}}{\gamma_s}\right)\right] \times \gamma$$

式中 m_s——每立方混凝土中砂料用量；

γ_f——粉煤灰表观密度；

γ_s——砂料表观密度。

故 $m_s = \left[264 - \left(\frac{403}{3.0} + \frac{67}{2.2} - \frac{448}{3.0}\right)\right] \approx 639\text{kg}$

3.10 按下式计算出石料体积：

$$V_g = V_A \times (1 - S_p\%)$$

式中 V_g——石料体积。

故：$V_g=645\times$（$1-41\%$）≈381（L）

3.11 按下式计算出石料用量

$$m_g = V_g \times \gamma_g$$

式中 m_g——每立方混凝土中石料用量；

γ_g——石料表观密度。

若采用双级配碎石，则按照试验室确定的最佳比率（$g\%$），按下式计算出大、小石子各自用量：

$$m_{g大} = V_g \times g\% \times \gamma_{g大}$$

$$m_{g小} = V_g \times (1 - g\%) \times \gamma_{g小}$$

式中 $m_{g大}$——每立方混凝土中大石子用量；

$m_{g小}$——每立方混凝土中小石子用量；

$\gamma_{g大}$——大石子表观密度；

$\gamma_{g小}$——小石子表观密度。

故：$m_{g大}=m_{g小}=381\times50\%\times2.82\approx537\text{kg}$

3.12　配合比

水：水泥：粉煤灰：UEA膨胀剂：砂：大石（粒径20～40mm）：小石（粒径10～42mm）：木钙=215：355：67：48：639：537：537：1.12=0.61：1.00：0.19：0.14：1.8：1.51：1.51：0.0032

3.13　试拌

试拌若符合施工工艺要求，则按计算水灰比增减0.05，然后按3个水灰比成型试件，经标养28d后，再根据$f_{cu.28}$选定适宜的水灰比。

若不符合施工工艺要求，则按照具体情况进行调整。该配合比也可按假定密度法计算，与绝对体积法大同小异，在此不再赘述。

4　结语

我们按上述思路设计的大体积抗渗泵送混凝土配合比，已在多项大型工程中应用。本例中的箱形基础底板厚达1.7m，混凝土总方量4000m^3，达到了不渗、不裂，泵送非常顺利，泵送混凝土28d强度平均值为35.4MPa，由此证明这个思路是可行的。

注：《大体积抗渗泵送混凝土的配合比设计》发表于《港口工程》1997年第2期。

脱模剂选型试验

黄振兴
第一航务工程局四公司检测中心

摘　要　选择八种销路较好的脱模剂与废机油做对比试验，选出一种各种性能优良、成本低廉的脱模剂。

Abstract　Eight kinds of release with good markets are selected for comparison test with waste machine oil, so that a kind of release agent with good properties and low cost is selected.

我单位长期以来一直使用废机油作脱模剂，虽然其隔离效果较好，冬季、雨季均可使用，且成本低廉，但脱模后混凝土表面有油渍、色斑，严重影响构件的外观及二次装修，有关部门已发文禁止使用。因此，选择一种优良、适宜且成本较低的脱模剂，已成为当务之急。

通过对市场认真调研后，我们选择了八种销路较好的脱模剂与废机油作了对比试验。它们是：

1）大港区中杭建筑材料工业公司生产的一种黑色膏状隔离剂（使用时，用5倍的水将其溶化）。在许多工程中使用过，效果很好。

2）大港区中杭建筑材料工业公司生产的TT-911无机类化学脱模剂。

3）天津自强化工厂试验分厂生产的LS-Ⅰ型乳化脱模剂。

4）天津自强化工厂试验分厂生产的LS-Ⅱ型乳化脱模剂。LS-Ⅰ型、LS-Ⅱ型均在塘沽区大连道立交桥的施工中使用过，效果较理想。

5）天津市华联化工染化厂生产的复合乳化隔离剂在许多工程中使用过，效果较好。

6）塘沽万达化工商店提供的复合乳化隔离剂。

7）天津津仓化工厂生产的津仓牌滑模剂——乳化机油，曾在龙门大厦等重点工程中使用过，效果均较好。

8）北京建筑材料科学研究院生产的水性脱模剂JD-301，在永定门塔楼中使用过，效果较好。

此次试验的目的是选择一种具有以下优点的脱模剂：

1）隔离效果好；

2）耐雨水冲刷；

3）不影响二次装修；

4）成本低，货源足。

1 性能试验

1.1 粘结力试验

粘结力大小是判别脱模剂隔离效果的一项重要指标，粘结力越小，隔离效果越好。

1）试验方法

先分别在钢模板、木模板上涂刷脱模剂，待干后，分别在其上制作30cm×30cm×5cm的混凝土试件（试件中预埋小吊钩，混凝土强度等级为C35），养护72h后，用20kg弹簧秤轻轻起吊试件，测出粘结强度。

2）试验结果如表1所示。

1.2 冲水试验

冲水试验是否合格关系到脱模剂能否在雨期施工中使用，如果易被水冲掉，则严重影响使用效果。因此，我们模拟现场情况作了简易冲水试验，进行对比。

1）试验方法

在模板上涂刷脱模剂，待干后，用喷壶从1m的高度均匀喷洒模板，喷水时长1min。

2）试验效果如表2所示。

表1 粘结力试验结果

序号	脱模剂种类	脱模剂干后颜色	粘结强度（MPa）		混凝土表面情况
			钢模板	木模板	
1	隔离剂	黑色	0.0005	0.00006	混凝土本色
2	TT-911	乳白色粉末状	0.0003	测不出	混凝土本色
3	LS-Ⅰ型	乳白色	0.00016	0.00006	混凝土本色
4	LS-Ⅱ型	乳白色	0.00016	0.00006	混凝土本色
5	复合乳化隔离剂	黄色	0.0002	0.00008	混凝土本色
6	复合乳化隔离剂	棕黑色	0.0001	0.00006	混凝土本色
7	津仑牌滑模剂	无色油状	0.0002	测不出	混凝土本色
8	水性脱模剂JD-301	无色	0.0010	0.0002	混凝土本色
9	废机油	油黑色	0.0007	测不出	混凝土本色

表2 冲水试验结果

序号	脱模剂种类	冲水试验情况
1	隔离剂	效果好，只有10%的脱模剂被冲掉
2	TT-911型	效果不好，60%的脱模剂被冲掉
3	LS-Ⅰ型	效果较好，只有20%的脱模剂被冲掉
4	LS-Ⅱ型	效果较好，只有20%的脱模剂被冲掉
5	复合乳化隔离剂	效果较好，只有20%的脱模剂被冲掉
6	复合乳化隔离剂	效果不好，60%的脱模剂被冲掉
7	津仑牌滑模剂	效果较好，只有20%的脱模剂被冲掉

续表

序号	脱模剂种类	冲水试验情况
8	水性脱模剂 JD-301	效果不好，60%的脱模剂被冲掉
9	废机油	效果良好，冲水后脱模剂保存良好

2　经济比较

每平方米用量及经济效果对比如表 3 所示。

表 3　每平方米混凝土采用脱模剂的用量及价格

序号	脱模剂种类	每平方米用量（g/m^2）	每平方米价格（元/m^2）
1	隔离剂	38	0.10
2	TT-911 型	255	0.25
3	LS-Ⅰ型	196	0.31
4	LS-Ⅱ型	214	0.34
5	复合乳化隔离剂	279	0.50
6	复合乳化隔离剂	152	0.33
7	津仑牌滑模剂	182	0.49
8	水性脱模剂 JD-301	167	0.18
9	废机油	189	0.08

3　结论

通过对以上八种脱模剂进行选型试验及经济综合比较后（表 4），我们认为“中杭”生产的隔离剂隔离效果最好。

表 4　八种脱模剂优缺点比较

序号	脱模剂种类	优点	缺点
1	隔离剂	隔离效果好，脱模后混凝土表面无色斑，不影响二次装修，耐雨水冲刷，成本低廉	负温时不能使用
2	TT-911 型	涂刷方便，隔离效果好，脱模后混凝土表面无色斑，不影响二次装修，耐雨水冲刷，成本较低	不耐雨水冲刷，负温时不能使用
3	LS-Ⅰ型	涂刷方便，隔离效果好，脱模后混凝土表面无色斑，不影响二次装修，耐雨水冲刷	负温时不能使用，成本较高
4	LS-Ⅱ型	涂刷方便，隔离效果好，脱模后混凝土表面无色斑，不影响二次装修，耐雨水冲刷	负温时不能使用，成本较高
5	复合乳化隔离剂	涂刷方便，隔离效果好，脱模后混凝土表面无色斑，不影响二次装修，耐雨水冲刷	负温时不能使用，成本太高，有刺鼻气味
6	复合乳化隔离剂	涂刷方便，隔离效果好，脱模后混凝土表面无色斑，不影响二次装修，耐雨水冲刷	负温时不能使用，不耐雨水冲刷，成本较高

续表

序号	脱模剂种类	优点	缺点
7	津仑牌滑模剂	隔离效果好，脱模后混凝土表面无色斑，不影响二次装修，负温时亦可使用	不耐雨水冲刷，负温时不能使用，产地较远（北京）
8	水性脱模剂 JD-301	涂刷方便，隔离效果好，脱模后混凝土表面无色斑，不影响二次装修，成本较低	不耐雨水冲刷，成本太高
9	废机油	涂刷方便，隔离效果好，冬季、雨季均可使用，成本低	脱模后混凝土表面有油渍，影响二次装修

注：《脱模剂选型试验》发表于《水运工程》1993 年第 10 期。

第三章　商品混凝土公司的管理

本章简介

本章收录了作者在混凝土公司管理方面发表的两篇论文，介绍了作者在混凝土公司管理工作中积累的一些管理经验，介绍了商品混凝土公司中试验室的重要性，以及如何管理好试验室；介绍了混凝土公司生产中关键的质量控制点，以及如何做好有效的质量预控，以使混凝土质量得到可靠保证。这些经验，对于混凝土公司的管理人员，有很好的借鉴作用。

商品混凝土公司中试验室的作用及其管理

黄振兴

天津振华商品混凝土公司　天津　300450

摘　要　本文介绍了商品混凝土公司中试验室所起的重要作用，以及如何管理好试验室。

关键词　商品混凝土；试验室；作用；质量；管理

［中图分类号］　TU528.52　［文献标识码］　A　　［文章编号］1002－3550（2002）12－0065－03

1　引言

随着我国对环境保护的日益重视，以往建筑工程中粉尘污染严重、噪声污染大的现场搅拌混凝土已渐渐弃用、禁用；取而代之的是文明施工程度高、污染很少的商品混凝土，而且使用越来越多，越来越广泛。例如，我市已规定市区外环线以内，40立方米以上混凝土禁止现场搅拌，必须使用商品混凝土。另外，随着我国进一步加强改革开放的力度，建筑业也得到了迅猛发展。商品混凝土以其施工速度快、施工效率高、质量稳定、节省人力的优势越来越受欢迎。商品混凝土已成为重要的建筑材料。商品混凝土的好坏已成为建筑工程质量好坏的决定因素之一。因此，无论是各级建筑工程质量监督部门、业主、各建筑施工单位还是商品混凝土的生产企业，对商品混凝土质量的重视程度日益提高。大家共同关心的问题就是如何保证商品混凝土质量。作为已从事商品混凝土生产近十年的企业，我们认为，要想保证商品混凝土的质量，必须对集技术开发、产品检验、质量控制于一身的试验室的作用有清醒的认识，并对如何管理好试验室有明晰的思路。

2　试验室的作用

2.1　质量预控作用

由于混凝土生产出来后，其强度究竟是多少，当时无法知道，要标养28d才能知道。也就是说混凝土质量的好坏以及合格与否的信息反馈是十分滞后的，我们无法依据当时混凝土情况调控。而建筑工程又不允许使用不合格混凝土，混凝土必须100%合格。这就要求我们试验室要起到强有力的质量预控作用，把不合格因素消灭在萌芽中，确保混凝土能100%合格。

2.1.1　原材料质量的预控

混凝土是由水泥、砂、石、外加剂、掺合料、水等六大原料组成。原材料的质量对混凝土的质量起着直接的和决定性的作用。因此，要想确保混凝土质量，试验部门必须严格控制原材料质量，选好原材料，把好原材料质量关。不合格的原材料绝不允许进厂，绝不允许投入使用。

1）水泥

水泥在混凝土的六大组分中占有非常重要的地位，混凝土的最终强度是由水泥和水反应形成水化产物逐渐发展而成。水泥质量的好坏将直接影响到混凝土强度的高低。由于水泥强度要到28d才知道，这就要求试验部门不仅要按国家规范要求，按批复试到厂水泥各项物理指标，还要通过对大量试验资料的积累，逐步建立其早期强度与28d强度的关系式，这样，我们知道了水泥早期强度就可推算出其28d强度，就能避免使用不合格的水泥而导致混凝土强度不合格的事故发生。

当然，水泥的安定性、初凝时间的检测也是十分重要的。这两项指标不合格的水泥为废品，废品肯定不能用于生产。

水泥质量能得到及时预控，混凝土质量就得到了很好的保证。

2）外加剂

外加剂在混凝土六大组分中的地位和水泥一样重要。随着混凝土技术的发展，混凝土的许多性能，尤其是那些高性能、高强度混凝土的性能都要由外加剂来调节。要想使混凝土质量得到预控，必须使外加剂质量得到预控。因此，试验部门要对每批外加剂质量都加强检测，主要检测外加剂的减水率和净浆流动度。在坍落度不变的前提下，减水率的高低和净浆流动度的大小直接影响到混凝土的用水量，进而影响混凝土的水灰比，最终影响混凝土强度。减水率、净浆流动度不符合要求的外加剂不能投入使用，即使使用也要增加用量。外加剂质量得到了预控，再加上预控了水泥质量，混凝土质量就得到了有力保证。

3）骨料（砂、石）

骨料（砂、石）在混凝土六大组分中占比较重要的地位。试验室除了按国家规范要求按批量检测，不合格的骨料不能用于生产中之外，还应特别注意骨料的颗粒级配对混凝土和易性的影响。因为和易性差的混凝土可泵性差，难以施工。现场人员为了将混凝土浇筑到位，不可避免地会选择向混凝土中加水来提高可泵性，这样就会导致水灰比加大，最终导致混凝土强度下降，严重时会导致混凝土达不到强度指标。这就要求试验部门在检测骨料时要充分考虑骨料级配对混凝土和易性的影响。砂尽量选用Ⅱ区中砂，0.315mm筛孔的细骨料应大于15%，石子应尽量选用连续粒级，并且针片状颗粒尽可能少些。骨料级配得到良好的预控，才能生产出和易性良好的混凝土，才能提高混凝土的可泵性，才能使混凝土及时顺利地浇筑到位，从而使混凝土质量得到可靠保证。

4）掺合料

掺合料在混凝土六大组分中也占有较重要的地位，掺入混凝土后能显著改善混凝土的和易性和流动性，能减少混凝土的泌水和干缩，大大提高混凝土的耐久性。然而，质量不好的掺合料也会影响混凝土质量。例如：粉煤灰需水量过大时，会向混凝土中引入大量无用的水，造成水灰比增大，导致混凝土强度下降；如果游离氧化钙含量偏高，会造成混凝土体积稳定性下降，发生开裂，严重影响混凝土质量。

因此，必须预控好掺合料质量，选用优质掺合料，这样才能保证混凝土质量。

5）拌合水

拌合水对混凝土质量也有一定影响。首先，有害离子（氯离子、硫酸根离子）超标的水不能用于混凝土；其次，冬期施工使用热水时水温不能过高，热水不能直接与水泥接触；否则，会造成混凝土假凝，发生质量事故。

所以，可以说，只有试验部门使原材料的质量得到很好的预控，把住原材料质量关，才能用优质的原材料生产出优质的混凝土。

2.1.2　混凝土强度的预控

前面已经提到，混凝土强度值在刚生产出来时是无法知道，无法检测的，要到28d才能知道，合格与否的信息反馈是十分滞后的，并且混凝土的六大组成成分均会对混凝土质量产生影响。这就要求试验部门在控制好原材料质量后，在设计配合比时充分考虑影响混凝土质量的各种因素，要经过大量试验，找出混凝土早期强度与28d强度的关系。这样就可通过混凝土早期强度推算出28d强度，为控制好混凝土强度提供依据。

2.2　质量监控作用

在控制好原材料质量、设计好配合比之后，在实际生产过程中，试验部门还应起到质量监控作用，重点做好以下监控工作：

2.2.1　确保配合比正确输入

在正式生产前，试验人员应去搅拌楼操作间，认真复核配合比的输入，确保配合比正确输入计算机中，并在配合比通知单上签字确认。这样就能保证混凝土按配合比准确无误地生产，避免人为失误输错配合比而造成质量事故。

2.2.2　控制好坍落度

在前面已多次提到混凝土合格与否的信息反馈是十分滞后的，生产过程中刚搅拌出来的混凝土是无法检测其强度的。监控其质量状况的唯一指标是坍落度，因为只要配合比输入正确，原材料使用无误，计量准确，搅拌出来的混凝土的坍落度应该与试拌时相差无几，否则就说明出了问题。因此，试验部门应加强对坍落度的监控，定时抽测坍落度。坍落度出现异常时，应及时找出原因，把事故隐患消灭在萌芽中。

另外，还应注意混凝土坍落度损失问题，尤其在夏期施工时。否则，混凝土到现场如果坍落度损失太大，会失去和易性，无法泵送浇筑到位。现场人员为了能顺利施工可能会向混凝土中加水，这样就会增大水灰比，降低混凝土强度，严重时甚至会造成混凝土强度不合格。这就要求试验部门应通过实践找出坍落度经时损失值，根据施工时的具体情况确定出机坍落度以满足施工要求。例如，某工程要求混凝土浇筑时坍落度为160mm，该混凝土从出机到浇注坍落度经时损失为20mm，那么，试验部门就应把混凝土出机坍落度控制在180mm。试验部门也可在搅拌车上放一些装满减水剂的塑料桶（容量2.5kg），以备坍落度损失过大时加入混凝土中恢复其坍落度、和易性，由于加入量很少，不至于影响水灰比，也就不会影响强度。

2.3　质量追溯和对外窗口作用

试验室在质量追溯和对外窗口方面也起着非常重要的作用。

试验室在实际生产中要做好质量记录工作，用现代管理体系常说的一句说，就是要“写你所做”，把所做的各项质量工作都客观真实地记录在各项质量记录上。这样当工作取得好的成绩时，我们就可以通过质量记录，总结出成功的经验；当工作失败，或出现质量事故时，可以通过质量记录，找出原因，以利今后改进，避免犯同样错误，出同样事故。

另外，公司在接新的工程时，施工单位一般都要看看试验室的设备技术是否先进，人员素质如何，质量保证体系是否能正常可靠地运转。而上级各部门来公司检查工作时，也主要检查试验室的质量记录和各项质量保证措施。试验室工作做得好坏将直接影响到公司的信誉和形象。因此，应十分重视试验室在质量追溯和对外窗口方面所起的重要作用。

2.4 技术开发和储备作用

试验室在公司的技术开发和储备方面也担负着极其重要的作用。

试验室在日常工作中应根据常用原材料和工程的需要设计一套常用配合比，做好技术储备。这样不仅能满足一般工作的需要，还能通过试验积累宝贵的经验，不断提高技术水平。

另外，试验室还应跟踪混凝土技术的最新发展，做好技术开发储备工作，以使公司在竞争中占得先机。

可见试验室在商品混凝土公司中所起的作用是十分重要的。那么，应如何管理好试验室，使试验室充分发挥其重要作用呢?

3 试验室的管理

要想管理好试验室，必须从人员、管理制度、仪器设备、试验程序和资料管理五个方面入手。

3.1 人员

商品混凝土试验室试验人员一般由试验室主任1人、试验室技术负责人1人、试验员6～8人组成。其中对试验室主任和技术负责人要求较高：必须具备中级以上技术职称，从事商品混凝土试验工作5～8年以上，有丰富的实践经验，能及时分析和处理各种质量事故，使用过多种水泥和外加剂，参与过多种普通混凝土配合比和特殊混凝土配合比的设计和应用，并对这些混凝土配合比在不同天气条件下和其他各种因素下的临时调整有丰富的经验，能熟练掌握与商品混凝土有关的国家规范和技术标准，并能在生产中贯彻执行。试验员必须具有高中以上学历，从事试验工作2～3年以上，精通本岗位的业务，有市级质量监督检测部门颁发的上岗证，熟悉有关的国家标准、规范与试验方法，具备质量管理、质量监督和标准化的一般知识，并能及时处理生产中一些常见问题，有上进心、事业心和责任心。

从某种意义上说，试验室工作能否有效运转，能否在商品混凝土生产中起到本部门应起的重要作用，关键在于人员素质。人员素质高，试验室工作就能高效运转，就能在保证混凝土质量方面起到重要作用。所以，商品混凝土公司配备好试验室人员是至关重要的。

3.2　管理制度

管理制度是保证试验工作正常进行的前提，它能使试验人员在各自岗位上齐心协力，各负其责，共同做好试验工作。商品混凝土公司一般应建立如下管理制度：

1）试验室职责。

2）试验人员岗位责任制。

3）抽样制度。

4）样品收发、保管和处理制度。

5）样品检验和判定制度。

6）试验原始记录、试验台账、统计报表管理制度。

7）试验报告管理制度。

8）试验质量保证制度。

9）标准养护室管理制度。

10）仪器设备管理制度。

11）资料管理制度。

12）人员培训和考核制度。

13）事故分析及报告制度。

14）安全制度。

有了制度，还必须按制度办事，使试验室管理工作走上正规，并应在实际运作中去发现哪些制度还存在缺陷，不断加以改进完善，使试验室管理工作逐渐实现规范化、标准化。

3.3　仪器设备

管理好仪器设备，使其完好率达到100%，才能保证试验工作有序、顺利地完成。仪器设备的管理应做好以下工作：

1）使试验设备与试验项目相适应，设备的性能、精度应满足国家标准要求。

2）试验设备应建立技术档案（包括检验、使用、维修记录、使用说明书和操作规程、检定证书），并一机一档。

3）计量设备应由法定计量部门定期进行计量检定。

4）试验设备的布置应合理，同类别试验仪器应集中布置，并符合试验顺序流程。

5）搅拌楼计量系统除了按规定由法定计量部门定期对计量设备进行检定外，还应定期做静态和动态计量校验，以确保计量准确无误。

3.4　试验程序

清晰的试验程序才能保证试验工作有序、顺利地完成，出现问题也能很快找出存在问题的环节，并迅速找到改进的方法，才能使管理及时、高效。商品混凝土公司试验室一般应建立如下试验程序：

1）施工配合比出具流程图（图1）

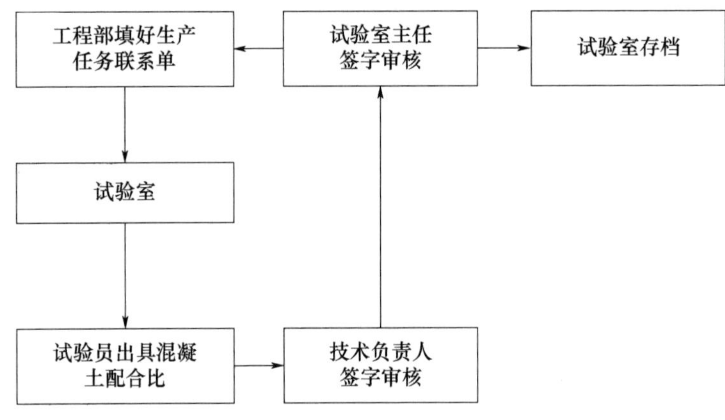

图1　施工配合比出具流程

2）原材料检验流程图（图2）

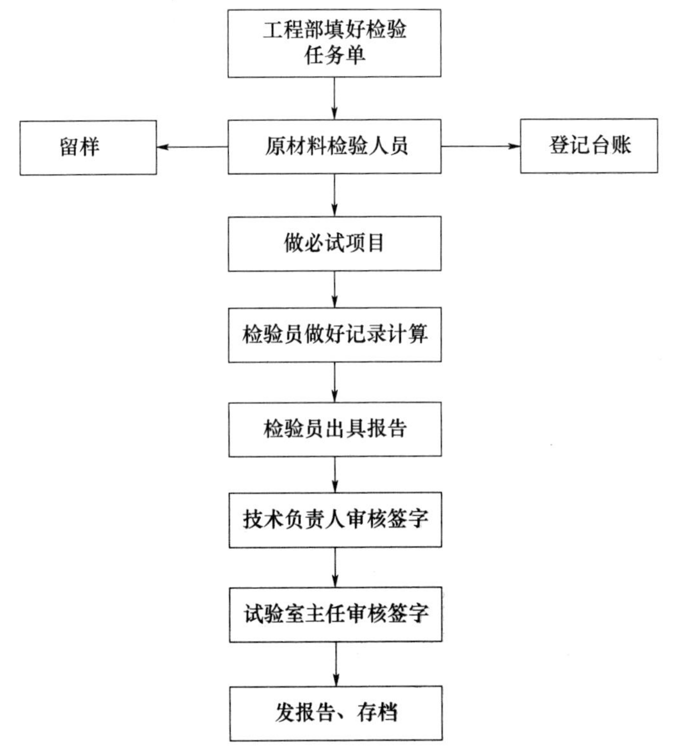

图2　原材料检验流程

3）混凝土试件制作及养护流程图（图3）

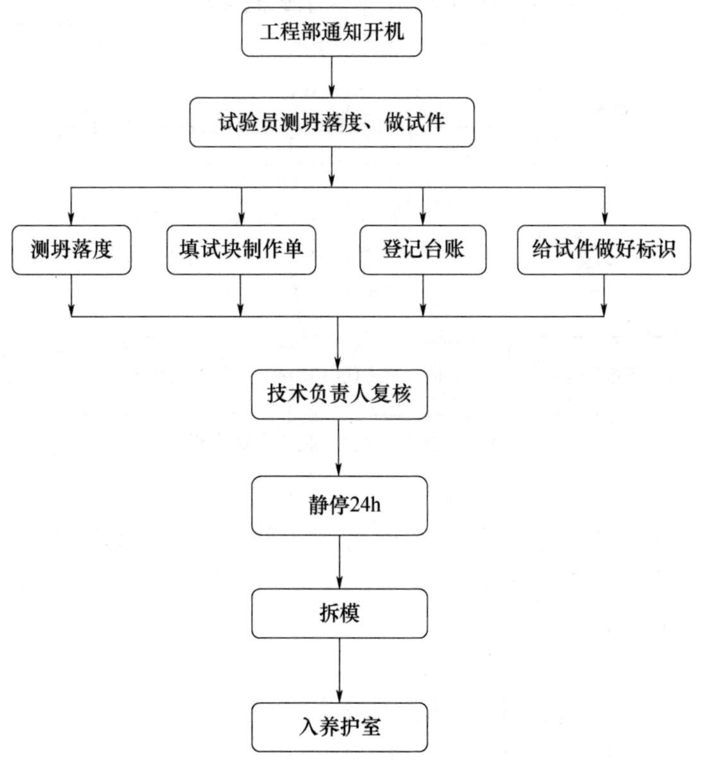

图 3　混凝土试件制作及养护流程

4）混凝土抗压强度检验流程图（图 4）

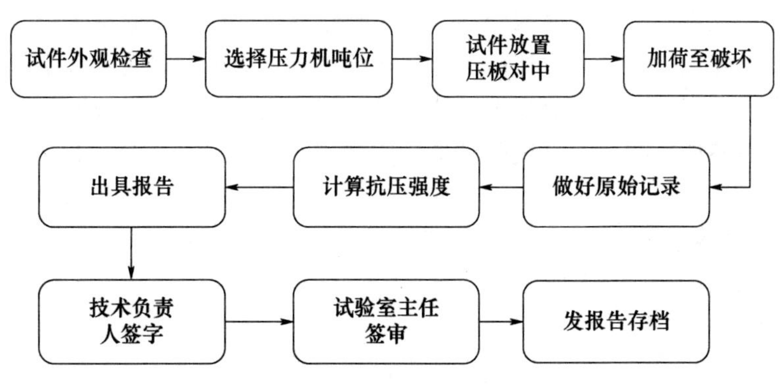

图 4　混凝土抗压强度检验流程

5）混凝土抗渗性能检验流程图（图 5）

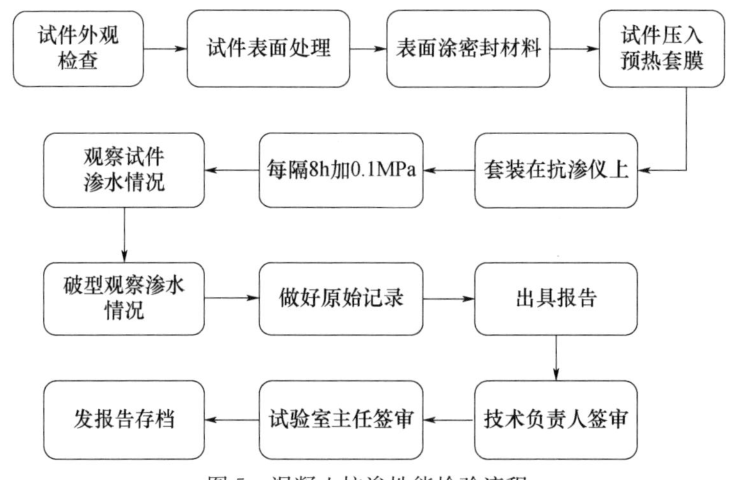

图 5　混凝土抗渗性能检验流程

3.5　资料管理

前面已经提到，试验室的资料管理工作是十分重要的，做好该工作，不仅使质量有了良好的追溯性，而且也使试验室这个对外窗口在各级领导检查工作时能客观真实地反映公司的质量现状。

商品混凝土试验室一般应建立如下资料：

1）水泥五合一（水泥出厂报告、检验任务单、抽样单、原始记录、水泥复试检验报告）。

2）砂四合一（检验任务单、抽样单、原始记录、检验报告）。

3）碎石四合一（检验任务单、抽样单、原始记录、检验报告）。

4）外加剂三合一（产品合格证、市级检测部门检测报告、使用许可证）。

5）掺合料四合一（出厂报告、检验任务单、抽样单、检验报告）。

6）抗压、抗渗、抗折强度四合一（试块制作单、抽样单、原始记录、检验报告）。

7）混凝土配比三合一（委托单、混凝土配合比通知单、砂石含水率试验表）。

8）混凝土试配三合一（混凝土试拌记录、配合比设计书、试块制作单）。

9）仪器设备档案四合一（仪器设备操作规程，仪器设备维修、保养记录，使用说明书，检定证书）。

10）仪器设备台账。

11）试验台账。

4　结语

综上所述，试验室在商品混凝土公司中的作用是非常重要的。只有建立一个人员素质高、设备先进、技术过硬的试验室，并充分发挥其在技术开发、产品检验、质量控制方面所起的重要作用，才能使混凝土的质量有可靠的保证，才能使商品混凝土公司在激烈的竞争中占得先机。

注：《商品混凝土公司中试验室的作用及其管理》发表于国家核心学术期刊《混凝土》2002 年第 12 期。

商品混凝土的质量要素和生产过程中重要环节的质量预控

黄振兴

天津振华商品混凝土有限公司　天津　300450

摘　要　阐述了商品混凝土的质量要素，以及生产过程中重要环节的质量预控。

关键词　要素；质量；商品混凝土；预控

Abstract　This article elaborates five qualitative essential elements of the commodity concrete and qualitative pre-control of the important link in producing.

Keywords　Essential element; Qualitative; Commercial concrete; Pre-control

用混凝土泵沿输送管输送和浇筑混凝土，早在20世纪六七十年代就在各个工业发达国家得到推广，取得了较好的技术经济效益。近年来，随着我国改革开放和经济的迅猛发展，建设规模的日益扩大，商品混凝土以其效率高、劳动力省、费用低、不需要太大工作面等优势，在我国也得到了广泛的应用。尤其在上海、北京、天津等一些大城市中发展更为迅速。上海市政府已下文市区只许使用商品混凝土，不许自行搅拌。北京、天津也有类似的规定。因此，商品混凝土的质量已成为工程质量的重要组成部分。要想保证工程质量，必须保证商品混凝土的质量，这已成为工程技术人员的共识。为此，人们必须首先搞清楚商品混凝土的质量要素有哪些。

1　商品混凝土的质量要素

商品混凝土的质量要素主要有五个。

第一个要素是商品混凝土的强度，它必须满足设计规定的抗压、抗折等强度要求。施工中评定商品混凝土质量的好坏，主要依据混凝土的强度，因此，它是商品混凝土质量的决定性因素之一。

第二个要素是商品混凝土的耐久性，它必须满足抗渗、抗冻、抗腐蚀、抗磨、抗风化等耐久性设计要求，它也是评定混凝土质量好坏的主要依据之一。如果售出的混凝土达到了设计要求，质量就合格；反之该混凝土质量就不合格。因此，混凝土的耐久性也是商品混凝土质量的决定性因素之一。

第三个要素是商品混凝土的和易性。因为如果坍落度控制好，就不会影响泵送，也不会影响施工的振捣和浇筑，从而保证混凝土的质量；反之就会给施工带来困难。例如，坍落度如果控制不好，到现场后坍落度损失过大，无法泵送，现场人员只好加水，无形中加大了水灰比，降低了混凝土强度，最终影响混凝土质量。又因为如果混凝土黏聚性好，就不会在运输中出现分层，也不会离析和泌水，就能保持混凝土整体均匀的性质，从而使质量得以保证；反之混凝土就会分层、离析和泌水，造成泵送和施工困难，影响混凝土强度，最终影响混凝土质量。同样，如果混凝土保水性好，就不会出现泌水，不会影响抗渗、抗冻性，也不会影响强度，从而保证混凝土质量。反之就会产生严重的泌水现象，在混凝土表面形成积散层，而内部也存在上下贯通的空隙，这样对混凝土的抗渗、抗冻等耐久性指标危害很大，而且也会降低强度，最终影响混凝土的质量，因此混凝土的和易性也是商品混凝土质量的决定性因素之一。

第四个要素是商品混凝土的可泵性。商品混凝土质量的优劣在很大程度上依赖于该混凝土可泵性的好坏。如果可泵性好，混凝土能及时泵送到位，就不会影响质量；如果混凝土可泵性差，势必导致泵车人员为了将混凝土泵送出去而在现场加水，从而影响商品混凝土质量。因此，混凝土的可泵性也是商品混凝土质量的决定性因素之一。

第五个要素是商品混凝土生产过程中的施工组织和管理，它对混凝土最终质量也起着决定性作用。如果施工组织和管理良好，能根据工程特点、工期要求和施工条件，正确选择混凝土泵、泵车和输送管，对混凝土泵和输送管进行正确的布置，合理地组织泵送混凝土施工，尽量减少现场压车时间，对质量和施工进行科学的管理，就能保证商品混凝土的质量；反之就会影响混凝土质量，严重时甚至会出现重大质量事故。因此，混凝土生产过程中的施工组织和管理也是商品混凝土质量的决定性因素之一。

在清楚了商品混凝土质量要素有哪些后，再来探讨生产过程中有哪些重要环节，以及如何对这些重要环节进行质量预控。

2 生产过程中重要环节的质量预控

商品混凝土生产过程中主要有以下四个重要环节，即原材料的选用和检验，混凝土配合比的设计与调整，施工中对混凝土质量的及时监控和良好的施工组织与管理。这四个重要环节都对商品混凝土的质量有着直接的影响，因此必须对它们进行质量预控，这样才能防患于未然，从而确保质量。下面重点探讨一下如何对这些重要环节进行质量预控。

2.1 原材料的选用和检验

原材料质量的好坏，直接影响到商品混凝土质量的优劣，因而在原材料的选用上应慎重考虑，以求以优质的原材配制出优质的混凝土。

2.1.1 水泥

水泥的质量对混凝土的质量影响很大，例如水泥强度的波动，将直接影响混凝土强度。因此对于每一批进厂水泥，都必须严格按照规范检验鉴定合格后才能使用。另外，水泥的品种对可泵性影响也很大，一般以普通硅酸盐水泥为宜。矿渣水泥由于保水性差，泌水性大，所以国外一般不准用于泵送混凝土。国内有些工程也有用矿渣水泥的，但要采取一定措施，如加些粉煤灰、适当提高砂率等。

2.1.2 砂

砂对混凝土拌合物的可泵性的影响非常大，级配良好的砂才能使混凝土拌合物在输送管中顺利流动，才能保证混凝土有好的可泵性，从而使混凝土质量得以保证。图1是美国混凝土学会（A.C.I）推荐的砂级配曲线和我单位用砂的级配曲线。由上述级配曲线可以看出，通过0.315mm筛孔的砂，A.C.I.建议为20%，而我们所用的为14%。这部分细小颗粒的含量很重要，如含量低，输送管易阻塞，也就是混凝土拌合物的泵送性能不良。为了能顺利泵送，一般情况下，通过0.315mm筛孔的细骨料应不小于15%，如砂中缺少这些较细的粒级则应掺些粉煤灰，或选择较细的砂混合以达到上述要求的百分数。另外，砂的细度模数最好控制在2.4～2.8这个范围内，可泵性最好。

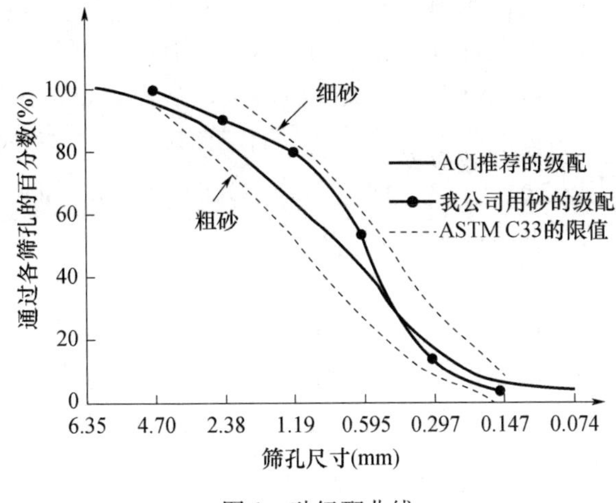

图1　砂级配曲线

2.1.3　粗骨料

粗骨料的级配、粒径和形状对混凝土的可泵性影响很大。另外级配良好的粗骨料，孔隙率小，能节约砂浆和增加混凝土的密实度，从而保证混凝土质量。表1为日本的泵送混凝土施工规程规定的粗骨料（碎石）级配。表2为上海地区粗集料级配。表3为我们所用的两种骨料的级配。

表1　日本粗骨料（碎石）的级配

粒径（mm）	筛孔尺寸（mm）								
	50	40	30	25	20	15	10	5	2.5
	通过筛子的质量百分数（%）								
＜40	100	100～95	—	—	75～35	—	30～10	5～0	—
＜30	—	100	100～95	—	75～40	—	35～10	10～0	5～0
＜25	—	—	100	100～90	90～60	—	50～20	10～0	5～0
＜20	—	—	—	100～90	100～90	86～55	55～20	10～0	5～0

表2　上海地区粗骨料级配（筛余%）

集料类别	粒径（mm）	筛孔尺寸（mm）							
		40	30	25	20	15	10	5	2.5
连续粒级	5～40	0.5	—	—	30～66	—	75～90	95～100	—
	5～25	—	—	0～5	10～40	—	60～85	90～100	95～100

表3　我公司粗骨料级配（筛余%）

粒径（mm）	筛孔尺寸（mm）							
	40	31.5	25	20	16	10	5	2.5
20～40	3	23	57	91	96	99	100	100
10～20	—	—	—	8	37	90	98	98

从上述三表可以看出我们所用的为20～40mm石子和10～20mm石子的级配单独使用时均不能满足泵送混凝土对石子级配的要求。只有将这两种石子合理配制混合后才能符合泵送要求。石子粒径越小，孔隙率就越大，从而也增加了细骨料体积，加大了水泥用量。所以为了改善混凝土的可泵性，而无原则地减小石子粒径，既不经济也无必要。另外，根据国内外经验，石子最大粒径与输送管径之比为1∶3～1∶4，石子最大粒径不能超过上述要求，否则就容易发生堵管。

2.1.4　掺合料

掺合料一般选用粉煤灰，它是具有活性的水硬性材料，它虽不能自行硬化，但能与水泥、水化析出的氢氧化钙相互作用，形成较强且较稳定的胶结物质。合理使用1吨粉煤灰，约节约0.6t水泥。而且粉煤灰是一种表面圆滑的微细颗粒，掺入混凝土后，使流动性显著增加。有资料表明，粉煤灰改善泵送性能等于同等质量水泥的两倍。因此在商品混凝土中使用粉煤灰，不仅可以节约水泥，降低成本，而且可以大大改善可泵性，从而使混凝土质量得到保证。另外，对于大体积混凝土结构，掺加一定量的粉煤灰，还可以降低水泥的水化热，有利于裂缝的控制。同时，掺加粉煤灰还可以抑制碱骨料反应，有利于混凝土的耐久性。所以在商品混凝土中掺加粉煤灰，是非常有益的。

2.1.5　外加剂

我们所选用的外加剂，首先必须三证（认证证书，质检报告，合格证）齐全。其次，我们要进行一定的试验。因为外加剂对水泥品种很敏感，对于不同品种水泥，我们要经过试验选用适宜的外加剂，以求取得最佳效果。

在选好原材后，我们还必须按照有关规范严格检验，不合格的原材料绝不用于工程。关于原材的检验与评定，有关规范均有详细说明，在此不再赘述。

2.2　混凝土配合比的设计与调整

混凝土配合比的设计是商品混凝土生产中一个非常重要的环节。只有根据工程对混凝土性能的要求（强度、耐久性等）和混凝土泵送的要求设计出经济指标好、质量优而且可泵性好的配合比，才能确保混凝土质量。

确定商品混凝土配合比时，仍可采用普通方法施工的混凝土配合比设计方法，但是要考虑管道输送的特点，在水泥用量、坍落度、砂率方面予以特殊处理。

根据国内外经验，坍落度一般控制在80～180mm，不能过大，也不能过小。过小易造成输送管阻塞；过大易造成混凝土的离析。最小水泥用量应控制在300kg/m^{3}以上。商品混凝土的砂率要比普通凝土的砂率高2%～5%，最小砂率应控制在40%以上。

实际施工时，还应根据骨料含水量情况，以及混凝土和易性，及时预见加以调整，以确保准确地施行试验室的配合比，保证混凝土质量。

2.3 施工中对混凝土质量的及时监控

施工中对混凝土质量的及时监控非常具有现实意义，它可以尽早发现问题，以便及时采取措施加以纠正。最简便易行的方法就是检查和易性，因为和易性的波动直接反映混凝土施工质量控制的好坏。

当混凝土的坍落度或黏聚性有较大波动时，通常是混凝土配料出现错误，或砂、石子含水率发生较大的波动造成的，所以对混凝土质量的监控是生产中一个重要环节。我们应对每种混凝土的和易性都目测监控。经常抽测坍落度，及时发现问题，及时予以解决。

2.4 施工组织与管理

施工的组织与管理也是商品混凝土生产过程中的重要环节，良好的施工组织与管理才能保证生产出优质的混凝土。

第一步，要根据工程要求，安排试验室选好原材，确定好配合比。

第二步，充分做好施工前的准备工作，备足原材，使各种施工机械处于良好的工作状态。

第三步，选好混凝土泵、泵车和输送管，并在现场布置好泵车和输送管，使它们处于最佳工作位置。同时调度好车辆，避免或尽量减少现场压车，减少坍落度损失，以使混凝土各项指标处于最佳时浇注到位。

第四步，在施工中协调各部门，使其均正常运转，各尽其责。

只有在以上四个生产过程中重要环节上严把质量关，使混凝土质量得到预控，才能防患于未然，不出质量事故，生产出优质的混凝土。

注：《商品混凝土的质量要素和生产过程中重要环节的质量预控》发表于《天津建设科技》1998年第四期。

第四章　新材料研发与应用

本章简介

本章收录了作者在新材料研发及应用领域发表的两篇论文，作者2004—2006年在天津市首先研发成功使用磨细矿粉的系列配合比，并在天津市大规模推广使用，解决了炼铁厂水淬矿渣对环境的污染问题，并于2005年1月在国家核心学术期刊《混凝土》杂志发表了《降低混凝土成本的秘密武器——磨细矿粉》，加速了矿粉在全国范围的使用，为企业和国家带来了巨大经济效益，为国家的环保做出了贡献。

作者在2015年就预见到了国家为了环保，会逐渐关停燃煤电厂，为了环保和控制产能过剩会关闭大量中、小型钢厂。混凝土中常用的掺合料粉煤灰和矿粉会越来越紧缺，必须找到能替代粉煤灰或矿粉的新型掺合料。于是主持了“磨细石灰石粉”在混凝土中应用的专题试验，获得了成功，并在实际施工中进行了应用，也获得了成功，为混凝土同行选用磨细石灰石粉作为混凝土掺合料的替代品，提供了参考资料。

磨细石灰石粉在混凝土中应用的技术途径

黄振兴　曹养华　刘臻一

杭州申华混凝土有限公司　浙江杭州　311108

摘　要　本文通过大量试验，采用同一个基准配合比，以不同掺量磨细石灰石粉分别取代水泥、矿粉、粉煤灰；通过考察混凝土和易性、流动性和强度来寻找磨细石灰石粉在混凝土中应用的途径，以及取代胶凝材料中水泥、矿粉、粉煤灰的最佳掺量。

关键词　石灰石粉；掺量；混凝土和易性；流动性；混凝土强度

Abstract　In this paper, through a lot of experiments, using the same benchmark mix ratio, with different blending amount of finely ground limestone replaced cement, slag, fly ash; Way through the investigation of the workability of concrete, fluidity and strength to find the dosage of ground limestone powder application in concrete to replace the cementitious materials including cement, slag and fly ash.

Keywords　Limestone powder; Volume; Workability of concrete; Mobility; Strength of concrete

1　前言

矿物掺合料是混凝土中不可缺少的重要组分，随着我国基础建设的大规模展开，粉煤灰、磨细矿粉等传统的矿物掺合料日益紧缺；尤其是为了保护环境，使用煤做燃料的火力发电厂陆续关停，粉煤灰资源日益枯竭。石灰石粉作为储量巨大、容易获取、质优价廉的矿物掺合料在混凝土行业逐渐得到认可和应用。在混凝土中掺加石灰石粉可以替代水泥、矿粉或粉煤灰，大大降低混凝土成本，同时还可以改善混凝土和易性、降低水化热，综合经济效益非常明显。

《石灰石粉在混凝土中应用技术规程》（JGJ/T 318—2014）已经于2014年2月10日发布，并且于2014年10月1日起实施。该规程给广大混凝土技术工作者提供了又一个新型混凝土矿物掺合料——石灰石粉，并且规范了这种新型混凝土矿物掺合料——石灰石粉在混凝土中的应用技术。这就给广大混凝土技术工作者带来了新的技术课题——石灰石粉如何用于混凝土中？石灰石粉在混凝土中应用的技术途径有哪些？取代哪种胶材？取代的最佳比率是多少？

我公司技术人员从2014年下半年起，经过6个多月的大量实验，找到了石灰石粉在混凝土中应用的不同途径以及最佳掺量。

2 试验用原材料及试验思路思路

2.1 试验用原材料

2.1.1 石粉

试验用石粉为浙江长兴县长兴华星钙业有限公司生产的石灰石粉。

石粉的物理性能指标均按粉煤灰的检测规范检测，数据如表1所示。

表1 石灰石石粉物理性能指标

物理性能指标	细度%	胶砂流动度比%	需水量比%	7天活性指数%	28天活性指数%	碳酸钙含量%
实测数据	12.7	101	99	60	65	98
国标要求	≤15	≥100	—	60	60	75

从表1可以看出，我公司选用的石灰石粉完全满足《石灰石粉在混凝土中应用技术规程》(JGJ/T 318—2014)的相关技术要求。

2.1.2 试验用其他原材料

水泥是南方水泥厂生产的三狮牌P·O 42.5水泥；矿粉是杭钢生产的S95级磨细矿粉；粉煤灰是长兴电厂Ⅱ级粉煤灰；砂是鄱阳湖河砂，细度2.6；石子是富阳石矿生产的5～25mm连续粒级；外加剂是天津雍阳生产的聚羧酸外加剂。以上原材料经检验完全满足相关国标技术要求。

2.2 试验用基准配合比

试验用基准C30配合比是以目前大多数混凝土公司通用的使用水泥、矿粉、粉煤灰三种胶材的普通C30混凝土配合比为基准，如表2所示。

表2 基准配合比

强度等级	水(kg)	水泥(kg)	矿粉(kg)	粉煤灰(kg)	砂(kg)	石子(kg)	聚羧酸外加剂(kg)
C30	170	203	115	67	746	1075	4.5

2.3 试验思路

以混凝土中最常用的C30配合比为基准配合比，以不同掺量的石灰石粉分别取代粉煤灰、矿粉和水泥，通过考察混凝土和易性、流动性和混凝土强度变化曲线，找出石灰石粉取代粉煤灰、矿粉和水泥的最佳掺量。

3 试验数据

3.1 石灰石粉取代粉煤灰

3.1.1 试验方法

在C30基准配合比的基础上，水泥、矿粉、砂、石子、聚羧酸外加剂用量不变，通过用少量外加剂将出机坍落度调整到一致，石灰石粉以胶材总量的5%、10%、15%、20%掺量取代粉煤灰。试验数据如表3及图1所示。

3.1.2　试验数据

表 3　石灰石粉取代粉煤灰后混凝土 28d 强度及混凝土初始状态

石灰石粉掺量（%）	混凝土 28d 强度（MPa）	混凝土初始状态
0	39.4	坍落度 230mm，和易性、流动性佳
5	41.2	坍落度 230mm，和易性、流动性佳
10	43.1	坍落度 230mm，和易性、流动性佳
15	42.7	坍落度 230mm，和易性、流动性佳
20	39.4	坍落度 230mm，和易性、流动性佳

3.1.3　不同掺量石灰石粉取代粉煤灰与混凝土 28d 强度的关系（图 1）

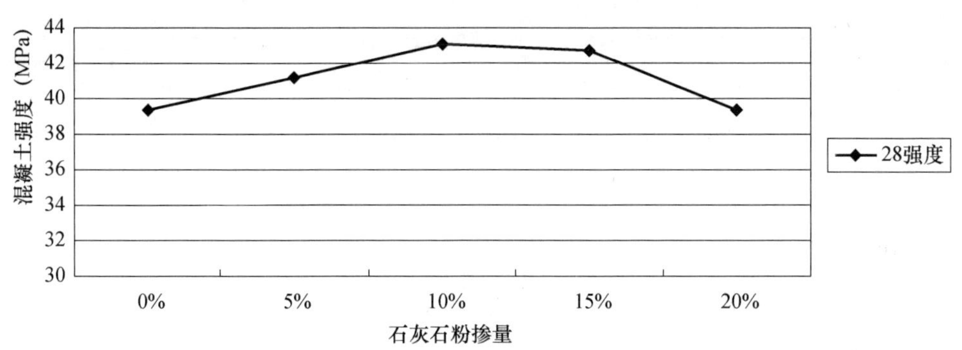

图 1　不同掺量石灰石粉取代粉煤灰与混凝土 28d 强度关系

3.1.4　试验结果分析

从试验数据和不同掺量石灰石粉取代粉煤灰与混凝土 28d 强度的关系图可以直观地看出，首先石灰石粉按胶材总量的 10%取代粉煤灰时，强度最好；其次石灰石粉按胶材总量的 5%、10%、15%、20%取代粉煤灰时，28d 混凝土强度都不低于基准混凝土 28d 强度，也就是说，在占胶材总量 20%以下时石灰石粉可以完全取代粉煤灰。这无疑在为了保护环境，燃煤火力发电厂陆续关停，粉煤灰资源逐渐枯竭的今天，石灰石粉成为替代粉煤灰的首选矿物掺合料。

3.2　石灰石粉取代矿粉

3.2.1　试验方法

在 C30 基准配合比的基础上，水泥、粉煤灰、砂、石子、聚羧酸外加剂用量不变，通过用少量外加剂将出机坍落度调整到一致，石灰石粉以胶材总量的 5%、10%、15%、20%、25%、30%的掺量代替矿粉。试验数据见表 4 及图 2。

3.2.2　试验数据

表 4　石灰石粉取代矿粉后混凝土 28d 强度及混凝土初始状态

石灰石粉掺量（%）	混凝土 28d 强度（MPa）	混凝土初始状态
0	39.4	坍落度 230mm，和易性、流动性佳
5	40.7	坍落度 230mm，和易性、流动性佳
10	43.3	坍落度 230mm，和易性、流动性佳

续表

石灰石粉掺量（%）	混凝土 28d 强度（MPa）	混凝土初始状态
15	36.5	坍落度 230mm，和易性、流动性佳
20	34.4	坍落度 230mm，和易性、流动性佳
25	27.4	坍落度 230mm，和易性、流动性佳
30	22.6	坍落度 230mm，和易性、流动性佳

3.2.3 不同掺量石灰石粉替代矿粉与混凝土 28d 强度的关系（图 2）

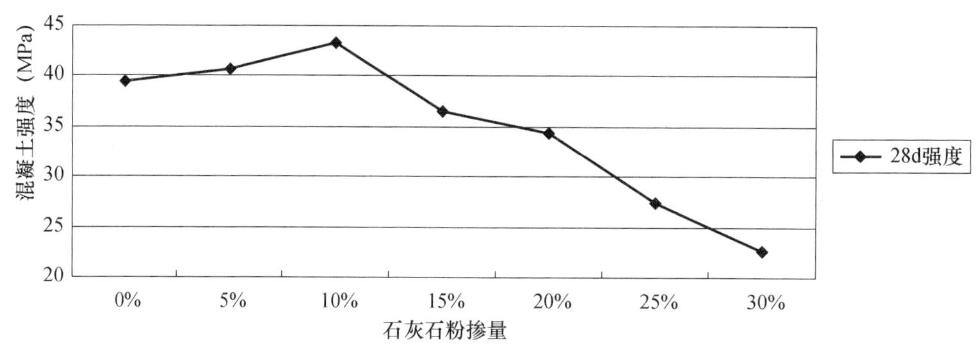

图 2　不同掺量石灰石粉取代矿粉后混凝土 28d 强度

3.2.4 试验结果分析

从试验数据和不同掺量石灰石粉替代矿粉与混凝土 28d 强度的关系图可以直观地看出，石灰石粉按胶材总量的 10%取代矿粉时，强度最高。

3.3 石灰石粉取代水泥

3.3.1 试验方法

在 C30 基准配合比的基础上，粉煤灰、矿粉、砂、石子、聚羧酸外加剂用量不变，通过用少量外加剂将出机坍落度调整到一致，石灰石粉以胶材总量的 5%、10%、15%、20%、25%掺量取代水泥。试验数据如表 5 所示。

3.3.2 试验数据

表 5　石灰石粉取代水泥后混凝土 28d 强度及混凝土初始状态

石灰石粉掺量（%）	混凝土 28d 强度（MPa）	混凝土初始状态
0	39.4	坍落度 230mm，和易性、流动性佳
5	40.7	坍落度 230mm，和易性、流动性佳
10	42.3	坍落度 230mm，和易性、流动性佳
15	37.2	坍落度 230mm，和易性、流动性佳
20	28.2	坍落度 230mm，和易性、流动性佳
25	26.5	坍落度 230mm，和易性、流动性佳

3.3.3 不同掺量石灰石粉取代水泥矿粉与混凝土 28d 强度的关系（图 3）

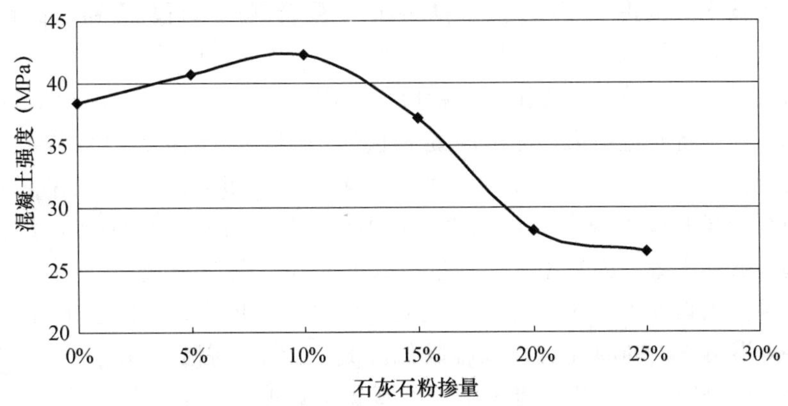

图 3 不同掺量石灰石粉取代水泥后混凝土 28d 强度

3.3.4 试验结果分析

从试验数据和不同掺量石灰石粉取代水泥与混凝土 28d 强度的关系图可以直观地看出，石灰石粉按胶材总量的 10%取代水泥时，强度最高。

4. 结语

将上述三张图合并在一起（图 4），可以惊奇地发现；无论石灰石粉取代哪种胶材，最佳掺量都是 10%，在这个掺量时无论取代粉煤灰、矿粉还是水泥，取代后混凝土的 28d 强度都高于基准混凝土 28d 强度 5%～7%，并且是所有掺量中的最高值。因此，可以得出结论："石灰石粉取代粉煤灰、矿粉、水泥中任何一种胶材的最佳掺量是胶材总量的 10%"。

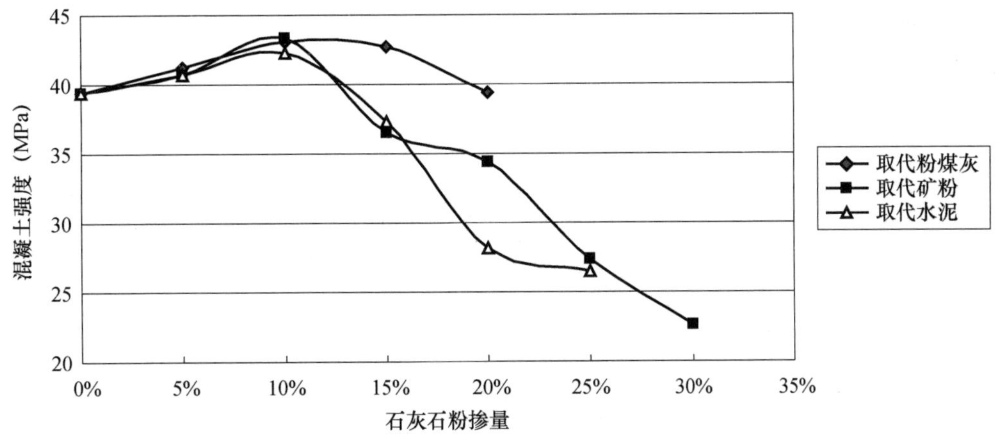

图 4 不同掺量石灰石粉取代不同胶材后混凝土 28d 强度

另一个惊喜的发现是石灰石粉取代粉煤灰时，掺量一直提高到胶材总量的 20%时，混凝土 28d 强度仍然与基准混凝土 28d 强度持平。按普通 C30 混凝土胶材总量 380kg 计，掺量 20%时，石灰石粉可以取代 76kg 粉煤灰，也就是说石灰石粉几乎可以完全取代粉煤灰。这在为了保护环境，燃煤电厂逐渐关停，粉煤灰资源越来越少的困境下，为广大混凝土技术人员提供了取代粉煤灰的矿物掺合料——石灰石粉，而且石灰石粉这种矿物掺合料是在全国分布极其广泛，简便易得、物美价廉的矿物掺合料。

由于石灰石粉价格较低，无论取代粉煤灰、矿粉还是水泥，都能降低混凝土成本，尤其取代水泥时经济效益更大，能给混凝土生产厂家带来巨大的经济效益。

由上述分析可见，石灰石粉作为一种在全国资源分布极其广泛、储量巨大、加工简单（用现有的矿粉生产设备就可以生产，由于石料是干燥的，不像水渣需要烘干，并且硬度远远低于水渣，因此比矿粉的生产成本低），按一定比率（10%）掺入混凝土取代胶材后混凝土强度不仅不降低，还比基准混凝土强度高，混凝土的和易性、流动性也优于基准混凝土，同时还可以大幅降低混凝土成本。因此，石灰石粉在不久的将来，必将取代部分胶材，成为混凝土中不可或缺的优良矿物掺合料。

注：《磨细石灰石粉在混凝土中应用的技术途径》发表于《商品混凝土》2016年第二期。

磨细石灰石石粉在混凝土中应用的技术探讨

余琴[1]　黄振兴[2]　曹养华[2]　刘臻一[2]

1. 杭州市建设工程质量安全监督总站　浙江杭州　310015

2. 杭州申华混凝土有限公司　浙江杭州　311108

摘　要　本文从石灰石粉的物理性能指标、化学成分指标，以及同等级、同胶材用量、同水胶比、其他材料均相同的条件下掺加不同量磨细石灰石粉，分别取代同等质量粉煤灰或矿粉后混凝土的状态、强度的发展情况，来探讨石灰石粉在混凝土中应用的可能性、应用的途径，以及矿粉中掺入石粉作假的危害性。

关键词　石灰石石粉；物理性能指标；化学成分指标；混凝土工作性；混凝土强度

Abstract　This article from the physical indexes of lime stone powder, chemical index; And the same grade, the same cement amount, the same water cement ratio, other materials in the same conditions by adding different amounts of lime stone powder, respectively, to replace the development situation of the same weight of fly ash or slag concrete, the strength of the state. To explore the possibility of application way, application of the powder in concrete, And the harmfulness of the powder mixed into powder fraud.

Keywords　Limestone powder; Physical indicators; Chemical index; Workability of concrete; The strength of concrete

1　引言

石粉能否用于混凝土？能否对混凝土的强度和耐久性做出贡献？目前不法商贩在矿粉中掺入石粉作假的危害到底有多大？随着我国基础设施建设的规模越来越大，粉煤灰、矿粉等活性掺和料供应日益紧张，作为资源非常丰富、容易获取、质优价廉的磨细石灰石粉，能否作为新型矿物掺合料应用于混凝土，来替代部分粉煤灰和矿粉？这些问题一直困扰着混凝土界的工程技术人员，因此，研究和探讨石粉在混凝土中的应用有非常重要的意义。目前石粉能否用于混凝土，在混凝土界的技术人员，尤其在专家中争议也非常大，有的专家对石粉用于混凝土中持有肯定态度，并在编制石粉在混凝土中应用的技术规程；有的知名专家坚决反对，甚至义愤填膺地说道："目前为止还没有哪个混凝土公司的技术人员敢胆大妄为地在混凝土中用石粉替代胶凝材料。"因此，从理论上探讨石粉在混凝土中的应用，以及通过实验来验证石粉能否用于混凝土，如果能用，怎样来准确、合理的使用，是非常必要的。

2 石粉的物理性能指标

试验用石粉为浙江长兴县长兴华星钙业有限公司生产的石灰石粉。

石粉的物理性能指标均按粉煤灰的检测规范检测，数据如表1所示。

表1 石灰石石粉物理性能指标

物理性能指标	细度	胶砂流动度比	需水量比	烧失量	7d活性指数	28d活性指数	碳酸钙含量
实测数据	25.5%	99%	99%	46%	58%	65%	98%

从测得石粉的细度25.5%看，通过球磨磨细的石粉，颗粒大小已经与二级粉煤灰相当，磨细石粉的颗粒形态与天然石子相同——都是致密结构，没有疏松的孔隙结构，不会吸附多余的水，反而有一定的物理减水作用。这与传统观念认为混凝土中掺加石粉会增加用水量，会吸附外加剂的观点是不一致的。传统的、固有的对石粉会增加用水量，会吸附外加剂的观点是错的，这在需水量比仅为99%得到了验证。

从胶砂流动度比99%看，石粉的掺加对混凝土流动性没有什么影响。

从7d活性指数、28d活性指数看，28d活性为65%左右（石粉活性试验参照粉煤灰试验标准，石粉取代了30%水泥做胶砂强度试验），而且7d与28d之间的增长幅度很小；说明石粉活性比较低（粉煤灰28d活性在80%以上，矿粉28d活性在95%以上），而且对后期强度贡献不大，这从石粉的化学成分是碳酸钙——一种惰性材料（石粉中碳酸钙含量数据由厂家提供）上得到了相互印证。由此可以推断石粉仅仅能作为混凝土中的填充料，对混凝土强度贡献很小，而且这些活性仅仅是由磨细石灰石粉的集料填充效应（物理作用）产生的；所以石灰石粉只能在混凝土中活性胶材用量低造成混凝土和易性、流动性差时，把石粉掺加到混凝土中改善混凝土工作性（增加和易性、流动性）。

3 石粉与矿粉、粉煤灰的化学成分的比较，以及从理论上分析这些材料在混凝土中的作用，以及对强度的贡献

3.1 石灰石石粉的化学成分以及在混凝土中对强度的贡献

石灰石石粉是由天然石灰石通过球磨机磨细而成的，它的主要化学成分是碳酸钙（石粉中碳酸钙含量98%），碳酸钙是一种惰性材料，从理论上推断它没有任何活性，不会参与水化，对混凝土的强度发展没有任何贡献。

3.2 矿粉的化学成分、活性指数以及在混凝土中对强度的贡献

3.2.1 矿粉化学成分数值由生产厂家提供，如表2所示。

表2 矿粉化学成分

化学成分	二氧化硅	三氧化二铝	氧化钙	三氧化二铁	氧化镁	烧失量
数据	33.5%	15.9%	38%	0.47%	9.6%	0%

3.2.2 矿粉活性指数（表3）

表3 矿粉活性指数

龄期	7d	28d
活性指数	75%	101%

3.2.3　从理论上分析矿粉在混凝土中对强度的贡献

矿粉是由炼铁过程中产生的水渣磨细而成，它的主要成分是氧化钙、二氧化硅、三氧化二铝，从矿粉化学成分看，90%的成分都有活性，与水泥成分类似，但矿粉本身活性很低，自身的氧化钙在水环境中水解后形成氢氧化钙，而氢氧化钙不是对强度有贡献的胶凝材料，而是混凝土中的有害物质；但是它却能与二氧化硅、三氧化二铝产生水化，反应生成对强度发展有用的硅酸盐凝胶和铝酸三钙凝胶。富余的二氧化硅、三氧化二铝还能通过二次水化消耗掉水泥水化产生的有害物质氢氧化钙和原材料带入的碱，反应生成对强度发展有用的硅酸盐凝胶和铝酸三钙凝胶。这一系列的连串化学反应，使得矿粉中90%以上的成分都转化成了与水泥水化后类似的成分，这样也就使得矿粉有了活性。但这一系列化学反应比较慢，在水中靠自身水化非常缓慢，只有在碱性环境中靠碱激发才能很好水化；因此它在混凝土中的水化比水泥慢，必须等水泥水化后生成了一种碱——氢氧化钙，以及自身的氧化钙水解（混凝土中自由水很少，因此水解很慢）成氢氧化钙后，它才能在氢氧化钙的激发下，与二氧化硅、三氧化二铝反应形成硅酸盐、铝酸盐凝胶，这种水化慢于水泥的水化，所以混凝土中矿粉的水化被称为二次水化。由于它比水泥细，能填充在水泥颗粒形成的空隙中，更重要的是它与氢氧化钙反应后形成的硅酸盐凝胶体积比其自身体积大，能够产生微膨胀效应，起到很好的填充效应，使混凝土更加致密，从而提高混凝土的强度、抗渗性能、耐久性能。这从矿粉28d活性指数101%得到了印证，等量取代水泥的矿粉28d的强度与水泥相当，甚至超过水泥。

3.3　粉煤灰的化学成分、活性指数以及在混凝土中对强度的贡献

3.3.1　粉煤灰化学成分数值由生产厂家提供（表4）

表4　粉煤灰化学成分

化学成分	二氧化硅	三氧化二铝	三氧化铁	氧化钙	氧化镁	三氧化硫	氧化钠	氧化钾	烧失量
数据	50.8%	28.1%	6.2%	3.7%	1.2%	0.8%	1.2%	0.6%	6.5%

3.3.2　粉煤灰活性指数（表5）

表5　粉煤灰活性指数

龄期	7d	28d
活性指数	71%	81%

3.3.3　从理论上分析粉煤灰在混凝土中对强度的贡献

粉煤灰是发电厂发电过程中产生的烟尘，是通过静电除尘设备收集的，也被称作原状灰。从化学成分看，80%左右的成分都有活性，但是这些成分中数量最多的活性成分——二氧化硅不能直接水解，三氧化二铝水解又非常缓慢，能水解且水解相对较快的氧化钙数量又很少；并且它的颗粒形态是玻璃球状体，颗粒表面有一层致密层；只有在碱性环境下，靠碱腐蚀其致密层，破壁后二氧化硅、三氧化二铝才能与水泥水化形成的氢氧化钙充分水化。由于有一个破壁的过程，本身的活性成分大部分又不能直接水化或水化缓慢，要等水泥、矿粉水化完之后才能与它们的水化产物氢氧化钙水化形成硅酸盐凝胶，所以它比矿粉在混凝土中的水化还慢，因此被称作三次水化。由于它比水泥、矿粉细，能填充在水泥和矿粉颗粒形成的空隙中，更重要的是它与氢氧化钙反应后形成的铝

酸盐和硅酸盐凝胶体积比其自身体积大，也能够产生微膨胀效应，起到很好的填充效应，使混凝土更加致密。因此粉煤灰也是有活性的，对混凝土的强度有贡献，而且对后期强度的发展和耐久性非常有利，这从粉煤灰28d活性指标能达到80%左右得到了印证。

4 石粉在混凝土中应用的技术途径的探讨，一个途径是取代矿粉，另一个途径是取代粉煤灰

4.1 试验用原材料

水泥使用南方水泥厂生产的P·O 42.5水泥，矿粉使用的是杭钢产的S95级矿粉，粉煤灰使用的是江阴电厂二级粉煤灰，砂使用的是赣江中砂（细度2.6），石子使用的是5～26.5mm连续粒级碎石，外加剂选用的是天津雍阳产的聚羧酸高效减水剂（减水率25%以上），石粉选用的是浙江长兴县长兴华星钙业有限公司生产的石灰石粉（碳酸钙含量98%）。

4.2 石粉以不同数量等量取代粉煤灰的试验结果

4.2.1 试验思路

在混凝土配合比（C30）不变的情况下，用不同数量的石粉等量取代粉煤灰进行试拌，观察混凝土状态，以及强度发展情况。试验用C30配合比如表6所示。

表6 试验用C30配合比

强度等级	水	水泥	矿粉	粉煤灰	中砂	石子	外加剂
C30	180kg	235kg	110kg	55kg	728kg	1047kg	5kg

4.2.2 试验数据（表7）

表7 C30试验数据

粉煤灰用量（kg）	石粉用量（kg）	不同龄期混凝土强度（MPa）				混凝土状态描述
		3d	7d	14d	28d	坍落度230mm，和易性、流动性佳
55	0	20.5	30.7	41.4	44.7	坍落度230mm，和易性、流动性佳
38.5	16.5	20.0	29.1	37.4	43.7	坍落度230mm，和易性、流动性佳
27.5	27.5	18.8	28.9	36.3	41.7	坍落度230mm，和易性、流动性佳
16.5	38.5	18.0	27.5	33.9	40.8	坍落度230mm，和易性、流动性佳
0	55	17.4	26.6	31.8	40.4	坍落度200mm，和易性一般、流动性差、包裹性略差

4.2.3 石粉取代粉煤灰的数量与不同龄期混凝土强度的关系（图1）

从表7和图1中可以清晰地看出，随着石粉替代粉煤灰数量的增大，各龄期混凝土强度同步下降，这就印证了3.1中从石粉化学成分分析认为："石粉中主要成分是碳酸钙——一种惰性材料，掺入混凝土中不会水化，对混凝土强度没有任何贡献"的结论。从混凝土的状态看，石粉在70%以下的比率取代粉煤灰时没有影响混凝土的用水量、外加剂用量，也没有影响混凝土的和易性、流动性和工作性；但是石粉完全取代粉煤灰后，会影响混凝土的和易性、流动性和工作性，混凝土状态变差。

因此，可以得出的结论是，石粉替代粉煤灰会导致混凝土强度下降；石粉替代粉煤灰的百分率在70%以下时，不影响混凝土状态；完全取代粉煤灰时，会影响混凝土

状态。石粉取代粉煤灰导致的混凝土强度下降是有规律的，因此，通过试验可以找出石粉取代粉煤灰导致混凝土强度下降的影响系数，来指导磨细石灰石粉在混凝土中的应用。

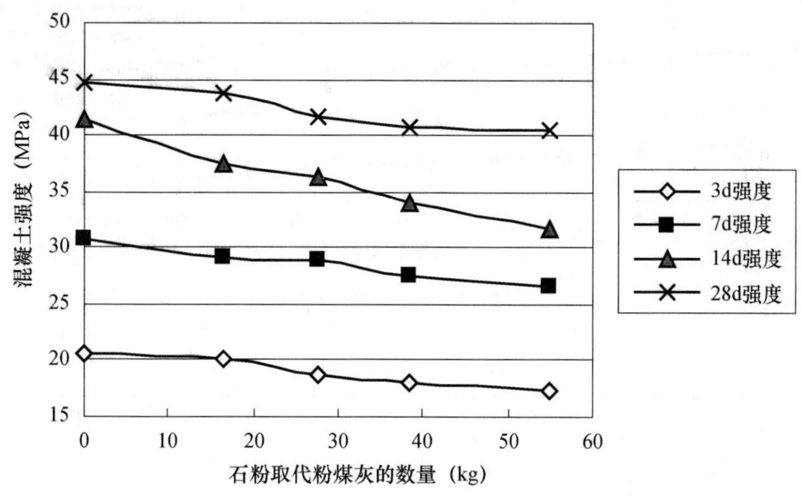

图 1　石粉量与 C30 混凝土强度曲线

4.3　石粉以不同数量等量取代矿粉的试验结果

4.3.1　试验思路

在混凝土配合比（C35）不变的情况下，用不同数量的石粉等量取代矿粉进行试拌，观察混凝土状态，以及强度发展情况。试验用 C35 配合比见表 8。

表 8　试验用 C35 配合比

强度等级	水	水泥	矿粉	粉煤灰	中砂	石子	外加剂
C35	175kg	260kg	105kg	60kg	706kg	1059kg	5.5kg

4.3.2　试验数据（表 9）

4.3.3　石粉取代矿粉的数量与不同龄期混凝土强度的关系（图 2）

从表 9 和图 2 中也可以清晰地看出，随着石粉取代矿粉数量的增大，各龄期混凝土强度同步下降，这就再一次印证了 3.1 中从石粉化学成分分析认为：“石粉中主要成分是碳酸钙——一种惰性材料，掺入混凝土中不会水化，对混凝土强度没有贡献”的结论。从混凝土的状态看，石粉在 70%以下的比率取代矿粉时没有影响混凝土的用水量、外加剂用量，也没有影响混凝土的和易性、流动性和工作性；但是石粉完全取代矿粉后，会影响混凝土的和易性、流动性和工作性，混凝土状态变差。

因此，可以得出的结论是，石粉替代矿粉会导致混凝土强度下降；石粉替代矿粉的百分率在 70%以下时，不影响混凝土状态；完全取代矿粉时，会影响混凝土状态。石粉替代矿粉导致的混凝土强度下降也是有规律的，因此，通过试验也可以找出石粉替代矿粉导致混凝土强度下降的影响系数，来指导磨细石灰石粉在混凝土中的应用。

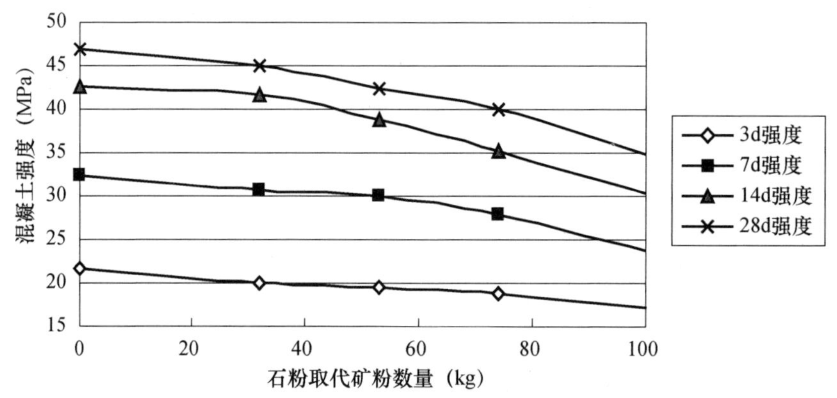

图 2　石粉量与 C35 混凝土强度曲线

表 9　C35 试验数据

矿粉用量（kg）	石粉用量（kg）	不同龄期混凝土强度（MPa）				混凝土状态描述
		3d	7d	14d	28d	坍落度 230mm，和易性、流动性佳
105	0	21.7	32.4	42.7	46.8	坍落度 230mm，和易性、流动性佳
74	32	20.1	30.7	41.6	45.1	坍落度 230mm，和易性、流动性佳
52	53	19.5	30.1	38.7	42.5	坍落度 230mm，和易性、流动性佳
32	74	18.7	27.8	35.3	40.0	坍落度 230mm，和易性、流动性佳
0	105	16.8	22.8	29.4	33.7	坍落度 230mm，和易性一般、略露石、流动性一般、1 小时后失去流动性、包裹性略差、有跑浆现象

5　矿粉中掺入石粉作假的危害及快速鉴别手段

5.1　矿粉中掺入石粉作假的危害

通过理论上的分析和试验的验证可以清晰地看出，混凝土中掺入石粉取代活性掺合料后，会随着石粉取代活性掺合料数量的加大，混凝土各龄期强度会同步下降；而石粉无论在外观和形态上与矿粉非常接近，肉眼难以区分，并且掺量在 70%以下掺入混凝土后对混凝土的状态没有影响，从混凝土状态上也无法及时发现。这就给不法商贩在矿粉中掺入石粉作假提供了可趁之机，目前在江浙一带这种现象非常猖獗，给混凝土质量带来极大的危害；因为他们在矿粉中掺入磨细石灰石粉是不定时、不定量的，我们无法及时知道进厂的矿粉被掺入了多少磨细石灰石粉，也就无法根据掺入量来对混凝土配合比进行相应的调整，这就会造成混凝土强度随着矿粉中磨细石灰石粉掺入量的不同，而无规律地上下波动，甚至在掺入量过多时，造成混凝土达不到设计强度；所以必须采取有效手段加以鉴别，不给不法商贩可趁之机，同时使混凝土质量得到预控。

5.2　矿粉中掺入石粉作假的快速鉴别手段

从表 1 中可以看出，石粉的烧失量高达 46%，这是因为石粉的主要成分是碳酸钙，而碳酸钙在高温时就会分解成氧化钙和二氧化碳，二氧化碳是气体，碳酸钙高温分解后，二氧化碳就会飘散到空气中，只剩下固体氧化钙，质量就减轻了。石粉的这一特性，正好能被我们利用，通过测定烧失量，可以及时发现矿粉是否掺假，因为没有掺入石粉的矿粉，烧失量为零。以下是掺入不同量石灰石粉矿粉的烧失量（表10），这可以给同行鉴别矿粉中是否掺入石粉作假一个参考，以及根据测得的烧失量推算出矿粉中掺入石灰石粉数量，并据此及时调整混凝土配合比，确保混凝土质量。

表10　在矿粉中掺加不同掺量石粉后的烧失量

矿粉中掺入磨细石灰石粉的百分率（%）	0	10	20	30	40	50	60	70
烧失量（%）	0	3.8	7.4	11.8	15.8	20.2	24.4	28.2

图3是矿粉中掺入磨细石灰石粉比率与烧失量的关系图。

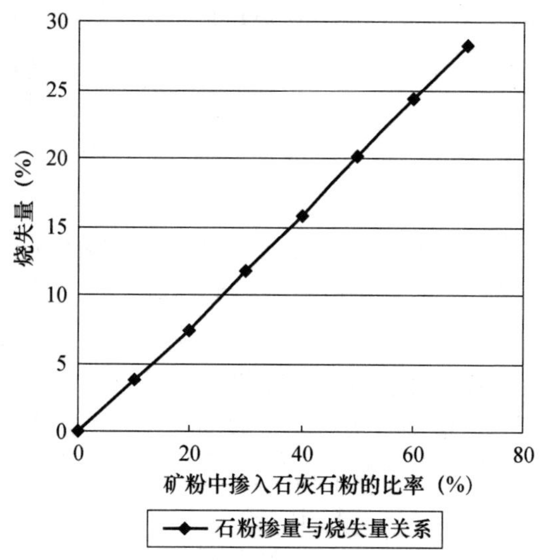

图3　石粉掺量与烧失量关系

从表10和图3可以清晰地看出，随着矿粉中掺入磨细石灰石粉的比率不断加大，烧失量相应地同比率增加。这张图既能帮助我们通过测定烧失量来定量地鉴别矿粉中是否掺入石灰石粉，又能根据测得的烧失量快速查出矿粉中掺入了多少石灰石粉，这样我们就可以根据矿粉中掺入了多少石灰石粉有针对性地调整好混凝土配合比，来保证混凝土质量。

6　石粉如何正确地用于混凝土中

石粉替代活性掺合料肯定会影响混凝土强度，而且强度的下降与混凝土中掺入的石灰石粉的数量相关，掺入的石灰石粉越多混凝土强度下降越多，而且是有规律的。磨细的石粉还有一个特性，通过试验我们发现，混凝土中掺入适量的石粉（占总胶材20%以下）不影响混凝土的和易性、流动性，同等质量的石粉与活性掺合料对混凝土性能的改善相同。而目前随着外加剂技术的发展，外加剂的减水率越来越高，使得在水胶比不变的情况下，也就是混凝土强度不变的情况下，混凝土的用水量和胶材用量都越来越少，这时混凝土的强度和质量没问题，但是由于胶材太少，混凝土状态和工作性很差，难以使用和施工。我们正好利用石粉的这个特性，在混凝土中胶材用量能满足强度要求，但胶材数量无法满足混凝土和易性、流动性、工作性要求时，将石粉外掺到混凝土中，来弥补细粉料的不足，改善混凝土的工作性，使其满足施工要求。

7 结论

1）磨细石灰石粉是一种惰性材料，在混凝土中不会水化，取代同等质量活性掺合料掺入混凝土中会影响混凝土强度，并随着掺入量的加大，混凝土强度同比下降。

2）磨细石灰石粉可以在胶材用量能满足混凝土强度要求，但由于胶材用量太少无法满足混凝土和易性、流动性、工作性要求时，作为细粉料掺入混凝土中来弥补胶材用量的不足，改善混凝土的工作性。

3）磨细石灰石粉外掺法（不取代活性掺和料）掺入混凝土中，能起到集料填充效应，有效地填补混凝土中的空隙，使混凝土更加密实，从而提高混凝土抗渗性能，使混凝土的耐久性得到提升。

4）矿粉中掺入磨细石灰石粉作假，危害很大。矿粉中掺入磨细石灰石粉后，造成混凝土中活性掺合料减少，直接导致混凝土强度下降；矿粉中掺入磨细石灰石粉作假是不定时、不定量的，我们无法及时知道进厂的矿粉被掺入了多少磨细石灰石粉，也就无法根据掺入量来对混凝土配合比做相应的调整，这就会造成混凝土强度随着矿粉中磨细石灰石粉掺入量的不同，而无规律地上下波动，甚至在掺入量过多时，造成混凝土达不到设计强度，使混凝土质量处于失控状态。

5）鉴别矿粉中是否掺入磨细石灰石粉作假的快速、有效手段是做烧失量，矿粉的烧失量一般接近于零，只要烧失量大于0.5%，矿粉中必定掺入了石灰石粉。同时，根据测得的烧失量我们能够快速查出矿粉中掺入了多少石灰石粉，这样我们就可以根据矿粉中掺入了多少石灰石粉有针对性地调整好混凝土配合比，来保证混凝土质量。

注：《磨细石灰石粉在混凝土中应用的技术探讨》发表于国家核心学术期刊《混凝土》2015年第8期。

降低混凝土成本的秘密武器——磨细矿粉

黄振兴

天津志达混凝土搅拌有限公司　天津　300301

摘　要　本文介绍了磨细矿粉用于混凝土后可以降低混凝土成本，同时减少混凝土坍落度损失、大大提高混凝土耐久性、显著增加混凝土后期强度，并且磨细矿粉还是优良的碱-骨料反应抑制剂。

关键词　磨细矿粉；混凝土；成本；效益

中图分类号　TU528.01　［文献标识码］　A　［文章编号］　1002-3550（2005）01-0067-02

Abstract　The article introduced that we can reduce concrete cost after we applied GGBS in concrete. At the same，we can decrease the slump loss，improve concrete durablity，increase concrete strength. And GGBS is a good depressor of ASR.

Keywords　Ground granulate blast furnace slag （GGBS）；Concrete；Cost；Beneficial result

1　引言

在保证混凝土质量和耐久性的前提下，降低混凝土成本一直是混凝土供应商极力追求的目标。如今，磨细矿粉的出现，使这一目标离我们越来越近，实现这一目标的可能性也越来越大。

矿渣又称粒化高炉矿渣，是由高炉炼铁熔融的矿渣骤冷时，来不及结晶而大部分形成的玻璃态物质。其主要组分为氧化钙、氧化硅和氧化铝，共占总量的95%以上，它具有较高的潜在活性，在激发剂的作用下，与水化合可生成具有水硬性的胶凝材料。

以往，都是将矿渣和水泥熟料及少量石膏共同研磨来生产矿渣水泥。由于矿渣很难磨细，使得矿渣的优良性能难以充分发挥，从而使矿渣水泥混凝土的很多性能与普通水泥混凝土没有多大差别。20世纪80年代，日本学者最早发现，如将矿渣单独粉磨，粉磨到预定细度后掺入水泥中或在拌制混凝土时掺入，则其活性可以得到充分的发挥。这种细度和颗粒极细的矿渣微粉就是磨细矿粉。之后世界各国均对磨细矿粉进行了广泛的研究，磨细矿粉作为一个独立的产品出现在建筑市场，广泛应用于预制和预拌混凝土中。

我国是在最近几年才逐步重视磨细矿粉作为活性掺合料的应用技术。然而，由于这项技术的巨大潜力，可观的经济效益，以及对混凝土性能和耐久性的显著提高，使得其以惊人的速度迅速地推广。早在1997年，上海市建委就开始推广磨细矿粉在混凝土中的应用，通过几年的研究及应用，把上海市的混凝土技术提高到了又一个新水平。北京市这两年也开始大面积推广磨细矿粉在混凝土中的应用技术，每年磨细矿粉的使用量已达七八十万吨，2004年突破100万吨。磨细矿粉在混凝土中的应用之所以能如此迅速地推广开来，主要是由掺磨细矿粉混凝土的优良性能决定的。

2 减少坍落度损失

坍落度损失是令所有混凝土供应商最为头疼的问题，如果坍落度损失过大，混凝土会失去流动性和工作性造成施工困难，而且施工现场还会为了恢复混凝土的流动性和工作性而不可避免地在混凝土中加水或外加剂，从而影响混凝土质量。在混凝土中掺入磨细矿粉，因其化学活性不像纯水泥那么高，所以在搅拌后的最初两小时内混凝土的流变性易于控制，尤其能明显地减少其坍落度损失，对施工非常有利。这样，随着混凝土中掺入磨细矿粉，困扰混凝土供应商的坍落度损失难题就迎刃而解了。

3 大大提高混凝土耐久性

这是由磨细矿粉的作用机理决定的。磨细矿粉颗粒呈球状，表面光滑致密，主要化学成分为SiO_2、Al_2O_3、CaO，具有超高活性，将其掺入水泥中，水化时活化SiO_2、Al_2O_3与水泥中C_3S、C_2S水化产生的Ca（OH）$_2$反应，进一步形成水化硅酸钙产物。众所周知，混凝土中石子的空隙是由砂来填充，而砂的空隙由水泥、粉煤灰来填充，由于磨细矿粉比水泥、粉煤灰还细，所以它又填充了水泥、粉煤灰的空隙，而且磨细矿粉中的活性SiO_2、Al_2O_3与水泥中C_3S、C_2S水化产生的Ca（OH）$_2$反应，增加了密实度，大小粒子堆积、填充降低了空隙尺寸，产生的微细结构与孔结构均比普通水泥石细得多，这样就大大减小离子扩散率，获得优良的抗侵蚀性和耐久性。单掺磨细矿渣，不掺其他掺合料，抗渗等级可达P12，冻融循环＞D100。

4 可观的经济效益

磨细矿粉在混凝土中掺量可高达25％～50％（具体掺量应根据所用的水泥、外加剂，以及施工部位情况，经过试验确定，建议水泥使用P·O 42.5或P·O 42.5R以上等级的硅酸盐水泥和普通硅酸盐水泥。也就是说每立方混凝土中磨细矿粉可以等量取代100kg以上的水泥。磨细矿粉出厂价为（130～140）元/吨，水泥出厂价为（230～240）元/吨，这样每立方混凝土可以节省10元以上，高强度等级的混凝土节省更多。以一个年产量15万～20万m^3的中型混凝土供应商为例，如果使用磨细矿粉，一年可以节省约200万元，这对于任何一个混凝土供应商来说，都是一个十分诱人的数字。

5 对混凝土的显著增强作用

掺磨细矿粉的混凝土早期强度（3d、7d）与普通水泥混凝土相近，但是由于磨细矿粉的超细化，填充了水泥粒子的空隙，使混凝土更加密实；再加上磨细矿粉中的活性SiO_2和Al_2O_3与水泥水化生成的Ca（OH）$_2$发生二次水化，产生硅酸盐凝胶，使硅酸盐凝胶数量比普通水泥混凝土中多得多，所以掺磨细矿粉的混凝土的后期强度（28d、

60d）要比普通水泥混凝土高得多（抗压强度比约为130%）。

6　优良的碱-骨料反应抑制剂

众所周知，华北地区的石料（尤其是京、津地区）大部分为活性，在碱环境下很容易发生碱-骨料反应，导致混凝土破坏。故预防碱-骨料反应的有关规范规定，每立方混凝土中总碱量不得大于3kg。但这并未从根本上解决问题，遇到碱含量高的水泥及生产高强度等级混凝土时，总碱量必然会超标，为混凝土遭到碱-骨料反应的破坏埋下隐患。在混凝土中掺入磨细矿粉，就将这一难题迎刃而解。首先，磨细矿粉中的活性SiO_2和Al_2O_3会和水泥水化所产生的$Ca(OH)_2$及水泥本身带入的碱发生二次水化，使混凝土中的碱全部参加反应，生成不溶性的、水硬性凝胶体，空隙中没有游离状态的碱和富余的碱存在，所以碱-骨料反应也就不会发生了；其次，掺磨细矿粉混凝土致密的结构和优异的抗渗性能限制了自由水分进入混凝土的毛细孔道，因此造成碱-骨料反应发生的外部条件（潮湿的环境）不具备，致使碱-骨料反应的各种条件和渠道都被切断，混凝土中无法再发生碱-骨料反应。所以磨细矿粉被称为碱-骨料反应的优良抑制剂。

综上所述，磨细矿粉是混凝土的一个非常有效的高性能矿物掺合料，掺入磨细矿粉，可以大幅度降低混凝土成本，同时大幅度提高混凝土强度、施工性能，大大提高了混凝土耐久性，降低混凝土水化热，抑制碱-骨料反应；所以，在混凝土中掺入磨细矿粉可以配制成低成本高性能的混凝土。对于混凝土供应商来说，谁先用，谁先受益，谁就会在激烈的市场竞争中占得先机。

注：《降低混凝土成本的秘密武器——磨细矿粉》发表于国家核心学术期刊《混凝土》2005年第1期。

第五章　建筑材料化学分析

本章简介

本章收录了作者早期从事钢材化学分析工作时发表的四篇论文，主要论述了在当时如何把先进的计算机技术应用到实际工作中，替代烦琐、效率低下的人工计算，以及一些先进检测设备的应用技术。论文的发表，给同行们提供了参考，大大提高了工作效率。

7230型分光光度计的特点及在测定钢材磷、锰、硅含量中的应用

黄振兴
第一航务工程局四公司检测中心

摘　要　介绍了**7230**型分光光度计的特点及其在钢材化学分析中的应用。

Abstract　The characteristics of 7230-type photometer and its application in chemical analysis of steel are introduced.

钢材中磷、锰、硅的含量对钢材的质量起着决定性的作用，它们是钢材化学分析中必试的五元素中的三个，一般用分光光度计来测定它们在钢材中的含量；因而所用的分光光度计是否先进，直接影响着测试速度和测试结果的准确性。

1992年3月我公司引进的7230型分光光度计，把普通分光光度计的原理同现代计算机技术结合起来，实现了直读被测试样的浓度，省去了烦琐的计算，大大提高了工作效率。

1　7230分光光度计的特点

该仪器除了具备72系列分光光度计的共同点外，还具有以下特点：

1）该仪器内的计算机根据朗伯-比耳定律（透射比与被测物质浓度之间的变化符合此函数关系）设有一个线性回归方程 $A=MC+N$ 的计算程序，只要输入标准试样的浓度值或线性回归方程中的系数 M 和 N，就能直接计算未知浓度试样的浓度值，并将此值直接显示在显示器上。

2）该仪器配备了8位机中最先进的MCS-51系列单片机，随机存储器（RAM）和接口（PIO）采用8155，模数转换器（A/D）为14433，数模转换器（D/A）为7520，只读存储器（ROM）为2764，前置放大器为7650，打印机为16列打印机(图1)。操作者只需将自己要做的事通过键盘告诉单片机，单片机就会将各种处理结果通过显示器或打印机告诉操作者。

2　测定磷、锰、硅含量的应用示例

2.1　应用示例

2.1.1　准备工作

按要求做好开机前的一切准备工作。

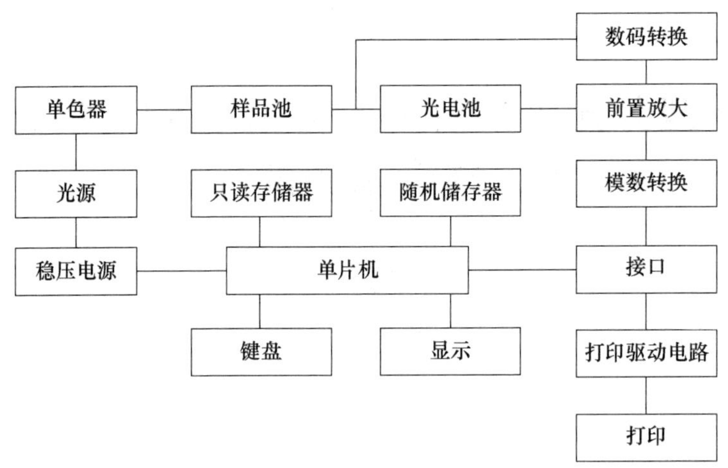

图 1　整机原理

2.1.2　置满度及置零方法

1）盖上样品池盖，将参比试样推入光路，按“MODE”键，显示：τ（T）状态。

2）按“100%τ”至显示“T100.0”。

3）打开样品池盖，按“0%τ”键至 显示“T 0.0”。

4）盖上样品池盖，按“100%τ”键至显示“T100.0”。

2.2　浓度计算方程的建立方法

2.2.1　测磷

1）选三个标钢 7009 号、13 号、BHO510-2 号，按 GB 223.3—1981 中乙酸丁酯萃取磷钼蓝光度法配制成溶液，放入样品池中；

2）将波长调至 680nm 处；

3）按数字键“1”，再按“100%τ”键，按数字键“0”，再按“100%τ”键，清除原来仪器内方程 $A=MC+N$；

4）置满度，置零；

5）将 7009 标样推入光路，此时显示器上显示吸光度 $A=0.0630$，按数字键“0.029”，再按“0%τ”键，将 7009 标样之含磷量 0.029%输入仪器，显示“C01”表示现在输入的是第一个试样，再按任何键，表示将第一个试样值输入仪器内。各标钢含磷量及测得的吸光度值见表 1。

表 1　各标钢含磷量及测得的吸光度

标钢	7009	13 号	BHO510-2
P%	0.029	0.050	0.036
A	0.0630	0.1000	0.0760

6）依此类推，将标样 13 号和 BHO510-2 的含磷量及测得的吸光度值输入仪器；

7）按数字键“0”，再按“PRINT”键，从打印出来的结果中可得方程：

A=1806×10∧（−3）+10.76×0∧（−3），其中 M=1806×10∧（−3），N=10.76×∧（−3），相关系数 $R=1.0000$

8）按“MODE”键，使显示C模式，然后将未知试样推入光路，即可以直接读得试样的含磷量。

2.2.2 测锰

同上，将标样7009、13号、BHO510-2的含锰量及测得的吸光度值（表2）输入仪器，得方程 A＝409.3×10∧（－3）＋1.374×10∧（－3），其中 M＝409.3×10∧（－3），N＝1.374×10∧（－3），相关系数 R＝1.0000。按“MODE”键，使显示C模式。然后将未知试样推入光路，可以直接读得试样的含锰量（表2）。

表2　各标钢含锰量及吸光度值

标钢	7009	13	BHO510-2
Mn%	1.55	0.64	0.79
A	0.6360	0.2640	0.3240

2.2.3 测硅

同上，将标样7009、13号、BHO510-2的含硅量及测得的吸光度值（表3），输入仪器可得方程：

A＝594.5×10∧（－3）＋62.71×10∧（－3），其中 M＝594.5×10∧（－3），N＝62.71×10∧（－3），相关系数 R＝0.999。按“MODE”键，使显示C模式，然后将未知试样推入光路，即可以直接读得试样的含硅量。

表3　各标钢含硅量

标钢	7009	13号	BHO 510-2
Si%	0.590	0.775	0.490
A	0.4100	0.5230	0.3560

3　结语

通过近两年的使用，我们觉得该仪器比较先进，工作效率高，劳动强度低，准确度高。曾用十多种标钢验证过该仪器测试结果的准确性，发现测得值与标准值之差均在国标规定的允许公差内。

注：《7230型分光光度计的特点及在测定钢材磷、锰、硅含量中的应用》发表于《水运工程》1994年第11期。

钢材化学分析新仪器

黄振兴

第一航务工程局四公司检测中心

摘　要　介绍了DRL-80型电弧燃烧炉与QR-2型碳硫联测仪在钢材化学分析中的应用情况及经济效益。

Abstract　Application and economic benefit of DRL-80 type arc combustion furnace and QR-2 type carbon-sulphur combination admeasuring apparatus in chemical analysis of steels are introduced.

DRL-80型电弧燃烧炉与QR-2型碳硫联测分析仪配合快速测定钢材中碳、硫含量的方法，是20世纪80年代初发展起来，并逐步完善的，是目前国内测试钢材中碳、硫含量较为先进的方法。我公司检测中心于1993年5月引进了该套设备，通过一年来的应用，我们发现该套设备测试结果准确度高，速度快，耗电量低，操作简便易学。现将工作中体会和经验介绍如下。

1　DRL-80型电弧燃烧炉

1.1　原理

电弧燃烧法是在试样基本处于室温状态，由电弧加热至燃点，在富氧条件下开始燃烧，然后利用局部样品燃烧后所产生的化学热继续使样品燃烧，以至最后完全燃烧。

1.2　原理主要技术性能

1）引弧间距4～8mm；

2）引弧时间0.2～0.5s；

3）电源电压：交流220（±15%）V；

4）电源频率：50Hz；

5）电流强度：4～15A；

6）输入氧气压力：0.02～0.06MPa；

7）输出后控流量：80～120L/h。

1.3　操作方法

将电弧燃烧炉电源线、进气、出气导管分别与规定的电源、低压氧气及测试设备连接好后，用电笔测试坩埚座和电弧炉壳体不带电，并确认氧气源安全可靠后，即可按下列步骤操作。

1）将已称好的试样及添加剂倒入铜坩埚，置坩埚于座内。

2）将“手把”向下扳转，使用坩埚座托托坩埚上升，坩埚法兰沿面与炉体下部密封圈密闭。

3）接通电源（也可以先接通电源预热。连续使用时，中间可以不关断电源开关）。

4）先后将“前氧”“后控”两个开关上扳，使氧气进入燃烧系统。

5）检查、调整流量计到需要流量（一般为100L/h）。

6）按“引弧”按钮，使坩埚内试样引弧燃烧。

7）一个试样检测完毕后，先将“前氧”关闭。等硫吸收完杯中无气泡后再关闭“后控”开关。

8）测试完毕后，将各开关下扳复位。

1.4　注意事项

除了该仪器使用说明中提及的“注意事项”外，还应注意以下几点：

1）按“引弧”按钮时，时间不能过长，否则会击穿电容，损坏仪器，影响使用。

2）清除炉体内部粉尘时，一定要细心，不要碰断石英管。

3）在夏季或有暖气的室内使用该仪器时，不要使用预热装置，以免坩埚过热，影响试验。

4）试验完毕后，不要将“手把”上扳，否则铜坩埚余温会加速炉体口密封圈老化。

2　QR-2型碳硫联测仪

2.1　原理

QR-2型碳硫联测分析仪，用于对钢、铁及其他材料中碳硫元素的定量分析。测碳采用气体容量法，测试过程中采用固体碱石灰吸收燃烧中生成的二氧化碳。通过气体体积的减少，从标尺上直读出碳的含量。

测硫采用碘量法，利用燃烧中生成的二氧化硫与碘的氧化还原反应进行氧化还原滴定，从滴定管上读出消耗的滴定液的体积，从而推算出硫的含量。

该仪器采用集成块组成的控制电路，以大功率晶体管驱动电磁阀工作，以各种燃烧炉必备的氧气作为动力源。

测硫手工滴定，测碳实现了自动化。在仪器的控制过程中基本上实现了无触点运行，使仪器的可靠性大大提高。

2.2　主要技术性能

1）分析范围：C（0.06～1.5）%；S（0.003～0.1）%；

2）分析时间：40s（不含取样、称样时间）；

3）分析误差：满足国家标准GB 223.1—1981和GB 223.2—1981；

4）电源电压：50Hz，220（±10%）V；

5）消耗功率：约50VA；

6）动力气体：氧气，压力20～40kPa；

7）环境温度：5℃～40℃；

8）仪器尺寸：750mm×410mm×250mm；

9）仪器质量：约 20kg。

2.3 操作方法

1）电源开关向上扳，电源指示灯亮。立即按一下“复位”按钮（最好持续 2s 左右），使电路处于初始状态（各电磁阀全部处于断电状态）。

2）按住“对零”按钮，直至量气筒液体高度不再变化时，液面应与零刻度线平，否则应增减液体后再对零，或调标尺筒的高度。

3）按下“准备”按钮，使量气筒注满液体，滴定管也注满液体。

4）做好测试的一切准备后，调整硫吸收杯终点颜色。

5）按下“分析”按钮，电弧炉引弧燃烧，此时应集中精力手动滴定硫，直至颜色变浅的吸收液恢复到终点颜色，待一定时间后，仪器自动截取燃气，此时量气筒液体下降，直至零位；待量气筒内气体状态稳定后自动转入吸收二氧化碳状态，此时量气筒液体上升，贮气瓶液体也上升，吸收灯亮，液体达量气筒顶部后，再自动返回；等待一定时间后，关闭各阀门，吸收灯灭，可立即读取碳含量及硫消耗滴定液的体积。

2.4 注意事项

除了该仪器使用说明中提及的“注意事项”外，还应注意以下几点：

1）在电弧炉的电源中串接一个接线板（接线板上的电线要有 2m 长），以防电弧炉的高频干扰 220V 电源，导致截取燃气时间太早，从而使测出的含碳量偏低。

2）要保持工作环境干燥，以防电磁阀生锈，影响仪器的正常使用。

3）如果较长时间不做试验，则应隔几天烧几个废样，使各电磁阀全部处于工作状态，以免因长期搁置而造成电磁阀锈死，影响仪器正常使用。

4）滴硫时吸收液刚变浅就应立即滴定，不能发白后再滴定，否则会因 SO_2 逃逸而造成测出的含硫量偏低。

5）使用时如仪器工作不正常，主要应检查各电磁阀和各电极是否出问题，不要轻易打开程控箱。

6）试验完毕后，应按“准备”按钮，将水准液注满量气筒，否则该红色酸性溶液会腐蚀水准瓶中的铜电极。

3 仪器检测结果准确度验证

为了验证该套仪器测试结果的准确度，我们选用了十一种标钢进行测试。并对该仪器的实测值与标钢标准值的误差同允许公差进行比较，其结果均在允许公差范围以内。

4 新、旧仪器的经济效益比较

1993 年我们共作样品 1000 组，使用新仪器的费用仅为使用旧仪器的 1/8，全年节约 2000 多元，而且还大大降低了劳动强度，可见使用新仪器的综合效益很可观。

注：《钢材化学分析新仪器》发表于《水运工程》1994 年第 8 期。

用线性回归法测定钢材的碳硫含量

黄振兴

第一航务工程局四公司检测中心

摘　要　简介用线性回归法测定钢材的碳、硫含量的方法及其优点。

Abstract　Method of determining carbon & sulphur contents of steel by linear regression and its advantages are briefly introduced.

碳、硫联合测定的计算是测定钢材中碳、硫含量的重要组成部分，因而选择何种计算方法会直接影响到试验结果的准确性及工作效率。现在大部分单位都采用经验公式法或作工作曲线法，这两种方法虽然均准确可靠，但耗时长，计算烦琐，工作效率低，易出现误差。为了保证建筑工程质量，有关部门规定，无论有无出厂报告的钢材，都必须进行化学成分检验，这大大加大了各建筑单位试验部门的工作量。显然以上两种计算方法无法满足目前的工作需要。为此，我们在碳、硫联合测定的计算中引入了线性回归法，这种计算方法准确可靠，简便迅速，工作效率很高，同时还消除了采用前两种方法时易出现的偶然误差和系统误差。

现对线性回归法简介如下。

1　碳的百分含量的计算

选择三个标钢，分别把标钢的含碳量，以及测得的各标钢燃烧时产生的二氧化碳体积（表 1）作为两个变量输入计算器（此时计算器选在线性回归模式上），立即得到一个线性方程。只要将测得的钢样燃烧时产些的二氧化碳体积输入计算器，就可立即得到钢样的含碳量。

$$C\% = 0.0364 + 1.913x \qquad \gamma = 1$$

表 1　各标钢含碳量及燃烧产生二氧化碳体积

标 钢	7009	7117	01204a
C%	0.17	0.44	0.494
V	0.07	0.21	0.24

2　硫的百分含量的计算

还选择上述三个标钢，分别把标钢的含硫量，以及测得的滴定各标钢时所消耗的碘酸钾溶液的体积（表 2）作为两个变量输入计算器（此时计算器选在线性回归模式上），立即得到一个线性方程。我们只要将滴定钢样时所消耗的碘酸钾溶液体积输入计算器，就可立即得到钢样的含硫量。

$$S\%=0.0051+0.0058x \qquad \gamma=0.9999$$

表 2　各标钢含硫量

标 钢	7009	7117	01204a
S%	0.022	0.032	0.052
V (mL)	2.9	4.7	8.1

参考文献

[1] 常用建筑材料试验手册．中国建筑工业出版社．

[2] 建筑工程常用材料标准和试验方法汇编，下册．北京市建筑工程总公司科技处．1987 年 11 月．

注：《用线性回归法测定钢材的碳硫含量》发表于《水运工程》1994 年第 1 期。

钢铁制品除锈与防腐的新途径

黄振兴

第一航务工程局四公司检测中心

摘　要　通过大量的试验，找到了一条对钢铁制品除锈与防腐有较好效果的新途径。

Abstract　After a lot experiment, a new better way of rust removal and corrosion prevention for iron & steel products is found.

我们结合生产实际进行了钢铁制品除锈及防腐试验，其目的是：

1）除锈效果好，劳动强度低，对人体健康无害。

2）使除锈后钢铁表面生成一层有一定抗蚀能力的钝化膜，有效防止二次生锈，便于涂装。

3）不污染环境。

4）价格便宜，货源充足。

1　试验方法及试验数据

1.1　试件的准备及试验方法

试件用25mm×50mm×2mm已生锈的钢板，按配方预先配好除锈液和钝化液。将试件浸入预先配好的除锈液中，待表面铁锈除尽呈钢灰色时，记下除锈时间。用自来水冲净钢板表面残余除锈液，再浸入钝化液中，5min后取出，用自来水冲洗干净，放于室内，观察出现二次生锈所需时间。

根据本试验的目的，参照国内外的先进经验，以及除锈、钝化的反应机理，我们给除锈液选了四个因素、五个水平；钝化液选了三个因素、五个水平（表1及表2）。然后利用正交表安排试验，试验后得趋势图1、图2。通过试验筛选出理想的除锈液和钝化液配方。

表1　除锈液因素水平表

因素 水平	A. 盐酸含量（%）	B. 六次甲基四胺含量（%）	C. 十二烷基硫酸钠含量（%）	D. OP-10含量（%）
1	25	0.8	0.05	0.05
2	27	0.9	0.10	0.10
3	29	1.0	0.15	0.15
4	31	1.1	0.20	0.20
5	33	1.2	0.25	0.25

表 2　钝化液因素水平表

因素 / 水平	A. 消石灰（%）	B. 亚硝酸钠（%）	C. 尿素（%）
1	2	0.5	1.5
2	3	1.0	2.0
3	4	1.5	2.5
4	5	2.0	3.0
5	6	2.5	3.5

注：钝化时间为 5min

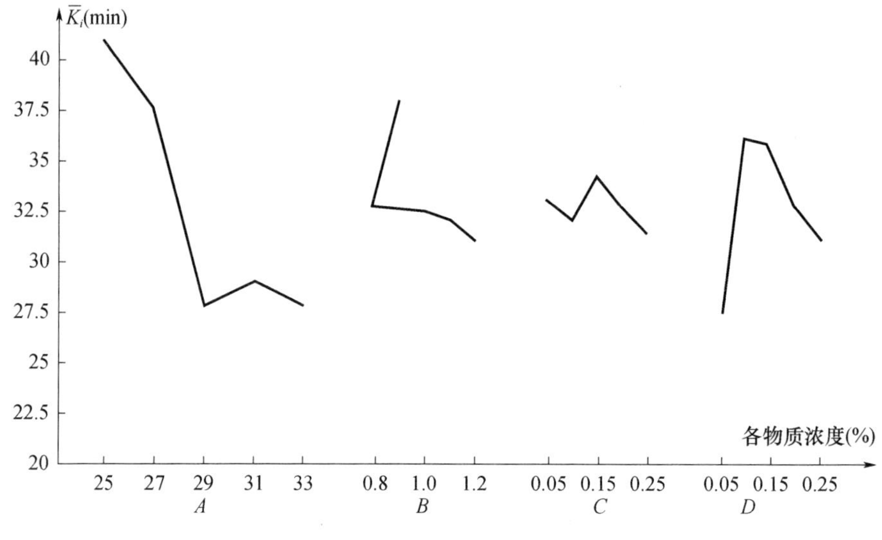

图 1　除锈液趋势图

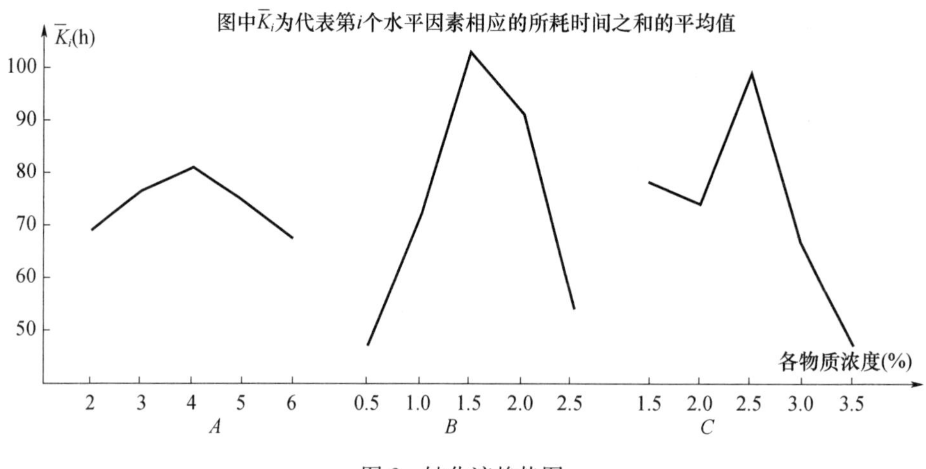

图 2　钝化液趋势图

1.2　实验数据

除锈液试验方案如表 1、图 1 所示。

钝化液试验方案如表 2、图 2 所示。

2 试验结果

从趋势图 1 看，除锈液中 A、B 两因素起主要作用，较理想的除锈液配方为 $A_3B_5C_2$，且 $A>B>D>C$，即 HCl29%，六次甲基四胺 1.2%，十二烷基硫酸钠 0.1%，OP-10 为 0.05%。

从趋势图 2 看，钝化液中 B、C 两因素起主要作用，较理想的钝化液配方为 $A_3B_3C_3$，且 $B>C>A$，即消石灰 4 %，亚硝酸钠 1.5 %，尿素 2.5%。

表 3 为除锈方法与综合情况对比表。

表 3 各种除锈法对比

综合情况＼方法	喷砂除锈	一般酸洗除锈	人工刷漆	本方法
经济效果	4 元/m^2	2 元/m^2	8 元/m^2	0.4 元/m^2
施工效率	是本方法所用时间的 1.5 倍	是本方法所用时间的 2 倍	是本方法所用时间的 4 倍	25min
除锈质量	不好，除锈不均匀	不好，易产生过度腐蚀	不好，除锈不均匀、不彻底	好
劳动强度	大	较小	大	小
污染情况	污染，危害工人健康	污染环境	污染，危害人体健康	无污染

注：《钢铁制品除锈与防腐的新途径》发表于《水运工程》1993 年第 3 期。

第六章　国际会议论文（英文版）及译文

本章简介

本章收录了作者一篇英文版《硫铝酸盐快硬水泥在冬季施工中的应用》及一篇译文。作者1996年主持了“硫铝酸盐快硬水泥在冬季施工中的应用”专题研究，获得成功，并成功地应用于实际施工中，发表了论文《硫铝酸盐快硬水泥在冬季施工中的应用》，该论文被“第四届水泥与混凝土国际会议”收录到此次会议论文集中；同时获得1997年度天津市优秀科技成果奖，为混凝土行业同行在北方寒冷的冬季施工和抢工期，找到了一个新途径。

译文主要介绍了国外同行用非破损方法将混凝土中有害离子——氯离子从混凝土中迁移出来，恢复混凝土碱性环境，使得钢筋重新在表面形成钝化膜，来阻止钢筋锈蚀的方法，这是一个修复钢筋锈蚀混凝土的新思路，值得国内同行参考。

THE APPLICATION OF SULPHO-ALUMINATE CEMENT CONCRETE IN CONSTRUCTING TANGGU GOLDEN YUANBAO DEPARTMENT STORE AND POST &TELECOMMUNICATIONS OFFICE IN WINTER

Huang Zhenxing　Zhu Zhongde　Huang Jiaxiang　Yin Shuzhen
(Concrete Supply Company of the 1st Navigation Engineering Bureau, the Ministry of Communication China)

1 Preface

In 70s of this century, the sulpho-aluminate cement was born in China. During 20 odd years, the outstanding performance of this product enables to find favor in the eyes of the technicians of architecture industry, and it has been employed in sorts of architecture engineering successfully.

In winter of 1994, our company cooperated with No. 18 Bureau of the Railway Ministry for the construction of the Golden Yuanbao Department Store in Tanggu District, while our company was in charge of concrete supply. This project is quite important, which will act as the key to the development of commodity economy in Tanggu District. For the construction of this multistory concrete frame, from 3rd to 7th floor, nearly $10000m^3$ (ten thousand cubic meters) concrete altogether was required. Despite the coldness in winter, this project is asked to be finished with high quality within a pressing term. Similarly, another cooperation project with Tianjin No. 5 Construction Bureau-the building of the Tanggu Post & Telecommunications Office-set in motion, for which we were also asked to supply qualified concrete. This important project functions as the hub of post and telecommunications in this district. The most compressive part of the frame, 1st to 5th floor, is also a complicated, multistory construction. Time was pressing and high quality was demanded.

Under present construction techniques, ordinary cement is not up to standard. At first, it would take a long time beyond the demanded term; moreover, the strength and durability of concrete would not up to the basic standard, let along the higher criterion and better quality required. As we knew, in order to prevent from frostbite, ordinary cement concrete must depend on the freeze-resistance ingredient to lower the freezing point, and the early-strength component to increase early-strength. Even though, the strength increases very slowly and it is awfully difficult to reach critical point of freeze-resistance, whose value is 40% of standard strength of concrete. So we decided to use quick-hardening sulpho-aluminate cement produced by Tangshan Special Cement Plant. The performance of the concrete mixed with this special cement is high early-strength, which can reach above 80% of design strength in one day (under the standard curing); and above 100% in three days. Another performance is its excellent anti-permeability. This product can prevent water form permeating for its favorable compachness. Its valid freeze-resistance solves the basic trouble of the ordinary Portland cement. The early-strength quality of the concrete enables it to reach above 80% of design strength within one day (under the standard curing); moreover, the concrete strength can increase rapidly below freezing point. For 3 days (the top temperature is 3℃, and the lowest is−11℃ outdoors), it can be up to 70% of design strength.

Viewing the reasons mentioned above, and taking the limited term and high quality required into consideration, our two sides agree to use sulpho-aluminate cement.

2 Performance

There are early and high-strength, quick setting, freeze-resistance, permeability and corrosion resistance, slightly expansion, and low dry shrinkage ratio.

1) The comparative analysis of the physical performance between 525 sulpho-aluminate cement by Tangshan and IEC (IBQ11005-87). Table 1 shows the comparative analysis of the physical performance between 525 sulpho-aluminate cement by Tangshan and IEC (IBQ11005-87)

Table 1 Physical performance of S-A and I cement

	Setting time (h: min)		Compressive resistance (MPa)		Bending resistance (MPa)		Stability
	Initial time	Final time	1d	3f	1d	3d	
S-A l cement	00: 46	01: 31	46.4	56.8	7.2	8	ok
IEC standard	>0: 25	<3: 00	44.1	51.5	6.9	7.4	ok

From Table 1, we can find that all physical performance of sulpho-aluminate cement produced by Tangshan Special Cement Plant is completely up to IEC standard.

2) Setting time and practical ability of the concrete mixed with sulpho-aluminate cement.

Since the setting speed of the concrete mixed with sulpho-aluminate cement is much faster than that of concrete mixed with Ordinary Portland cement, it is beyond the constructing demand. So we selected the special additive named ZB-5 developed by China Building Materials Academy. This testing is successful. Table 2 tells the setting time and slumps of the sulpho-aluminate cement concrete mixed with ZB-5 additive. Table 2 illustrates that sulpho-aluminate concrete mixed with ZB-5 special additive duly tallies with constructing requirements.

In order to ensure the project quality, we experimented to get more information about early-strength, freeze and permeability resistance of sulpho-aluminate cement concrete. We compound C45 concrete with two different kinds of cement. One is the 525 sulpho-aluminate cement of Tangshan Special Cement Plant, the other is the 525 ordinary silicate cement produced in Tianjin Chemical Plant under the same condition and the same slumps, we made an experiment to compare their strength, freeze and permeability resistance.

Table 2 Settiy time and slumping loss

Compound proportion (kg)						Setting time		Slumping loss (mm)				
cement	water	sand	aggregate		ZB-5 additive	Initial time	Final time	Initial time	30mm	1h	90mm	2h
			10～20mm	20～40mm								
450	180	746	752	322	14	04：10	05：45	180	160	150	130	110

Table 3 Strength contrast test

Type and grading	Design Strength (MPa)	Compound proportion (kg)						Compressive strength (MPa)			
		cement	water	sand	aggregate		Additive	1d	3d	7d	28d
					10～20mm	20～40mm					
Ordinary Portland 525	C45	477	205	688	760	326	UNF-5/2.3	4.1	22.5	35.9	52.6
S-A1 525	C45	450	180	746	752	322	ZB-5/14	40.2	48.8	50.6	58.6

Table 4 Freeze-resistance constrasting test

Type and grading	Compound proportion (kg)							Compressive strength (MPa)			
	cement	water	sand	aggregate		Additive		1d	3d	7d	28d
				10～20mm	20～40mm						
Ordinary Portland 525	477	205	668	760	326	UNF-5	TD-10	4.1	22.5	35.9	52.6
						2.3	14	4.1	22.5	35.9	52.6
S-A1 525	450	180	746	752	322	14		40.2	48.8	50.6	58.6

3) Strength contrast test (See Table 3)

Note:

(1) Curing condition is standard curing indoors.

(2) UNF-5 indicates concentrated dry-agent.

(3) ZB-5 indicates the specific additive that is pumped into the sulpho aluminate concrete.

Table 3 shows that when the quantity of both cements are the same, early-strength of sulpho-aluminate cement concrete increases much faster than that of ordinary Portland cement. It can reach 89% of design strength in one day, and 108% in three days. In another word, just one day, after the casting, next procedure can be carried on, and mold can be removed in three days. This greatly accelerates the construction tempo.

4) Freeze-resistance contrasting test (see Table 4)

Note:

(1) Curing condition is frozen outdoors without any covers. The top temperature is 3℃ and the lowest is—11℃, so the average is —4℃.

(2) TD-10 indicates freeze-resistant agent.

From table 4, at the alternative temperature, acceleration speed of early-strength of sulpho-aluminate cement concrete is much quicker than that of ordinary Portland cement adding to freeze-resistant agent can be up to 70% of design strength in three days, 80% in 7 days, and 104% in 14 days. Concrete strength reaches 40% of standard value (freeze-resistant limits) which removes trouble on freeze resistance of cement completely, while expansion stress of freezing liquid in concrete capillary is less than compressive strength, which means it cannot damage concrete. The ordinary Portland cement decreases freezing point with the help of freeze-resistant ingredient in freeze-resistant agent so as to prevent concrete from condensing. While early-strength increases due to early-strength ingredient, increasing speed is badly slow. This influences the constructing and the lead time. Moreover, additive sold in the market can hardly meet customers demand for their imitation or inferior quality so that construction quality and quantity cannot be guaranteed. So this product must be used in winter seasons in north for excellent performance.

5) Permeability resistant contrast (see Table 5)

In Table 5, permeability resistance of 3 days' sulpho-aluminate cement is superior to that of 28 days' ordinary Portland cement mixed with expansion agent. The sulpho-aluminate cement is slight in expansion so that concrete density is high and even can block up capillary in concrete permeating. Thus cement itself has powerful permeating ability without help of expansion agent.

Note: UEA indicates expansion agent.

Table 5 permeability resistant contrast

Type and grading	Design Permeability resistant level	Compound proportion (kg)							Permeability	Limits
		cement	water	sand	aggregate		Additive		Height (cm)	(d)
					10～20mm	20～40mm				
Ordinary Portland 525	S8	477	205	668	760	326	UNF-5	UEA	5.4	28
S-A1 525	S8	450	180	746	752	322	2.3	50	3.5	3

3　Application of sulpho-aluminate cement concrete in construction

1) Shorten the lead time

It was in winter that our company built Tanggu Golden Yuanbao Department Store. For the lead time, we selected sulpho-aluminate cement concrete. There needed about 1000m^3 concrete and cast-in-place each floor. As early-strength develops fast, next project will be processed soon after cement concrete has been cast for one day. In three days, molds will be able to removed; one floor will be completed in 7 days. This accelerates construction tempo. We finished constructing main building's roof nine months ahead of time. What wealth nine months is for commercial-minded business persons in society full of market and commodity economy.

The construction quality is so outstanding that this project passed the examine by Tianjin government successfully. There is no problem on both later-stage strength and tolerance, and crevices by temperature difference.

For information on concrete strength testing to Golden Yuanbao Department Store, see Table 6.

Table 6　Concrete strength of Golden Yuanbao Department Store Project

3rd floor	I	1	2	3	4	5	6	7	8	9	10	11
	$f_{cu,i}$ (MPa)	57.5	57.0	59.9	51.3	58.1	55.6	50.8	52.4	51.9		
4th floor	I	1	2	3	4	5	6	7	8	9	10	11
	$f_{cu,i}$ (MPa)	56.4	57.8	55.4	54.2	55.6	55.1	61.8				
5th floor	I	1	2	3	4	5	6	7	8	9	10	11
	$f_{cu,i}$ (MPa)	60.2	61	57.2	57.5	59.7	58.2	51.4	51.4			
6th floor	I	1	2	3	4	5	6	7	8	9	10	11
	$f_{cu,i}$ (MPa)	51.6	50.6	55.6	56.3	56	57.3	51.7	53.8	58.1	59.7	57.2
7th floor	I	1	2	3	4	5	6	7	8	9	10	11
	$f_{cu,i}$ (MPa)	52.2	50.2	53.2	49.8	48.8	48.9	50.7	49.8	55.6	48.4	
M_{fuc} (MPa)		S_{fcu} (MPa)			$F_{cu,min}$ (MPa)					P (%)		
54.7		3.65			48.4					100		

It was also in winter that our company built Tanggu Post & Telecommunications Office. For the short lead time, and constructing speed and project quality, we still selected sulpho-aluminate cement concrete. We averaged one floor two days. This accelerates construction tempo. The original plan is to finish three floors in winter, but it was actually five floors that were completed ahead of time. The construction quality is so outstanding that this project passed the examine by Tianjin government successfully. There is no problem on both later-stage strength and tolerance, and crevices by temperature difference.

For information on concrete strength testing Post Telecommunications Office, see Table 7.

Table 7　Concrete Streyngth of Post Telecommuniciations Office Project

1st floor	I	1	2	3	4	5	6	7	8	9	10	11
	$f_{cu,i}$ (MPa)	56.9	57.6	57.8	58.2	51.8	53.8	50.7	51.8			
2nd floor	I	1	2	3	4	5	6	7	8	9	10	11
	$f_{cu,i}$ (MPa)	49.8	50.2	50.4	55.7	54.8	47.3	49.6	47.4	52.1	49.4	51
3rd floor	I	1	2	3	4	5	6	7	8	9	10	11
	$f_{cu,i}$ (MPa)	56.1	57.4	50.6	47.7	48.9	53.5	52.7	52.7			
4th floor	I	1	2	3	4	5	6	7	8	9	10	11
	$f_{cu,i}$ (MPa)	57.1	55.8	54.5	52.3	56.5	51.5	58.1	50.3			
5th floor	I	1	2	3	4	5	6	7	8	9	10	11
	$f_{cu,i}$ (MPa)	50.6	57	52.7	53.6	50.2	53.2	48.8	48.3	49.8		
$M_{f_{cu}}$ (MPa)		$S_{f_{cu}}$ (MPa)			$F_{cu,min}$ (MPa)					P (%)		
52.6		3.25			47.3					100		

2) Evident economic benefits

Unit price of sulpho-aluminate concrete is higher than that of ordinary Portland one, although 2/3 of shuttering can be saved for its fast turnover. Moreover, the shorten time can also save a sum of money on power energy, equipment, materials, salary and other costs. Thus we can see the evident economic benefits here. There have been detailed files on economic benefits in China. For more information, please contact some specialists.

3) Technical requirement of application

a) Whatever happens, never take on overdose of special additive in concrete, otherwise initial and final setting time will be much later. Such problem ever happened in our project. Having put the prescribed additive into the final mixer, the workers collected and used the left on the ground. As a result, the concrete after 36 hours was condensed, which influenced constructing.

b) The water temperature must be less that 40℃. Once water temperature was up to 52℃ with the result that in a portion of cement which yet make reaction with additive will condense in a short time, so that $1m^3$, condensed in the mixer and in addition over-heat water will speed up loss of collapsing (for example, the slumping loss will drop to 50mm from 160mm in a half hour) . Such concrete will not be able to be pumped at the spot. From our experience, if water temperature is among 30～40℃, it cannot only reach both temperature for forming mold and pumping materials, but also slow down loss of slumping.

c) The time of pumping concrete should not be confused with that of initial setting. The pumping time shows period from initial slumping loss to 100mm of slumping loss. It takes about 2 hours changing from 180mm to 100mm on the slumping loss of sulpho-aluminate cement concrete. The initial setting time tells the setting period after losing affinity. For there two projects, the initial setting time is 4 hours, and pumping time is 2 hours. Never confuse the time; otherwise it can cause certain of loss.

d) The sulpho-aluminate cement should not miss up with other kinds of cement, or speeds up its setting. So both mixer and tanker must be thoroughly cleaned before using. Never miss up with others or miss them alternately.

e) Construct scientifically and effectively. When concrete tanker gets to construction site, for special performance of sulpho-aluminate cement concrete. we recommend to pump concrete into the required place as soon as concrete is in the best affinity, the slumping loss is the lest and what the most important is within pumping period (about 2 hours). If tankers are in line to fill, it can cause difficulty to constructing and a certain of unnecessary loss over pumping time.

4) Compound fine coal with sulpho-aluminate cement

Recently another project needs 425 sulpho-aluminate cement concrete, which must be pumped, but there is only 525 cement in store. We have to mix these kinds of cement. Affinity cannot meet pumping requirement with 300kg cement. So we mix 10% of Ⅲ type fly ash, extra-quantity coefficient is 2.0. After mixing, the slumping loss of is 160mm, affinity keeps good condition, pumping time is 2 hours, that shows all meet pumping requirements. 3day's strength reach 31.6MPa, which is 126% of design strength, that proves this product can miss with fly ash. For testing data on sulpho-aluminate concrete with and without fly ash, see table 8.

Table 8 Testry results of sulpho-aluminate concrete with and without fly ash

Compound proportion (kg)							Compressive strength (MPa)			Pumping
Water	Cement	sand	aggregate		Additive ZB-5	Fine coal	1d	3d	28d	
			10～20mm	20～40mm						
190	295	797	770	330	9	66	22.7	31.6	38.9	ok
185	295	827	800	342	9		21.5	29.3	36.7	difficult

4 Concluding Remarks

Sulpho-aluminate cement used in building Tanggu Golden Yuanbao Department Store and Telecommunications Office successfully proves that it has outstanding early-strength and under negative temperature, its strength still increases rapidly. So it can guarantee building quality in winter seasons. When it is used for constructions, shorten lead time, drastically reducing energy consumption and cost, and turnover of shuttering respectively improve competition among enterprises. In addition, compound this special cement with fine coal into low grading of concrete. Early-strength of performance for this product just remedy a defect on low early-strength of concrete mixed with fly ash. So we make a conclusion that this special cement concrete has a bright future.

注：《硫铝酸盐快硬水泥在冬季施工中的应用》，入选 1996 年《第四届水泥与混凝土国际会议论文集》（英文版）。

电化学法阻止钢筋腐蚀

[英] Anne smith 黄振兴 译

外部作用系统把氯离子从混凝土中迁移出来，同时提高碱度。新浇注的混凝土有非常高的碱度（pH12～13），在这样的碱性环境中，在埋入混凝土的钢筋上形成了一层钝化了的氧化层，保护钢筋，免遭腐蚀。然而，随着时间的推移，这层钝化了的氧化物因侵蚀和碳化而被破坏。没有了这层保护层，钢筋就易受到腐蚀。

氯化物杂质主要来源于防冻盐或海水环境，有时混凝土的外加剂中也混有氯化物。碳化——空气中的二氧化碳与混凝土中有效氧化钙反应，形成碳酸盐，把混凝中的pH值降到9.5以下。此时，那层钝化了的氧化层开始遭到破坏。

修复这些遭到破坏的混凝土结构的一种方法是，清除掉受污染的混凝土和暴露的已被腐蚀的钢筋，这样腐蚀就能被消除。然而，另有一种方法，如果混凝土结构很坚固就不必清除。那就是通过一个电化学方法把氯离子从受污染的混凝土中移出，并恢复高的pH值。因为这个方法是在混凝土表面应用的，所以它不影响混凝土结构的完整性。据它的发明者说，这个方法能根据腐蚀的原因和程度在10天到10周内使混凝土复原。

图1表明为了使这个电化学方法起作用，电解糊剂必须完全覆盖外部阳极（举例为钢筋网，照片略）。工人把糊剂喷涂2～3英寸厚，以保证有足够厚的覆盖层。因为很少有糊剂反弹回来，所以工人不用戴防护眼镜。在风大的情况下，建议戴上眼镜或护目镜，以防止糊剂颗粒吹入眼中。

这个电化学方法由一个外部阳极，例如附在混凝土表面的钢筋网，以及夹在中间的一种电解糊组成。当一个电场被加到阳极上，它把带负电荷的氯离子移出混凝土实体。电解糊也释放出碱离子进入

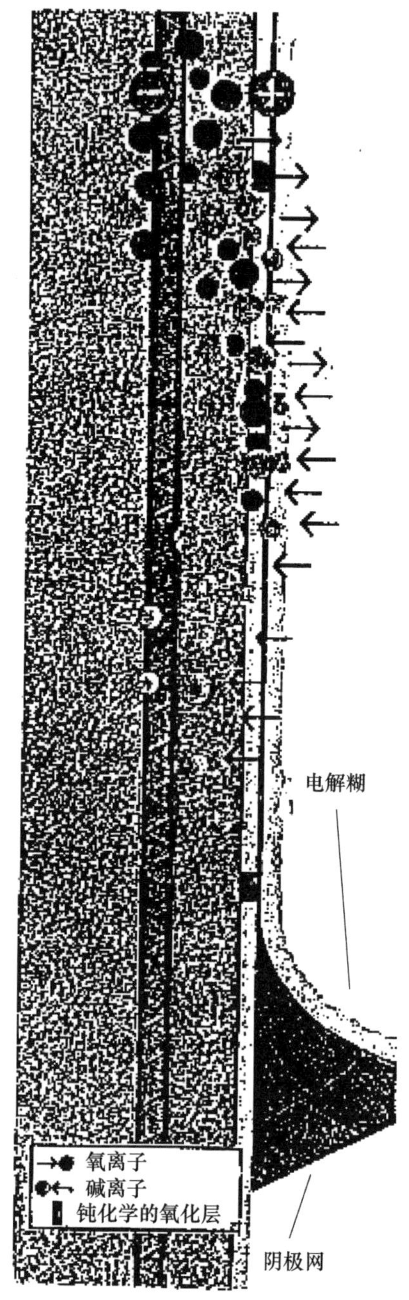

图1　电化学方法原理

混凝土中，以恢复其高 pH 值。随着 pH 值的提高，在钢筋表面新形成钝化了的氧化层，使钢筋得到保护，免遭腐蚀。

怎样使这个方法起作用

这个电化学方法是通过在钢筋和一个附在混凝土表面的外部阳极，以及夹在这二者中间的一种电解糊之间形成一个电场而起作用（图 1）。这个阳极可以是钢筋网或例如像钛那样的惰性材料。电解糊是用一种无毒、生物可分解的糊剂制成，它可以被喷涂到垂直墙面上、天花板上、水平面上。

在外部阳极上加一个电场，使这个阳极吸引钢筋周围带负电荷的氯离子，这些离子通过混凝土毛细孔向外部阳极迁移，最后终止于电解糊中和阳极表面。在这里它们重新形成氯化铁。

同时，碱离子通过电渗作用从电解糊中移到混凝土中，强碱也在钢筋上形成。这个重新碱化作用渐渐恢复了钢筋周围和混凝土覆盖层中的高 pH 值，随着 pH 值的提高，在钢筋上能重新形成钝化了的氧化层，使其得到保护，免遭腐蚀。在混凝土中仅仅是由碳化而引起的钢筋腐蚀的地方，一个强碱性电解液的使用将迅速提高 pH 值。

整个系统的安装

这个电化学方法的成功部分依赖于正确安装整个系统。在应用这个方法之前，清理干净混凝土表面，并清理掉所有厚的、粘结得很好的涂层。这个方法可以透过一些涂层起作用。也要用水泥浆或砂浆封上开裂的地方和其他直接通向钢筋的通道。这就阻止了短路。

在处理好混凝土表面，加上外部电极后，为了使这个电化学方法起作用，阳极必须全部埋入电解糊中。将不导电的垫片，例如木条，固定在混凝土上，在混凝土和阳极之间留出 0.5 到 1 英寸的空隙。这样使阳极能夹在两层糊中间。涂上第一层糊剂，然后把阳极连接在垫片上，再覆盖上第二层糊剂。整个装置厚度应该是 2～3 英尺。

由一个特别设计的交流/直流整流器供应电流到阳极产生电场，这个整流器控制一个 110～240V 的电源或一台发电机。因为离子的迁移只有在电场影响下才发生，所以务必要持续不断地给阳极供应电流。

在电化学方法升高了混凝土的 pH 值，并减少了氯化物的污染后，清除那些糊剂和外部阳极。一般情况下用水冲洗混凝土表面就可清除大部分糊剂，再用一把硬刷子，清除剩下的糊剂。

如果一个钢筋阳极被使用过，那么会由于阳极的被迫腐蚀而在混凝土表面染上锈斑，轻轻地喷砂或高压喷水可清除这些锈斑。惰性阳极材料不会生锈，可以在其他工程中再次使用。

监控系统的运行

这个电化学方法充分降低氯化物含量和恢复 pH 值变化所需的时间依赖于：

- 氯化物污染的程度
- 混凝土的性能
- 钢筋上混凝土覆盖层的厚度
- 外加电场的强度

· 整个系统安装的质量

在大多数情况下，重新碱化的处理时间是 1 到 2 周，氯化物的清除要 8 到 10 周。在这段时间内，当氯化物被清除，pH 值增高时能级改变，对电流强度和电压发展的密切监控有助于确定这个过程何时完成。

当预计氯化物已被清除或 pH 值已经达到预期值时，应该做混凝土现场试验来核实。一般使用一个快速氯化物试验和一台 pH 值测定仪。

电化学方法的效益

电化学方法的发明者说，这个方法可以处理所有钢筋混凝土结构，包括公路、桥梁、车库、码头、水坝和预制件。如果在损坏变得严重得足以要求大范围结构上的修缮之前使用这种方法，则有更高的经济效益。

在把电化学方法应用到一个结构上之前，调查者应该找出腐蚀的原因，并决定是否需要结构上的修缮。整个修复计划应该予以确定，包括修复后对结构进行必要的处理，以防止腐蚀再次发生。有助于腐蚀的因素，例如混凝土的高度渗透性，不足的混凝土覆盖层和一个腐蚀环境应该被排除。电化学方法在这个领域使用才仅仅三年，所以它的长期效果还没有许多资料来证明。目前发明者正在研究这个方法，它也是战略公路研究计划中的一部分。

注：黄振兴译自《CONCRETE CONSTRUCTION》1991.22：《电化学法阻止钢筋腐蚀》（英国），译文刊登在《港工技术译文集》，1994 年 10 月。交通部第一航务工程勘察设计院主编。